KB239603

식물

식물

대백과사전 증보판

DK『식물』편집 위원회

박원순 옮김

사이언스 북스
SCIENCE BOOKS

Flora

Copyright © Dorling Kindersley Limited, 2018
A Penguin Random House Company
All rights reserved.

Korean Translation Copyright © ScienceBooks 2020
Korean translation edition is published by
arrangement with Dorling Kindersley Limited.

이 책의 한국어판 저작권은 Dorling Kindersley Limited와
독점 계약한 (주)사이언스북스에 있습니다.

저작권법에 의해 한국 내에서 보호를 받는 저작물이므로
무단 전재와 무단 복제를 금합니다.

www.dk.com

식물 대백과사전 증보판

1판 1쇄 펴냄 2020년 1월 20일
1판 3쇄 펴냄 2022년 2월 20일

2판 1쇄 찍음 2025년 12월 1일
2판 1쇄 펴냄 2025년 12월 31일

지은이 DK 『식물』 편집 위원회
옮긴이 박원순
펴낸이 박상준
펴낸곳 (주)사이언스북스

출판등록 1997. 3. 24.(제16-1444호)
(우)06027 서울시 강남구 도산대로1길 62
대표전화 515-2000   팩시밀리 515-2007
편집부 517-4263   팩시밀리 514-2329
www.sciencebooks.co.kr

한국어판 © (주)사이언스북스, 2020. Printed in China.

ISBN 979-11-94087-42-7 04400
ISBN 979-11-89198-99-2(세트)

옮긴이

박원순

서울대학교 원예학과를 졸업하고 출판사에서 편집 기획자로 일하다
제주 여미지 식물원에서 전문 정원사의 길로 들어섰다. 이후 세계적으로
명성 높은 미국 롱우드 가든의 국제 정원사 과정을 거쳐 델라웨어 대학교
롱우드 대학원에서 대중 원예학 석사 학위를 취득하고 귀국 후 에버랜드에서
꽃 축제와 식물 전시를 기획, 연출하며 정원 분야의 대중적 공감을 넓혀 왔다.
현재는 한국수목원정원관리원 소속 국립세종수목원 전시원실 실장으로 재직하며
특별 전시 등 식물과 인문학, 예술을 접목한 새로운 정원 전시 문화를 개척하고 있다.
『꽃을 공부합니다』, 『나는 가드너입니다』, 『식물의 위로』, 『미국 정원의 발견』,
『가드너의 일』, 『인간은 손바닥만 한 정원이라도 가져야 한다』를 쓰고 『가드닝:
정원의 역사』, 『식물의 도시』, 『날마다 꽃 한 송이』 등을 우리말로 옮겼다.

이 책은 지속 가능한 미래를 위한 DK 의 작은 발걸음의 일환으로 Forest Stewardship
Council ® 인증을 받은 종이로 제작했습니다 . 자세한 내용은 다음을 참조하십시오 .
www.dk.com/uk/information/sustainability

참여 필자

제이미 앰브로즈 Jamie Ambrose
저술가이자 편집자, 풀브라이트(Fulbright) 장학생으로, 자연사에 특별한 흥미를 가지고 있다.
DK 『세계의 야생 동물(*Wildlife of the World*)』을 썼다.

로스 베이튼 박사 Dr. Ross Bayton
식물 세계에 대한 열정을 지닌 식물학자이자 분류학자, 가드너이다. 독자들로 하여금 식물의 중요성을
이해하고 감사하도록 고무시키는 여러 저서와, 잡지 특집 기고, 학술 논문 등을 저술했다.

맷 칸데이아스 Matt Candeias
블로그와 팟캐스트 '식물 수호를 위하여(In Defense of Plants, www.indefenseofplants.com)'의
운영자이자 저자이다. 생태학자로서 교육을 받은 맷은 식물 보전에 가장 큰 주안점을 두고 있으며
실내, 실외 정원 모두에서 열렬한 가드너이다.

사라 호세 박사 Dr. Sarah Jose
식물학 박사, 과학 전문 저술가이자 언어 편집자로 식물에 대한 깊은 애정을 가지고 있다.

앤드루 미콜라즈키 Andrew Mikolajski
식물과 정원에 관한 30권 이상의 저서를 집필한 저술가이다. 첼시 피직 가든(Chelsea Physic Garden)의 영국 가드닝
스쿨(English Gardening School)과 역사적 주택 협회(Historic Houses Association)에서 정원사를 강의해 왔다.

에스더 리플리 Esther Ripley
편집 주간을 역임했으며, 예술과 문학을 포함한 폭넓은 범주의 교양 과목에 관한 집필을 하고 있다.

데이비드 서머스 David Summers
자연사에 관한 영화 제작 교육을 이수한 저술가이자 편집자이다. 자연사, 지리학, 과학을 포함한
다양한 주제의 저서들에 기고를 해 왔다.

스미스소니언 Smithsonian
전 세계에서 가장 규모가 큰 박물관이자 연구 복합 단지인 스미스소니언은 1846년 설립 이후 예술, 과학, 자연사 분야
연구와 교육에 기여해 왔으며 19개 박물관과 미술관, 국립 동물원이 속해 있다. 스미스소니언 가든은 박물관이자 공공
정원으로, 원예학적 유산을 향유하고 보전하는 데 공헌한다.

큐 왕립 식물원 The Royal Botanic Gardens, Kew
2025년에 설립 266주년을 맞은 큐 왕립 식물원(큐 가든)은 식물 다양성 보전과 지속 가능한 발전 노력으로 국제적 명성을
지닌 학술 기관이다. 영국 서섹스 주 웨이크허스트에 위치한 세계 최대 규모의 야생 식물 종자 은행인 밀레니엄 시드
뱅크(Millennium Seed Bank)를 운영하고 있으며, 2003년에는 유네스코(UNESCO) 세계 유산으로 등재되었다. 런던 서남부
리치먼드 인근 약 132헥타르 부지에 자리한 큐 가든은 매년 약 200만 명 이상이 찾는 런던의 대표적 명소 중 하나다.

앞표지 방크시아 후케리아나(*Banksia hookeriana*)의 수상 꽃차례
뒤표지 서양주목 '루테아'(*Taxus baccata* 'Lutea')의 발달 중인 씨앗
1쪽 극락조화(*Strelitzia reginae*)
2~3쪽 낚시귀리(*Chasmanthium latifolium*)
4~5쪽 색깔이 변화하는 가을 나무들
6쪽 니겔라 파필로사 '아프리칸 브라이드'(*Nigella papillosa*, 'African Bride')

차례

파란수련(*Nymphaea caerulea*)

서문

식물은 삶을 위해 필수적이다. 식물은 우리 지구에서 숨쉴 수 있는 대기를 만들고, 썩어 가는 몸체는 우리 발밑에 토양을 만들어 내며, 빛 에너지를 소비 가능한 영양소로 바꾸어 우리가 생명을 유지할 수 있도록 해 준다. 식물은 또한 예술가들에게 영감을 제공한다. 오키프의 양귀비, 모네의 수련, 반 고흐의 해바라기를 떠올려 보자. 이들 근본적인 생명의 형태들이 지닌 놀라운 복잡성을 아주 가까이서 살펴본 적이 언제였는가?

『식물』은 기교가 넘치는 놀랄 만한 사진들로 식물학적인 세부 정보를 드러내면서 식물이 지닌 예술과 과학을 결합한다. 이 책을 미리 검토하는 동안 나는 그 경이로운 이미지들을 동료들과 함께 나누지 않을 수 없었다. 확대된 대상들의 비현실적인 아름다움은 내가 마치 소인국에 착륙해 슈퍼 사이즈로 커진 오랜 친구들을 만난 것처럼 느끼게 해 주었다!

이 책은 또한 내가 왜 원예 분야의 경력을 시작했는지 일깨워 주었다. 가장 기본적인 수준에서 원예학은 식물 재배에 관한 과학과 예술이다. 이러한 학제 간 융합이야말로 나로 하여금 처음 이 직업에 사로잡히게 만들고 40년이 넘도록 나의 흥미를 붙잡아 왔던 것이다. 이 책은 나를 다시 원예학 개론 수업으로 인도해 각 장별로 서로 다른 식물 부분들을 조사하고 식물이 어떻게 주변 세계와 상호 작용하는지 살펴보게 해 주었다. 방울방울 맺힌 꿀부터 식물에 난 털들, 쐐기풀의 가시들까지 엄청난 디테일을 보여 주는 특별한 사진들은 고맙게도 나의 교수님이 사용했던 오래된 프로젝터용 슬라이드를 훨씬 능가한다.

『식물』과 유사하게, 스미스소니언 가든은 다양한 정원과 조경 전시에 예술과 과학을 접목시킨다. 이들 정원의 아름다움은 첫눈에 방문객들을 사로잡곤 하는데, 정원에서 구현되는 과학은 우리의 살아 있는 컬렉션을 보여 주고 고객들에게 깊이 있는 교감을 제공한다. 정원은 아주 기분 좋은 공연 예술을 보여 주는 사례다. 정원의 삶은 매 계절마다, 사실 매일 변화하기 때문이다. 스미스소니언 정원의 원예가들과 가드너들은 분명히 식물 과학 분야에 관한 한 엄청나게 많은 지식을 가지고 있다. 하지만 살아 있는 컬렉션들을 결합시키는 타고난 기술 덕분에 그들이 하는 일 대부분은 진정한 예술성으로 진화한다.

독자들은 예술과 과학의 절묘한 융합을 통해 식물의 매혹적인 세계 속으로의 여행을 시작하는 동시에 그 여정에서 새로운 활력을 얻을 것이다.

바버라 포스트(스미스소니언 가든 전(前) 디렉터)

식물계

식물. 살아 있는 유기체로, 대개 엽록소를 가지고 있으며 교목류, 관목류, 초본류, 그래스류, 양치류, 이끼류를 포함한다. 보통 고정적인 위치에서 자라고 뿌리를 통해 물과 무기질을 흡수하며 광합성으로 잎에서 양분을 합성한다.

무엇이 식물이 아닐까?

균류는 식물처럼 보일지 몰라도 사실 동물과 더 밀접한 관계가 있다. 식물과 달리, 균류는 스스로 양분을 생산하지 못하고 다른 식물들에 의해 만들어진 탄수화물에 의존한다. 현대의 많은 식물들, 특히 숲속 나무들과 난초류는 어느 정도 균류에 대한 의존성을 유지하고 있다(34쪽 참조). 조류는 해조류를 비롯한 다양한 범위의 생물을 일컫는 용어로, 초록색으로 무성해 보이지만 진정한 뿌리, 줄기, 잎을 가지고 있지 않다. 조류는 대부분 물속에 살며, 특히 바다에서 지배적이다. 지의류는 상호 이익이 되는 공생 관계에 있는 조류(또는 특정 세균)와 균류로 이루어진 복합 유기체를 말한다.

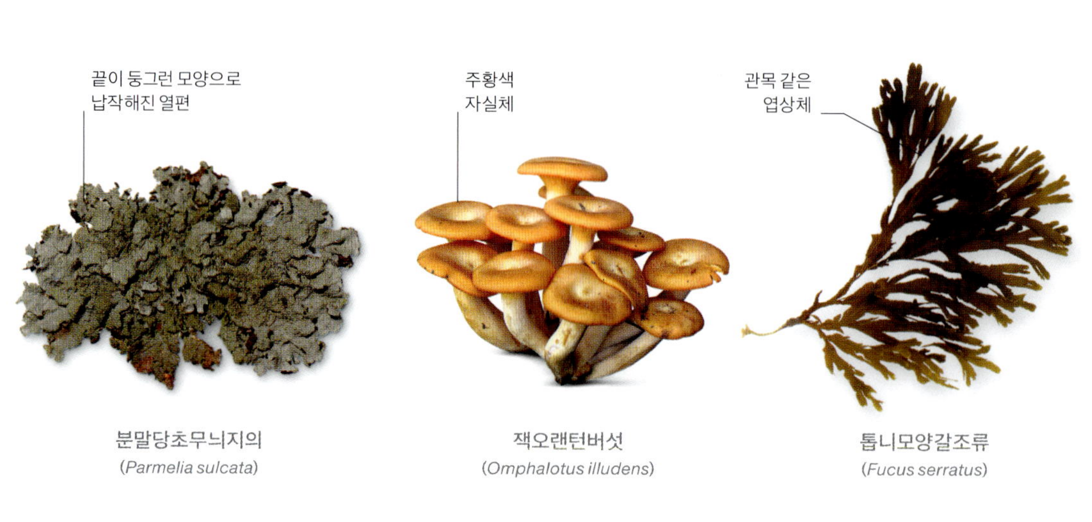

분말당초무늬지의
(*Parmelia sulcata*)

잭오랜턴버섯
(*Omphalotus illudens*)

톱니모양갈조류
(*Fucus serratus*)

식물이란 무엇인가?

영구적으로 얼어 있거나 완전히 메마른 지역을 제외하고, 식물은 사실상 지구 전체에 걸쳐 발견되는 살아 있는 유기체다. 식물의 크기는 아주 거대한 나무에서부터 쌀 한 톨보다도 작은 식물까지 다양하다. 원래 모든 식물은 물속에서 살면서 단지 자신을 고정시키기 위한 뿌리를 갖고 있었다. 육지로 터전을 옮기면서 많은 식물들이 균류와 유대 관계를 형성했는데, 이것은 뿌리가 물과 미네랄을 얻는 데 도움이 되었다.

식물은 광합성을 통해 스스로 양분을 만들 수 있기 때문에 다른 유기체와는 다르다. 식물은 세포 안에 있는 초록색 색소인 엽록소를 통해 태양으로부터 에너지를 흡수하고 대기 중 이산화탄소를 이용해 당을 만들어 낸다. 동물은 다 자란 후에는 대개 성장을 멈추는 반면, 식물은 계속해서 자라면서 매년 새로운 물질을 생산해 낸다. 이는 자신의 크기를 증가시키거나, 상실 혹은 손상된 물질을 대체하기 위해서다.

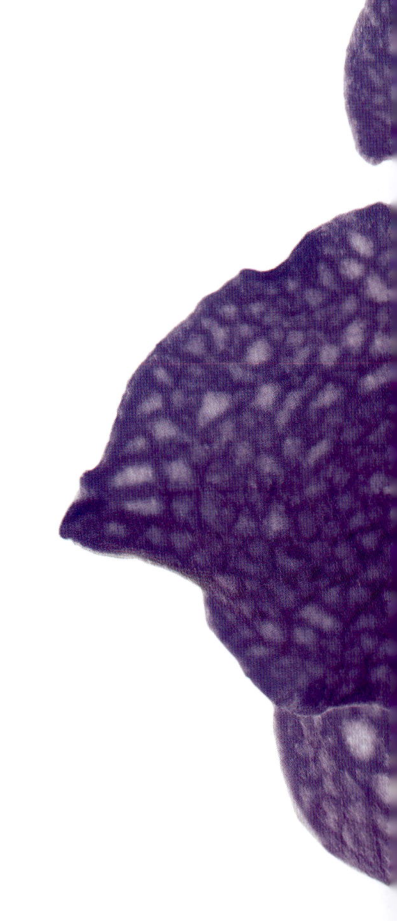

화사한 꽃들

꽃식물은 35만 종이 넘는다. 꽃은 단지 보여 주기 위해서가 아니라 생식 기관으로 존재하며, 꽃의 모양과 색깔은 꽃가루 매개자를 유인하기 위함이다. 이 이국적인 난꽃은 반다속(*Vanda*) 교배종인데 대부분 열대 아시아 지역이 원산지다.

개화 중인 꽃눈
개화 줄기는 때때로
가지를 친다.

민꽃식물

포자로 번식하는 양치류, 이끼류, 우산이끼류를 포함한다. 민꽃식물은 또한 종자를 생산하는 겉씨식물도 포함하는데, 그중 가장 큰 분류군은 침엽수다. 겉씨식물은 밖으로 드러나 있는 종자를 생산한다.

우산이끼류

이끼류

뿔이끼류

석송류

우산이끼(*Marchantia polymorpha*)

솔이끼속 종류(*Polytrichum* sp.)

뿔이끼속 종류(*Anthoceros* sp.)

비늘석송(*Diphasiastrum digitatum*)

식물의 종류

가장 작고 단순한 식물들을 통틀어 선태류라고 하는데, 여기에는 우산이끼류, 이끼류, 뿔이끼류가 포함된다. 이들은 보통 습지 또는 바위나 나무 줄기의 그늘진 측면과 같이 항상 축축한 곳에서 자란다. 양치류는 아주 오래되고 다양한 식물 그룹으로, 폭넓은 범위의 서식지에 적응해 왔고 포자에 의해 번식한다. 겉씨식물은 구과를 생산하는데, 암구과에서 겉으로 드러난 (둘러싸이지 않은) 종자가 맺힌다. 속씨식물(꽃식물)은 가장 다양하고 복잡하다. 이 식물들은 꽃을 피우고, 그들이 생산하는 종자는 열매 안에 둘러싸여 있다.

진화하는 복잡성

육상에서 자란 첫번째 식물들은 단순한 이끼류, 우산이끼류, 뿔이끼류의 선조들이었다. 오랜 시간에 걸쳐 진화는 더욱더 복잡하게 진행되었고, 식물계는 이제 속씨식물이 지배적인 위치를 차지하고 있다. 화석 기록에 따르면 겉씨식물은 한때 오늘날보다 훨씬 더 크고 다양한 분류군이었음이 분명하다.

꽃식물

속씨식물(꽃식물)에는 다양한 분류군이 있으며, 전 세계 폭넓은 범위의 서식지에서 발견된다. 겉씨식물과 마찬가지로 꽃가루와 종자를 생산하지만, 속씨식물의 종자는 열매 안에 둘러싸여 있다.

양치류

겉씨식물

속씨식물

키아테아속 종류(*Cyathea* sp.)

잎갈나무속 종류(*Larix* sp.)

수련 '마사니엘로'(*Nymphaea* 'Masaniello')

목련군

외떡잎식물군

진정쌍떡잎식물군

태산목(*Magnolia grandiflora*)

산나리(*Lilium auratum*)

향인가목(*Rosa rubiginosa*)

식물 분류

각각의 식물은 스웨덴 식물학자 칼 린네(Carl Linnaeus, 1707~1778년)가 창안한, 두 단어로 된 이름을 사용하는 체계(이명법)에 따라 공식적인 이름을 부여 받는다. 식물의 이름은 이탤릭체 라틴 어를 사용하는데, 그 식물이 속해 있는 속(genus)과, 그 뒤에 따라오는 특정한 종(species)의 이름으로 구성된다(속명 다음에 쓰이는 'sp.'는 해당 속에 속하는 하나의 종을 뜻한다. 'spp.'는 'sp.'의 복수로서 해당 속에 속하는 전체 또는 여러 종을 의미한다. 'variety(변종)'의 약자 'var.', 'form(품종)'의 약자 'for.', 'cultivated variety(재배 품종)'의 약자 'cv.' 등이 사용된다. — 옮긴이). 식물들은 공통된 특징에 따라 같은 분류군으로 나뉜다. 역사적으로 식물 분류는 각 식물의 물리적 특징(특히 꽃의 구조)과 생화학(식물 내부 화합물)에 의해 결정되었는데, 대개 추측과 주관에 의존했다. 오늘날에는 유전적 증거가 식물들 사이의 관계를 이해하는 데 더욱 신뢰할 만한 수단을 제공한다.

연꽃
(*Nelumbo* sp.)

수련 꽃
(*Nymphaea* sp.)

버즘나무 꽃
(*Platanus* sp.)

놀라운 관계
DNA 감식은 뜻밖의 발견으로 이어졌다. 사람들은 종종 수련(*Nymphaea*)을 연꽃(*Nelumbo*)으로 착각하는데, 왜냐하면 비슷하게 생겼기 때문이다. 하지만 이제 유전자 감식을 통해 연꽃이 사실은 버즘나무(*Platanus*)와 더 가까운 관계에 있다는 것이 밝혀졌다.

분류 체계
1736년에 발행된 게오르크 디오니시우스 에레트(Georg Dionysius Ehret)의 삽화는 식물의 생식 기관, 특히 웅성 기관과 자성 기관의 숫자가 다른 점을 살펴 종을 구분했던 린네의 분류 체계를 보여 주고 있다.

용어의 계층 구조
식물학자들은 식물 분류에 다음 서열 단위를 사용한다. 화석과 DNA 감식으로 얻은 증거뿐 아니라, 꽃, 열매, 그 외 기관의 구조에 따라 단계별로 먼저 문(division)으로, 그 다음 강(class), 목(order), 그리고 점점 더 구체적인 분류군으로 정리된다.

문
속씨식물과 겉씨식물과 같이
핵심적인 특징에 따라 식물을 구분한다.

강
외떡잎식물과 진정쌍떡잎식물과 같이
근본적인 차이에 따라 식물을 나눈다.

목
공통된 선조에 따라 과(family)들을 한데 묶는다.

과
확실하게 관련이 있는 식물들로 이루어진다.
예를 들어 장미과(rose family)가 있다.

속
비슷한 특징들로 밀접하게 연관된 종들의 무리

종
공통된 특징들을 가진 식물들로, 종종 교배가 가능하다.

아종, 품종, 변종
종을 대표하는 특징과 다르거나,
지리적으로 구별되는 특징들을 가진다.

재배 품종
자연 상태의 종 또는 잡종으로부터 생겨난
식물을 재배해 만든 품종

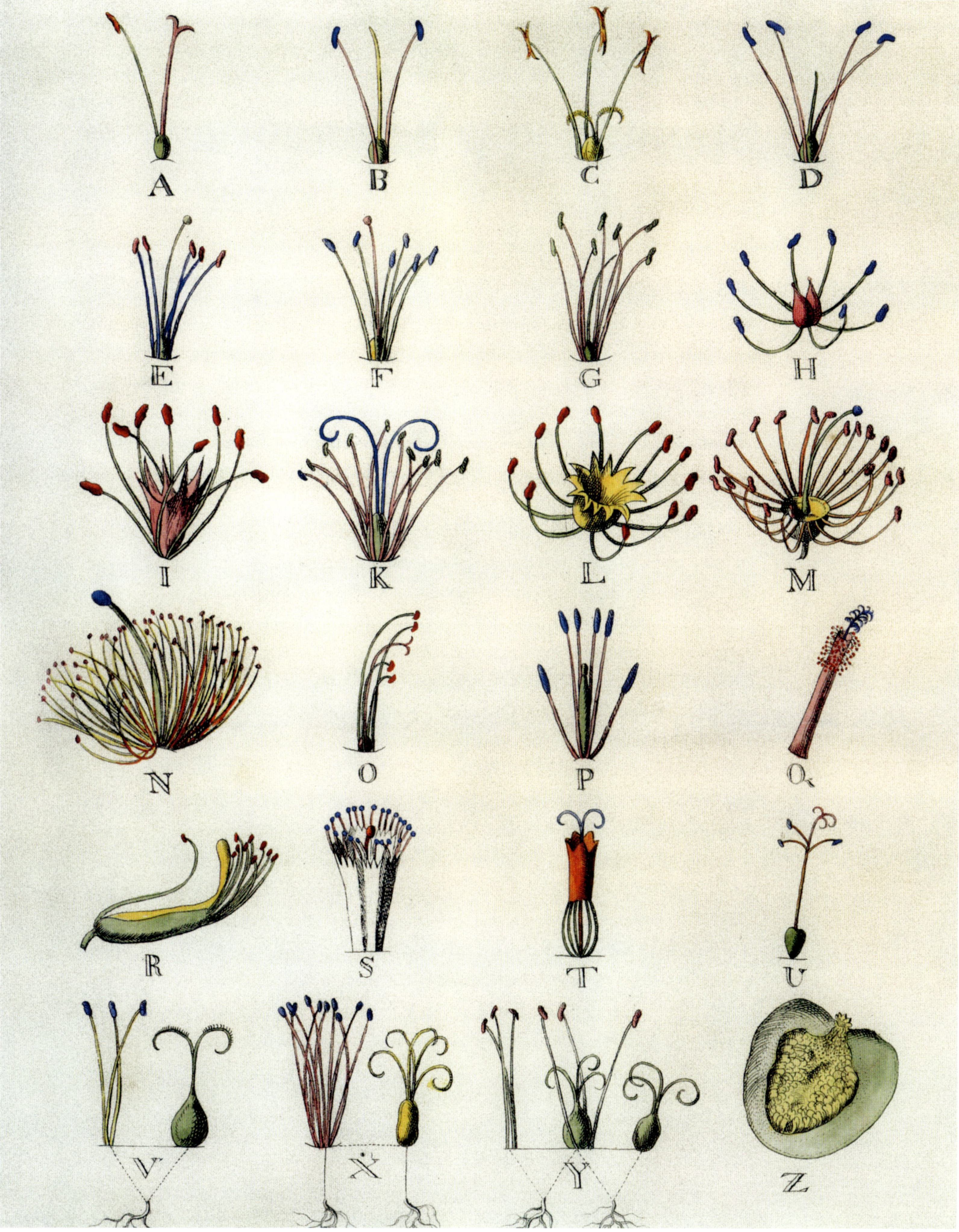

뿌리

뿌리. 식물의 일부로, 보통 땅속에서
식물을 흙에 고정시키고 물과 양분을
식물의 나머지 부분으로 이동시킨다.

수염뿌리는 산소 농도가 높은 토양의
상층에 집중되어 있다.

뿌리털
보통 세포 하나 정도 크기에 불과한 미세한 뿌리털은
뿌리 끝부분에서 자라며 식물을 위한 물과 양분을
빨아들이기 위해 토양 속으로 뻗어 나온다. 며칠 후
떨어져 나가지만 뿌리가 확장함에 따라 새로운 뿌리털이
자란다.

수염뿌리

꽃식물의 뿌리 체계는 두 가지 주요 유형인 수염뿌리와 곧은뿌리로 나눌

수 있다. 수염뿌리는 광범위하게 뻗어서 토양을 통해 퍼져 나가는 광대하고

섬세한 네트워크를 만든다. 수염뿌리는 식물체를 제자리에 단단히 고정시키고

넓은 범위의 토양으로부터 물과 필수 미네랄을 찾는 데 도움이 된다.

지하 네트워크

수염뿌리 체계는 토양에 퍼져 있는 중요한 자원들을 식물과
연결시킨다. 모든 양치류와 대부분의 그래스류, 기타 꽃식물에서
발견된다. 어떤 나무들은 일단 깊고 두꺼운 곧은뿌리를 만들어
낸 후 나이를 먹어 가며 수염뿌리를 발달시킨다.

뿌리털은 어떻게 일할까?

뿌리털은 물과 용존 미네랄을 흡수하기 위해 토양 입자 사이로 천
천히 나아간다. 이 수많은 뿌리털은 뿌리의 표면적을 극대화하고
그에 따라 식물이 이용할 수 있는 물과 양분의 양도 늘어난다. 물
과 용존 미네랄은 삼투압에 의해 세포 속으로 흡수되고 피층을 통
해 관다발계로 이동한다.

곧은뿌리

곧은뿌리는 수염뿌리와 대조적으로 보통 하나의 우세한 뿌리와 그보다 훨씬 더 작은 곁뿌리를 발달시킨다. 어떤 나무들은 푸석푸석한 흙에서는 곧은뿌리를, 차진 흙에서는 수염뿌리를 발달시킨다. 꽃식물 가운데 진정쌍떡잎식물의 묘(seedling) 대부분은 씨뿌리 또는 어린 뿌리가 자리를 잡게 되면서 곧은뿌리로 삶을 시작한다. 만약 그 식물이 진정으로 곧은뿌리를 내린 게 아니라면, 그 뿌리는 죽어 없어지고, 수염뿌리 배열로 갈라지며 뻗어 나간다.

곧은뿌리 식용 작물

비트(*Beta vulgaris*)와 같은 식물들은 탄수화물을 당의 형태로 곧은뿌리에 비축한다. 이렇게 저장된 에너지는 꽃과 열매를 생산하는 데 쓰인다(28~29쪽 참조). 곧은뿌리 작물은 꽃 피는 시기가 되기 전, 뿌리에 아직 당이 많을 때 수확해야 한다. 개화 후에는 뿌리가 목질화되면서 맛이 없게 된다.

깊은 뿌리

곧은뿌리를 가진 식물들에게는 몇 가지
강점이 있다. 그들은 종종 땅속 깊이 자라
면서, 얕게 뿌리 내리는 식물이 미치는 범
위 밖에 있는 물과 양분을 이용할 수 있다.
또한 서양민들레(*Taraxacum officinale*) 같
은 잡초들의 경우, 곧은뿌리는 땅으로부
터 그 식물을 제거하는 것을 어렵게 만든
다. 대개 잎들만 떨어져 나가고 뿌리는 손
상되지 않은 채 다시 자랄 채비를 한다. 대
부분의 곧은뿌리는 토양 속에 남은 조각
으로부터 다시 자랄 수 있다. 심지어 서양
민들레의 가장 작은 뿌리 조각에서도 쉽
게 다시 싹이 난다.

서양민들레(*Taraxacum officinale*)

식물의 지지

고정은 모든 뿌리 체계가 갖고 있는 주요 기능 중 하나다. 대부분 식물의 뿌리는 완전히 땅속에 있지만, 열대 우림과 같이 토양이 얕은 곳에 사는 일부 식물 종들은 지상부에 정교한 지지 체계를 만들어 낸다. 엉성하고 불안정한 토양에서 자라는 해안 맹그로브가 이 같은 종류다(54~55쪽 참조). 부벽뿌리(buttress), 지주뿌리(prop root), 대말뿌리(stilt root)는 모두 기초를 탄탄히 해 주며, 나무에서 가장 크고 무거운 수관부를 지탱하도록 돕는다.

지지 역할을 하는 뿌리 체계

부벽뿌리는 얕은 토양에서 발달하며, 기본적인 뿌리 체계의 일부다. 이와 대조적으로, 지주뿌리와 대말뿌리는 중심 줄기와 위쪽 가지들로부터 발달한다. 지주뿌리는 날씬한 줄기를 지탱해 주며 종종 층층 구조로 나타난다. 대말뿌리는 곁가지로부터 내려와 자란다.

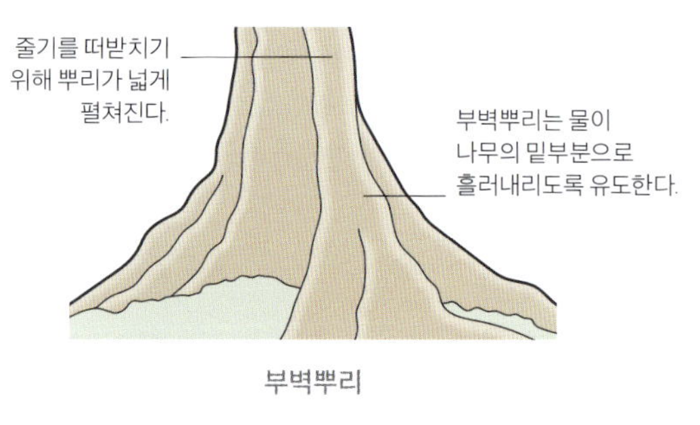

부벽뿌리

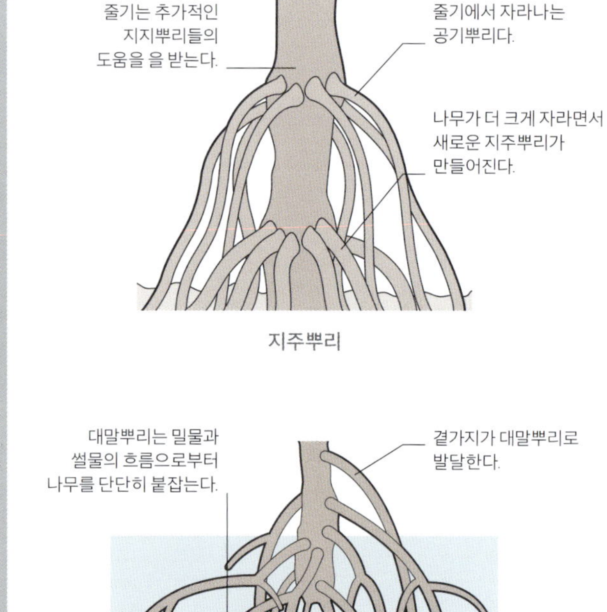

지주뿌리

대말뿌리

부벽뿌리

거울맹그로브(looking-glass mangrove, *Heritera littoralis*)와 같은 해안의 나무들은 밀물의 범람으로부터 자신을 보호하기 위해 강력한 지지 장치가 필요하다. 부벽뿌리는 더 큰 지지력을 위해 구불구불하게 자라는데, 만약 나무의 수관부가 한쪽으로 더 크게 형성된다면 안정성을 위해 반대쪽으로 더 많은 부벽뿌리가 발달한다.

산성 토양의 수국
대부분 수국은 흰색 꽃이 피지만
양수국(*Hydrangea macrophylla*)의 색깔은
토양의 산성도에 따라 결정된다. pH 7 이상의
알칼리성 토양에서는 보통 빨간색에서
분홍색으로 핀다. pH 7 이하의 산성
토양에서는 알루미늄이 물에 용해되고 수국의
뿌리로 흡수되는데, 알루미늄 이온은 꽃 속에
있는 빨간색 색소와 결합하여 꽃이 파란색으로
보이게 만든다.

알루미늄을 이용할 수 없는
알칼리성 토양에서는 수국의
꽃이 분홍색을 띤다.

건강한 초록 잎들은
뿌리가 마그네슘과 철분
같은 영양소를 충분히
흡수하는지가 관건이다.

수국이 알루미늄을
흡수할 수 있는 산성
토양에서 자라면 파란색
꽃이 피게 된다.

영양소의 흡수

뿌리가 토양에서 물을 빨아들일 때 물속에 녹아 있는 주요 미네랄도 함께
흡수하는데, 이는 식물이 잘 자라는 데 필요하다. 토양의 화학적 구조는
장소에 따라 매우 다양하다. 식물에 필요한 주요 성분이 결핍되면 더디게
자라거나 잎의 색깔이 탈색될 수 있다. 하지만 잎은 영양소가 부족할 때를
대비하여 여분의 영양소를 저장할 수 있다.

철분 결핍
중요한 효소와 색소를 만들어 내기 위해 식물은 철분을 필요로 한다.
여기에는 광합성을 위해 필요한, 빛에 민감한 초록 색소인 엽록소도
포함된다. 철분이 부족하면 식물은 엽록소를 더 적게 만들게 되고,
잎은 이 수국처럼 노란색으로 변한다. 철분은 물에 녹은 상태로
뿌리를 통해서만 흡수되는데, 알칼리성 토양에서는 철분이 덜 녹게
되므로 식물이 철분 결핍에 시달릴 가능성이 더 높다.

양분의 분배
토양으로부터 흡수된 영양소는 미세한 관(물관)의 다발
을 통해 뿌리에서부터 줄기, 가지, 잎, 꽃과 같은 식물의
각 기관으로 이동한다. 식물에게 가장 중요한 세 가지 미
네랄은 질소, 인산, 칼륨으로, 대부분 정원용 비료의 주
요 성분이기도 하다.

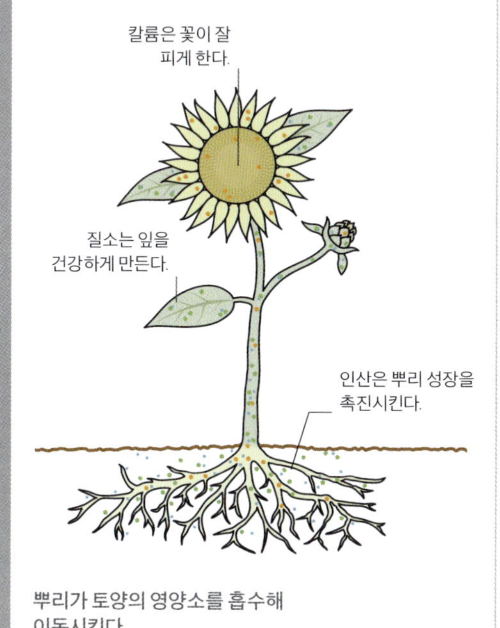

뿌리가 토양의 영양소를 흡수해
이동시킨다.

당근 저장소
곧은뿌리에 저장된 대부분의 당은 꽃을
생산하는 데 쓰인다. 당근이 꽃을 피우면
곧은뿌리는 써서 못 먹게 된다.

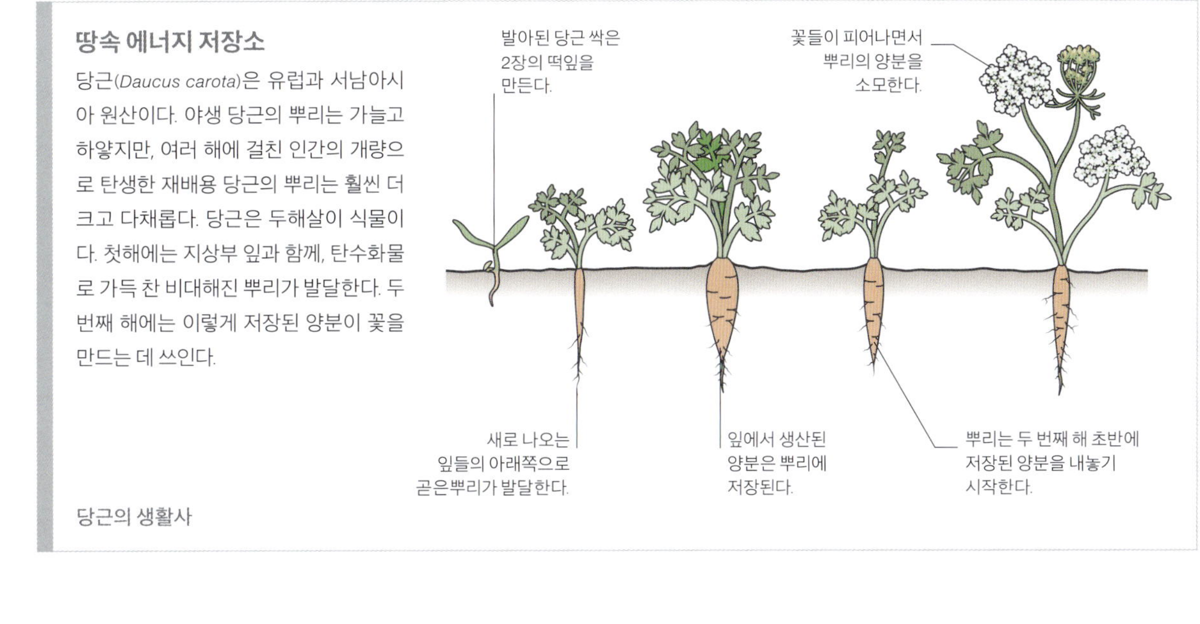

땅속 에너지 저장소

당근(*Daucus carota*)은 유럽과 서남아시아 원산이다. 야생 당근의 뿌리는 가늘고 하얗지만, 여러 해에 걸친 인간의 개량으로 탄생한 재배용 당근의 뿌리는 훨씬 더 크고 다채롭다. 당근은 두해살이 식물이다. 첫해에는 지상부 잎과 함께, 탄수화물로 가득 찬 비대해진 뿌리가 발달한다. 두 번째 해에는 이렇게 저장된 양분이 꽃을 만드는 데 쓰인다.

당근의 생활사

저장 기관

식물이 번식하는 데는 많은 에너지가 소모된다. 꽃, 달콤한 꿀, 씨앗을 생산하려면 상당한 투자가 필요하기 때문이다. 단지 2년 동안만 생존하는 두해살이 식물은 두 번째 해에 꽃을 피우기 위해 첫해 동안은 열심히 탄수화물을 저장해 둔다. 씨앗이 맺히게 되면 식물은 양분이 모두 소진되어 죽는다. 대부분의 두해살이 뿌리 작물은 양분을 곧은뿌리에 저장한다. 하지만 농부들은 이 과정에 개입해서, 식물들이 꽃을 피우기 위해 자원을 사용하기 전에 양분이 풍부한 뿌리를 수확한다.

씨앗을 위한 양식

곧은뿌리에 저장된 에너지를 이용해 당근이 꽃을 피우면, 곱슬곱슬한 꽃차례 안에서 씨앗이 만들어진다. 꽃차례는 분리되어 바람에 이리저리 날리며 씨앗들을 흩뿌린다. 이 무렵, 수백 개의 씨앗들을 생산해 내느라 에너지를 모두 소진한 곧은뿌리는 쪼그라든다.

자연의 인상

정형화된 미술의 형식적인 제약과 규칙에 반발한 19세기 프랑스 인상주의 화가들은
자연 세계에 심취해 야외에서 이젤을 놓고 그림을 그렸다. 그들은 풍경 속에서
새롭고 자발적으로 변화하는 빛의 순간적인 인상을 포착할 수 있었다. 그 뒤를 이은
후기 인상파들은 이러한 접근에서 한 발자국 더 나아갔다. 그들은 자연에서 보았던
기하학적인 형태와 눈부신 색상에 영감을 받아, 에너지가 넘치는 표현적이고 생생한
반추상 작품을 창조해 냈다.

인상파 화가들의 예술에 대한 신선하고 새로운 접근법에 영감을 받은 빈센트 반 고흐와 폴 세잔 같은 후기 인상파 화가들은 그림을 단순화시키는 접근법을 채택했다. 사실주의적인 시도를 거의 하지 않으면서 자체의 시각적 언어를 발달시킨 것이다. 그들은 굵은 선, 기하학적 모양, 그리고 프랑스 남부 풍경의 빛나는 색채를 강조하며, 곧 뒤따르게 될 20세기 추상화가들의 길을 닦아 놓았다.

반 고흐는 자연을 소재로 그림을 그렸지만, 자연에 대한 자신의 감정적 반응을 표현하기 위해 강렬한 색채와 힘 있는 붓놀림을 사용했다. 예술에 대한 현대적 접근법을 찾는 과정에서 그는 대담하게 윤곽이 잡힌 모양과 넓게 확장된 색채를 사용한 일본 판화로부터 커다란 영향을 받았다. 프랑스 남부에서 보내온 그의 편지들은 기쁨으로 끓어넘친다. '자신의 일본'을 발견했다고 믿었던 그는 색채와 모양에 관해 무아지경으로 써내려 갔다. "샛노란 미나리아재비로 가득한 초원, 초록 잎들과 함께 붓꽃들이 자라는 도랑…… 한 조각 파란 하늘." 그는 사이프러스 나무들에 사로잡혔고, 아무도 그가 보았던 방식으로 그 나무들을 그린 적이 없다는 사실에 놀라움을 금치 못했다.

나무뿌리, 1890년

반 고흐가 캔버스에 유화로 그린 이 작품은 처음
보면 밝은 색깔들과 추상적인 형태들이 뒤죽박죽
섞여 있는 것처럼 보인다. 사실 이것은 채석장
비탈진 곳에 자라는 나무뿌리와 줄기, 가지들이
뒤엉킨 모습을 그린 습작의 일부다. 그림 속 색채는
확실히 비현실적이다. 이 작품은 반 고흐가 죽기
바로 전날 아침에 그려졌고 완성되지 않았다.
하지만 햇빛과 생명으로 가득차 놀라우리만치
활력이 넘친다.

> **나는 항상 이곳의 자연을 사랑할 거야.
> 자연은 마치 일본 미술과도 같아. 한번 사랑에
> 빠지면 두 번 다시 의심하지 않게 되지.**
>
> 빈센트 반 고흐, 「테오 반 고흐에게 보내는 편지(Letter to Theo Van Gogh)」(1888년)

일본 회화의 영향

「회도병풍(檜図屛風)」, 금박 병풍에 채색화로 그려진 이 그림은 일본 회화 유파 중 하나인 가노파의 대표적인 화가였던 가노 에이토쿠(狩野永德)가 1590년경 그린 작품이다. 잘린 구도, 소용돌이치며 표현적인 선의 사용, 강한 색채의 넓은 확장은 일본 회화 양식의 전형적인 특징이었고, 이것이 반 고흐에게 영향을 미쳤다.

토양을 비옥하게 만들기

붉은토끼풀(Trifolium pratense)은 겨울 동안 비어 있는 땅의
토양 유실과 영양분 고갈을 막기 위해 농부들이 피복 작물로
재배하는 식물이다. 토끼풀은 질소를 고정하는 능력이
있기 때문에 왕성하게 자라다가, 봄에 땅을 일구면 다시
흙속으로 돌아가 질소를 공급하며 토양을 비옥하게 한다.
이러한 이점들 때문에 토끼풀은 같은 땅에 여러 작물을
돌려짓기하는 재배법에 이상적이다.

질소를 고정하는 콩과 식물들

비타민나무속(*Hippophae*), 캘리포니아라일락속(*Ceanothus*), 오리나무속(*Alnus*)을 비롯한 많은 종류의 식물들이 대기 중 질소를 자신들이 흡수할 수 있는 형태로 "고정"할 수 있다. 하지만 이 같은 질소 고정은 완두콩 종류, 콩 종류, 그리고 트리폴리움 수브테라네움(*Trifolium subterraneum*)과 같은 토끼풀 종류를 포함한 콩과 식물에서 가장 흔하게 볼 수 있다. 콩과 식물의 혹에는 질소를 고정하는 데 필수적인 여러 종류의 세균이 살고 있는데, 이들을 통틀어 근류균(rhizobia)이라고 부른다.

질소 고정

질소는 생명체를 이루는 기본 구성 물질 중 하나인 단백질의 주요 성분으로서 식물에게 필수 원소다. 질소는 공기 중에 풍부하지만 대부분 화학 반응을 거의 일으키지 않아 식물이 이용하기 어렵다. 따라서 식물은 토양 속에 질소를 함유한 화합물을 뿌리를 통해 흡수한다. 하지만 어떤 식물들은 질소 고정균이라는 세균의 도움을 받아 대기 중 질소를 흡수하고, 그것을 이용 가능한 화합물로 바꿀 수 있다.

뿌리혹

식물은 세균과 숙주 식물 간 공생 관계에 의해서만 질소를 고정할 수 있다. 이것은 특별하게 변형된 뿌리 조직인 뿌리혹에서 일어나는데, 이 혹은 자라고 있는 뿌리털의 피층(바깥층)에 세균이 침입할 때 형성된다. 뿌리혹 안에서 세균은 니트로게나아제(nitrogenase)라고 불리는 효소를 생산한다. 이것은 기체 상태의 질소를 가용성 암모니아로 바꾸어 식물이 이용할 수 있도록 한다. 대신에 세균은 당의 형태로 양분을 공급받는다.

완두의 뿌리혹

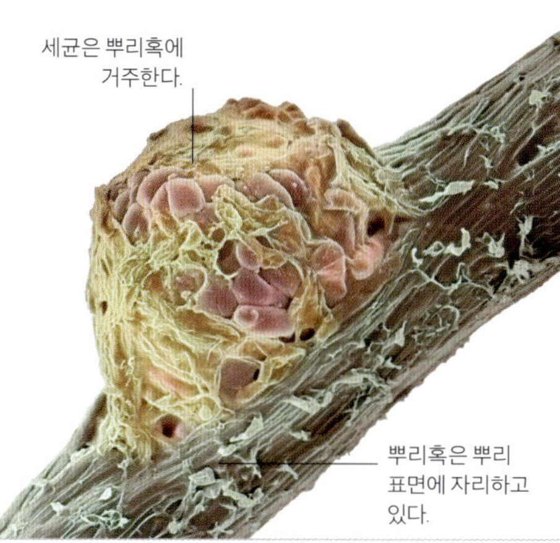

Amanita muscaria

광대버섯

균류를 빼고는 식물을 논할 수 없다. 대부분의 식물들은 광대버섯을 포함해 균근으로 알려진 특정 종류의 균류와 공생 관계를 진화시켰다. 이러한 관계는 식물로 하여금 탄수화물을 내놓는 대신 추가적인 물과 영양소를 이용할 수 있도록 해 준다.

광대버섯은 북반구 대부분 지역이 원산지로, 남반구 곳곳으로도 퍼져 나가고 있다. 대부분의 사람들이 보게 되는 이 균류의 모습은 모두 화려한 자실체 또는 버섯이다. 우산 같은 모양의 갓은 다홍색에서 등황색 사이의 색깔을 띠며, 보통 흰색 사마귀점들이 많다. 포자들을 방출한 후 버섯은 썩어 없어진다.

균사체로 불리는 땅속 조직을 통해 광대버섯은 침엽수림과 낙엽수림 생태계에서 필수적인 역할을 한다. 제멋대로 뻗어 나가는 실 모양의 덩어리(균사)가 토양 전반에 걸쳐 퍼져 나가, 소나무, 전나무, 삼나무, 자작나무류를 포함한 매우 다양한 종류의 나무들의 뿌리와 공생 관계를 형성할 수 있다.

어떤 균류는 나무뿌리 세포를 뚫고 들어가는 반면, 광대버섯은 뿌리를 덮는 피복을 형성한다. 피복은 감염 미생물로부터 뿌리를 보호할 뿐 아니라 양분과 수분이 이동하는 것을 돕는다. 대신에 나무는 광합성으로 만들어진 당분을 제공함으로써 버섯이 살아갈 수 있도록 해 준다. 그러므로 광대버섯을 볼 수 있는 가장 좋은 장소는 이 버섯과 연관 있는 나무의 밑동 근처다.

이 버섯은 아주 다양한 종류의 나무에서 잘 자랄 수 있기 때문에, 아마도 조림지에 옮겨 심을 묘목의 뿌리에 편승하는 방법을 통해 이제는 원산지가 아닌 곳에서도 출현하고 있다. 일부 전문가들은 이 버섯이 지역의 중요한 균근균과 경쟁하여 그 종들을 몰아내지 않을까 염려한다.

독버섯
광대버섯은 인상적인 화학 물질 칵테일을 만들어 내는데, 이것은 토양 영양분을 분해하는 데 도움이 되고, 이 버섯이 먹히지 않도록 보호하는 역할을 한다.

아주 작은 흰색
사마귀점들은 포자를 담고 있는 갓이 땅속으로부터 올라올 때 그것을 보호했던 조직의 막이 남아 있는 부분이다.

줄기를 둘러싼 조직의 치맛자락처럼 생긴 턱받이는 갓과 함께 광대버섯을 식별하는 데 도움이 된다.

빙산의 일각
그림과 같이 버섯은 단지 생식 기관일 뿐이다. 이 균류의 나머지 부분은 땅속에 살면서 균사라고 하는 무수히 많은 실 모양의 구조로 이루어져 있다.

균사는 숙주가 되는 나무 뿌리를 감싸며, 세포벽을 뚫고 들어가지 않고 뿌리 세포 사이에서 자랄 수 있다.

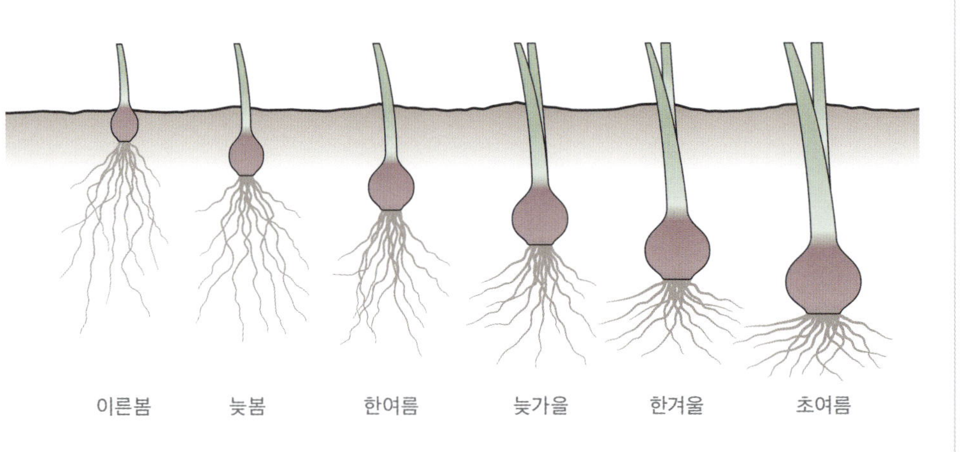

무거운 꽃차례를
지지하기 위해서는
깊은 뿌리가 필요하다.

꽃을 위해 깊이 파고들기
수축근은 알뿌리를 흙속에 단단히 고정시켜,
꽃들이 땅 위로 올라올 때 넘어지지 않도록
도움을 준다.

알뿌리 또한 땅속에서
증식하는데, 모체로부터
복제된 새로운 식물
개체들이 만들어진다.

수축근

뿌리는 식물이 어떤 날씨에도 제자리를 지킬 수 있도록 식물을 고정시키는 역할을 한다. 하지만 어떤 식물들은 특별하게 적응한 뿌리를 이용해 땅속에서 자신의 위치를 이동시킬 수 있다. 보통 비늘줄기, 알줄기 또는 뿌리줄기(87쪽 참조)를 가진 식물에서 발견되는 수축근은 수축과 확장을 통해 식물을 토양 속으로 더 깊게 잡아당긴다. 곧은뿌리를 가진 식물을 포함한 여러 다른 종류의 식물도 수축근을 가지고 있다. 수축근은 토양 속으로 더 깊이 내려감으로써 식물에게 더 높은 안정성을 제공하고 알뿌리가 커 감에 따라 알맞은 깊이에 도달할 수 있도록 해 준다.

알맞은 깊이를 찾아서

알뿌리 식물의 어린 묘는 토양의 표면 근처에서 자라기 시작한다. 하지만 성장하는 알뿌리가 토양 표면 근처에만 머무르게 되면 꽁꽁 어는 온도와 건조한 직사광선에 노출될 뿐더러, 동물에게 먹히기 십상이다. 식물을 보호하기 위해, 수축근은 성장하는 알뿌리를 토양 속으로 서서히 끌어당겨 환경 조건이 더 안정적인 곳으로 이동시킨다. 수축근은 더 길게 자라기 전에 커지면서 주변 흙을 옆으로 밀쳐 알뿌리가 아래로 당겨질 수 있는 통로를 마련한다.

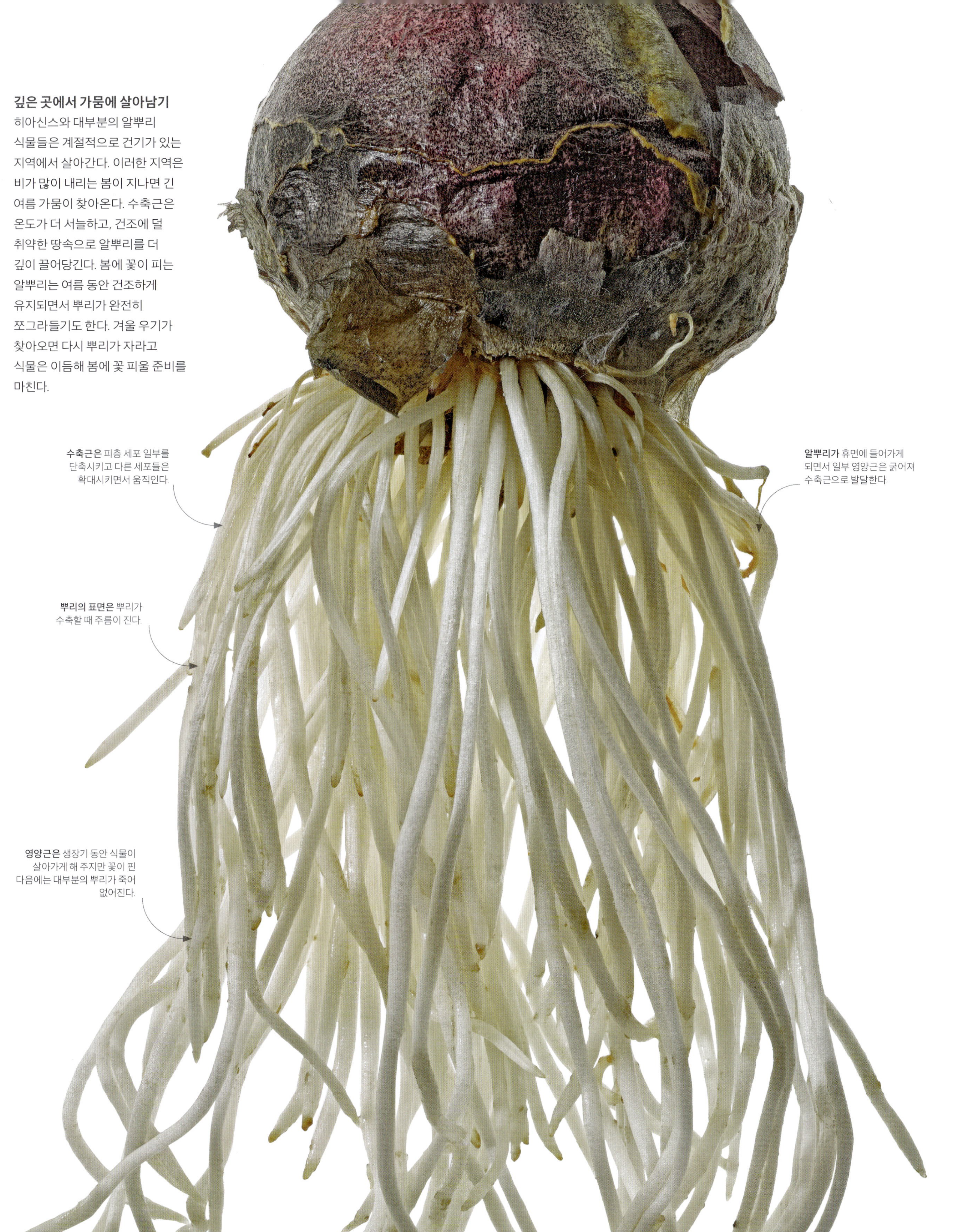

깊은 곳에서 가뭄에 살아남기
히아신스와 대부분의 알뿌리
식물들은 계절적으로 건기가 있는
지역에서 살아간다. 이러한 지역은
비가 많이 내리는 봄이 지나면 긴
여름 가뭄이 찾아온다. 수축근은
온도가 더 서늘하고, 건조에 덜
취약한 땅속으로 알뿌리를 더
깊이 끌어당긴다. 봄에 꽃이 피는
알뿌리는 여름 동안 건조하게
유지되면서 뿌리가 완전히
쪼그라들기도 한다. 겨울 우기가
찾아오면 다시 뿌리가 자라고
식물은 이듬해 봄에 꽃 피울 준비를
마친다.

수축근은 피층 세포 일부를
단축시키고 다른 세포들은
확대시키면서 움직인다.

알뿌리가 휴면에 들어가게
되면서 일부 영양근은 굵어져
수축근으로 발달한다.

뿌리의 표면은 뿌리가
수축할 때 주름이 진다.

영양근은 생장기 동안 식물이
살아가게 해 주지만 꽃이 핀
다음에는 대부분의 뿌리가 죽어
없어진다.

공기뿌리

숲의 상층부 나뭇가지 위에 자리를 잡고 살아가는 착생 식물은
자신을 단단히 붙잡아 주는 뿌리가 필요하다. 이 공기뿌리는
줄기를 따라 발생하며 가까운 표면 어디에라도 매달린다.
땅에서 흙과 직접 접촉하며 자라는 육상 식물의 뿌리와 다르게,
공기뿌리는 안개, 박무, 빗물로부터 수분을 흡수할 수밖에 없다.
공기뿌리는 이들 원천으로부터 물을 끌어다 사용하도록 특별하게
적응했다. 어떤 경우에는, 공기뿌리가 초록색을 띠고 광합성을 통해
양분을 만들어 낼 수 있다(129쪽 참조).

나무 꼭대기 여행자

안투리움 스칸덴스(*Anthurium scandens*)는 나뭇가지를
타고 올라가는 착생 식물로, 수많은 공기뿌리를 뻗으며
영역을 아주 넓게 확장한다. 이 많은 뿌리들은 이 식물이
제자리를 지킬 수 있게 해 줄 뿐 아니라 더 많은 양의
수분을 흡수할 수 있도록 해 준다.

공기뿌리와 물

모든 뿌리는 보호를 위해 표피로 둘러싸여 있지만, 일
부 공기뿌리의 경우 이 표피가 여러 층으로 두껍다. 근피
(velamen)로 알려진 이 부분은 빠르게 수분을 흡수하고 젖
었을 때는 투명해져 그 밑에 층에 있는 초록색 세포들이 햇
빛을 받아 광합성을 할 수 있도록 해 준다. 근피는 또한 빛에
민감한 이 세포들을 해로운 자외선으로부터 보호한다.

교살자 무화과나무

어떤 무화과나무속 종류는 다른 나무 위에서 자라다가 결국 그 나무를 목 졸라 죽이는 방식으로 삶을 영위하도록 진화했다. 많은 종류의 무화과나무속 종들이 이러한 교살자의 생활 방식을 보여 준다. 불쾌하게 들릴지 모르지만 교살자 무화과나무는 그럼에도 불구하고 열대 우림에 필수적인 구성원들이다.

교살자(strangler) 무화과나무는 동물에 의해 나뭇가지 위로 옮겨진 아주 작은 씨앗에서부터 삶을 시작한다. 발아 후, 새싹의 뿌리는 가지 위에 쌓여 있는 적치물 속으로 파고든다. 시간이 지남에 따라 뿌리는 숙주 나무의 줄기 아래쪽으로 뱀처럼 꿈틀거리며 더 많은 양분을 찾아 나선다. 뿌리가 지면에 닿자마자 무화과나무는 무해한 착생 식물에서 치명적인 셋방살이 식물로 바뀐다. 나무를 엮어 망을 형성하듯 무화과나무의 뿌리는 더욱더 크게 자라 숙주 나무를 감싸며 조여 죽게 만든다.

처음에 교살자 무화과나무는 그들의 뿌리를 통해 숙주 나무들이 열대 폭풍우에 뽑혀 나가지 않도록 어느 정도 보호해 주는 역할을 할지도 모른다. 하지만 이 혜택은 무화과나무가 자신의 숙주 나무를 목 졸라 죽이기 전까지만 지속된다.

교살자 무화과나무는 엄청난 양의 열매를 생산한다. 각각의 열매는 은화과(隱花果), 즉 안쪽으로 꽃들이 달리는 뒤집어진 꽃차례가 성숙해져 만들어진 것이다. 아주 작은 무화과말벌들이 꽃가루받이를 책임진다. 암컷이 작은 구멍을 통해 무화과 꽃차례로 들어가 밑씨 근처에 알을 낳는다. 이 과정에서 암컷은 다른 무화과로부터 가져온 꽃가루를 암꽃들 사이에 퍼뜨리게 된다. 무화과말벌은 무화과 안에서 태어나고 먹이를 먹고 짝짓기를 한다. 암컷은 수태가 되면 수꽃으로부터 꽃가루를 수집하고 수컷을 떠나 다른 무화과로 날아가 버린다. 그리고 이 과정은 다시 시작된다. 발아할 수 있는 씨앗들이 열매 속에 많이 만들어지도록 충분한 꽃들이 수정된다. 운이 좋으면 나무에 거주하는 동물이 이 열매를 먹을 것이고 씨앗들을 다른 숙주 나무의 가지 위로 옮겨 놓게 되면서 이 생활사는 계속 이어진다. 이러한 생활 방식으로 무화과 씨앗들은 나무 꼭대기 부근에서 발아가 되는데, 이곳은 생존 경쟁이 치열한 숲 바닥보다 훨씬 더 많은 햇빛을 받는다.

허무한 승리
죽은 숙주 나무가 썩어 없어지면, 남은 것은 교살자 무화과나무뿐이다. 무화과나무의 뿌리는 한때 그것을 지지했던 나무의 외양을 형성한다. 안쪽에 비어 있는 공간은 새, 곤충, 박쥐에게 안전한 서식지가 된다.

달콤한 열매
다양한 종류의 동물들이 교살자 무화과나무의 에너지가 풍부한 열매를 즐긴다. 그들은 배설물을 통해 씨앗들을 나르며 어미나무로부터 멀리 이동시킨다.

공중에서 살아가기

파인애플과(Bromeliaceae)에 속하는 공중 식물(air plant)들은 신선한 공기만으로도 잘 자랄 수 있는 확실한 능력 덕택에 그런 이름을 갖게 되었다. 토양으로부터 물을 빨아들이기 위해 뿌리에 의존하는 대부분의 식물과 달리 공중 식물은 잎에 나 있는 인편을 통해 공기로부터 수분을 흡수할 수 있다. 공중 식물은 틸란드시아속(Tillandsia)에 속하며, 대부분의 종들이 뿌리를 가지고 있지만, 이 뿌리는 주로 나뭇가지 또는 바위에 고정시키는 역할을 한다.

공중 식물의 잎들은 방패처럼 생긴 은빛 인편들로 뒤덮여 있는데, 이 식물들이 자라는 숲의 뜨겁고 찌는 듯한 공기로부터 수분을 흡수한다.

나무 위에서의 삶

착생 식물은 다른 식물 위에 자리를 잡고 살아간다. 기생 식물이 아니라서 숙주 식물로부터 영양분을 취하지 않는다. 하지만 착생 식물은 열대 우림 속 높은 나뭇가지 위에 살면서 숲 바닥보다 훨씬 더 많은 햇빛을 받을 수 있는 혜택을 누린다. 틸란드시아속 종류들이 유일한 착생 식물은 아니다. 많은 양치류, 난초류, 그리고 파인애플과의 다른 종류들 또한 나무 꼭대기 높은 곳에서 살아간다.

화려한 포엽은 짙은 파란색 꽃잎이 모습을 드러낼 때 꽃가루 매개자들을 유혹하는 데 도움이 된다. 이것은 꽃들이 풍부한 꿀을 지니고 있으며 수분이 이루어질 준비가 되었음을 나타낸다.

인편이 젖으면 투명해져 은빛 잎이 초록색으로 바뀐다.

철사 같은 뿌리

비단 같은 털
공중 식물의 꽃은 비단 같은 섬세한 털로 뒤덮인 수많은 씨앗들을 생산한다. 이 털들은 씨앗들이 바람을 타고 날아가 새로운 나뭇가지 위에 자리를 잡고 자랄 수 있도록 해 준다.

틸란드시아 테누이폴리아
(*Tillandsia tenuifolia*)

공중 식물의 보금자리

틸란드시아속(Tillandsia) 식물들은 보통 나뭇가지나 바위 위에서 자란다. 공중 식물의 씨앗들은 나무껍질 같은 거친 표면의 틈새로 끼어들기가 가장 쉽다. 하지만 수염틸란드시아(*T. usneoides*)와 같이 더 작은 종들은 아주 작은 잔가지들에도 들러붙을 수 있어 마치 지의류 같은 회색빛 줄기들로 두툼한 커튼을 형성한다.

틸란드시아 이오난타
(*Tillandsia ionantha*)

틸란드시아 텍토룸
(*Tillandsia tectorum*)

전기생 식물

잎도 하나 없이 양분과 수분을 전적으로 숙주 식물에 의존하는 기생 식물을 전(全)기생 식물이라고 한다. 오른쪽 19세기 다색 석판화에서 볼 수 있는 라트라이아 클란데스티나(*Lathraea clandestina*)가 하나의 예다. 보통 이 식물은 포플러, 버드나무, 또는 다른 나무의 뿌리에 기생하며 꽃이 필 때만 땅 위에 모습을 드러낸다.

기생 식물

대부분의 식물들이 광합성을 통해 스스로 양분을 생산하는 반면 속임수를 쓰는 식물들도 있다. 기생 식물은 흡기(haustoria)라는 변형된 뿌리를 이용해 숙주 식물의 조직을 뚫고 들어가 물과 탄수화물을 훔치는 방법으로 다른 식물 종을 등쳐 먹는다. 포라덴드론 레우카르품(*Phoradendron leucarpum*) 같은 기생 식물들은 줄기와 가지에 자신을 부착시키지만, 다른 식물들은 숙주 식물의 뿌리에 붙어 산다. 어떤 기생 식물들은 숙주 식물과 연결이 되어야만 살 수 있지만, 다른 기생 식물들은 독립적으로 생존할 수도 있다.

반기생 식물

리난투스 미노르(*Rhinanthus minor*)과 오돈티테스 불가리스(*Odontites vulgaris*) 같은 기생 식물들은 초록색 잎을 가지고 있어 스스로 양분을 만들 수 있긴 하지만, 물은 숙주 식물로부터 빼앗는다. 이러한 반(半)기생 식물들은 그들 자신의 공급량을 보충하기 위해 탄수화물을 훔치기도 한다.

나무 꼭대기의 기생 식물
초록색 잎은 충분히 광합성을 할 수 있지만,
겨우살이는 여전히 숙주 식물로부터 물과
양분을 빼앗는다.

Viscum album

겨우살이

신화와 전통 속에 깊숙이 자리잡은 겨우살이는 아주 흥미로운 생물학을 보여 준다.
겨우살이와 유사 종인 미국겨우살이(*Phoradendron leucarpum*) 둘 다 다양한 낙엽수에
기생한다. 이것은 숙주 식물에게 기형을 일으키는 원인이 되기도 하지만 그 식물을
죽이는 일은 거의 드물다. 숙주 식물이 죽으면 겨우살이도 죽는다. 겨우살이는 자신의
뿌리를 자라게 하는 대신 숙주 나무의 물과 양분을 흡수하기 위해 관다발 조직을 뚫고
들어갈 수 있는 흡기라는 특별한 조직을 발달시킨다. 겨우살이는 천천히 자라기 때문에,
건강한 숙주 나무들은 심각한 악영향 없이 몇몇 겨우살이를 견뎌 낼 수 있다. 하지만
겨우살이들이 과도하게 만연한 나무들은 약해져서 병이나 가뭄, 극한의 온도와 같은
추가적인 스트레스 상황에서 살아남을 가능성이 적다.

새들은 겨우살이를 퍼뜨리는 데 아주 중요하다. 겨우살이의 작은 꽃들이 수정되면 흰색에서 노란색을 띠는 열매들이 많이 만들어진다. 새들은 그 열매를 먹는 것을 좋아하지만 단지 부드러운 과육만 소화할 수 있어서 씨앗을 배설해 내거나 열매를 먹는 동안 독성이 있는 씨앗을 빼낸다. 이때 씨앗들이 새의 머리에 붙게 되고 새는 그것들을 나뭇가지에 문질러 닦아 내는데, 끈적끈적한 막이 굳으면서 씨앗들은 나뭇가지에 접착이 된다. 이제 씨앗들은 숙주 식물 속으로 자신들의 흡기를 내려 기생 식물의 생활사를 완성한다.

기생 식물이기는 하지만, 겨우살이는 그들이 자라는 곳에서 중요한 역할을 한다. 여러 겨우살이 종들이 있는데, 각각은 새들과 곤충들에게 중요한 양분 공급원이다. 결국 그 동물들은 더 많은 생물들을 유혹하게 되므로, 겨우살이가 그들의 자생 서식지에서 생물 다양성을 높이는 데 도움이 된다는 사실은 명백하다. 게다가 겨우살이가 다른 나무들보다 특정 나무들을 좋아하는 것은, 그 나무들이 우세하여 다른 종류의 나무들에게 해를 끼치는 것을 미연에 방지해 준다.

겨울에는 겨우살이
상록 겨우살이를 발견하기 가장 쉬운 계절은 폭이 1미터에 이르는 밀집한 다발들이 헐벗은 나무에 매달려 있는 것을 볼 수 있는 겨울이다. 각각의 다발은 규칙적으로 갈라진 수많은 가지들로 구성된 하나의 겨우살이 식물 개체다.

혐기성 흙 속의 뿌리

물로 범람이 된 흙은 혐기성(산소가 결핍된) 상태가 된다. 수생 식물의 줄기는 속이 비어 있어서, 공기가 아래로 이동하여 뿌리로 갈 수 있다. 일부 공기는 밖으로 빠져 나가 근권으로 알려진 뿌리와 근경 주변의 토양에 공기가 통하게 한다.

선사 시대의 식물

보통 속새(horsetail, *Equisetum* spp.)라고 불리는 이 식물은 3억만 년이 넘도록 계절적으로 범람하는 곳을 포함한 습지대에서 살아 왔다. 이들의 선조격 식물들은 지름이 1미터까지 자랄 수 있었는데, 오늘날의 품종들은 그들의 축소판이다.

물속 뿌리

모든 식물 세포는 생존을 위해 산소의 공급이 필요하다. 수생 식물의 경우도 물속에 잠긴 뿌리까지 공기를 가져오는 것이 필수적이다. 스펀지 같은 구조로 비어 있는 통로처럼 생긴 통기 조직(aerenchyma)이 수생 식물의 잎, 줄기, 뿌리 조직을 관통한다. 이것은 수면 위에서부터 아래쪽에 있는 뿌리까지 구멍들을 통해 공기가 흐를 수 있도록 해 준다.

수련

수련의 잎들은 수면 위에 가장 우아한 모습으로 펼쳐져 있고 수련의 꽃들은 섬세한 색깔들로 그 풍경에 방점을 찍는다. DNA 연구에 따르면 수련 종류는 모든 꽃식물 가운데 가장 오래된 계통 가운데 하나다.

수련속(*Nymphaea*)에는 36개의 종이 알려져 있고, 열대와 온대 기후에서 자라는 것이 확인된다. 수련은 암보렐라속(*Amborella*)이라는 유명한 식물을 제외한 다른 모든 속씨식물의 자매격 식물로서 수백만 년에 걸쳐 진행 중인 진화의 성공담이다. 수련 연못을 바라보면 수련이 물 위에 떠다니는 식물이라고 착각하기 쉽다. 사실 수련의 잎들은 진흙 속 깊이 묻혀 있는 두툼한 뿌리줄기로부터 나온 길고 가느다란 줄기에 붙어 있고, 세포들 사이에 가득 찬 커다란 공기 주머니 덕택에 물 위에 뜰 수 있다.

물속의 우아함

수련 종류는 전 세계 물의 정원에서 소중하게 자라는 식물이 되었다. 하지만 야생으로 퍼져 나가게 되면 종종 토착 식물들을 몰아내고, 많은 수생 생태계들의 섬세한 균형을 틀어지게 만든다.

수련은 꽃이 필 때, 암꽃 부분(암술머리)이 먼저 성숙한다. 사발 모양으로 생긴 암술머리는 벌과 딱정벌레 같은 곤충들을 끌어들이는 화합물을 함유한 걸쭉하고 끈적끈적한 수분액으로 채워져 있다. 곤충들이 달콤한 보상을 찾으려 중심부로 기어 들어갈 때 다른 수련 꽃에서 온 꽃가루가 곤충으로부터 씻겨지고 암술머리로 들어가 꽃을 수정시킨다. 어떤 곤충들은 이 과정에서 익사한다. 수련 입장에서는 이러한 꽃가루 매개 곤충들이 사는지 죽는지 여부는 전혀 문제가 되지 않는다.

첫째 날이 지나면 꽃은 수분액 생산을 멈추고 수술이 제기능을 하며 하루이틀 동안 꽃가루를 방출하는데, 곤충이 이를 수집해 다른 꽃으로 운반해 감으로써 이 순환 과정은 계속된다. 꽃이 마지막으로 닫히게 되면 줄기가 움츠러들어 꽃을 물속으로 끌어당긴다. 성숙하는 씨앗들이 장차 발아할 수 있도록 진흙에 더 가까운 위치로 자리를 잡게 해 주기 위해서다.

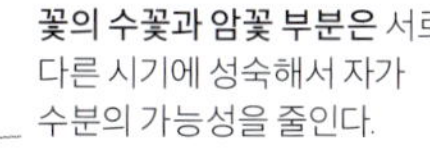

꽃의 수꽃과 암꽃 부분은 서로 다른 시기에 성숙해서 자가 수분의 가능성을 줄인다.

열리는 꽃봉오리
수련의 꽃은 오직 수분을 할 때만 물 위로 올라온다. 수분이 일어나면 수면 아래로 되돌아가 씨앗들이 발아할 수 있는 더 좋은 기회를 만든다.

숨쉬는 뿌리

해안의 얕은 바닷물은 식물에게 가장 도전적인 서식지 중 하나다. 특히 바다 밑바닥의 부드러운 퇴적물은 최소한의 지지력밖에 없기 때문에, 조수의 흐름과 몰려드는 폭풍우는 그들을 뿌리째 뽑아 버린다. 또한 짠 바닷물은 식물의 조직을 마르게 하는가 하면, 뿌리와 줄기는 물속에 잠겨 있어 산소를 이용하지 못한다. 맹그로브는 이러한 환경에서 살아남은 몇 안 되는 교목과 관목 무리 중 하나로, 맹그로브 숲은 폭풍우와 침식으로부터 해안 생태계를 보호한다.

호흡뿌리는 뿌리가 확장된 형태로, 질퍽질퍽한 땅을 헤치며 자란다.

고정을 위한 뿌리

썰물을 견뎌 내고 열대 폭풍우에 살아남기 위해 어떤 맹그로브는 지주뿌리를 확장시킨 네트워크를 발달시켰다. 이 뿌리들은 얕은 토양에 식물을 고정시키고 물의 흐름을 느리게 하여 더 많은 퇴적물이 뿌리 주변에 쌓여 있도록 한다.

소금은 빼고 숨쉬기

맹그로브 뿌리는 썰물이 진행되는 동안 호흡뿌리를 통해 숨을 쉴 수 있다. 어떤 종들은 소금을 걸러 낼 수도 있다. 뿌리 세포막이 필터 역할을 해서 물은 들어오게 하고 해로운 소금은 밖에 남아 있도록 하는 것이다.

Rhizophora sp.

맹그로브

염분이 있는 물에서 사는 것은 식물에게 엄청난 도전이지만, 맹그로브는 이를 성공적으로 극복해 냈다. 맹그로브라고 불리는 모든 교목들과 관목들 가운데 리조포라속(*Rhizophora*)에 포함된 여러 종들과 같이 오로지 바닷물 서식지에서만 자라는 "진짜 맹그로브"는 비교적 드문 편이다.

소금의 탈수 효과를 비롯해 민물을 얻기 어렵다는 점은 식물들이 해안이라는 환경 조건에서 살아가는 것을 매우 어렵게 만든다. 리조포라속 맹그로브들은 소금을 걸러 냄으로써 이 문제를 해결한다. 이 나무들은 그들 특유의 모습을 갖게 해 주는 긴 막대기 같은 지주뿌리들 위에 앉아 있는데, 이것이 바로 맹그로브가 성공하게 된 비결이다. 뿌리로 들어가는 물은 소금을 제거하는 일련의 세포 필터를 통과하게 되어, 나무는 끊임없이 민물을 공급받을 수 있다. 맹그로브는 또한 질식을 피하기 위해 그들의 뿌리 일부분을 항상 물 위에 있게 함으로써 이산화탄소와 산소를 교환할 수 있다(53쪽 참조).

리조포라속 맹그로브들은 인간과 동물 모두를 포함한 해안 공동체를 유지하는 데 아주 중요한 역할을 한다. 뿌리는 모래를 붙잡고, 침식을 늦추며, 파도의 강도를 줄여 준다. 만약 맹그로브 숲이 없다면 씻겨 유실될지도 모를 해안선을 보호하고 구축해 주는 것이다. 또한 정착지와 야생동물들을 허리케인과 열대 폭풍우로부터 보호하고, 다양한 종류의 새들에게 중요한 먹이와 둥지를 제공한다.

리조포라속 맹그로브들은 밀물과 썰물에 의존해 새로운 장소를 개척한다. 이 나무들은 태생(viviparous) 식물로, 씨앗들이 산포되기 전에 나뭇가지 위에서 발아된다. 어뢰처럼 생긴 묘목은 어미나무 아래 모래 속으로 떨어져 박히거나 조류에 떠내려가는데, 운이 좋으면 멀리 떨어진 해변에 닿아 새로운 숲의 시작을 준비한다.

만조 때의 맹그로브 숲

무수히 많은 종류의 물고기들이 리조포라속 맹그로브의 뒤엉킨 뿌리들 사이에 알을 낳고, 새끼들은 이러한 숲의 은신처에서 자라난다.

간조 때의 맹그로브
바하마 제도의 바닷물 석호에서 자라는 붉은맹그로브(red mangrove, *Rhizophora mangle*)는 모래 속으로 지주뿌리를 구부려 내린다. 뿌리의 맨 윗부분은 절대로 물에 잠기지 않아서 기체 교환이 지속적으로 일어나는데, 이를 통해 광합성과 호흡이 가능하다.

줄기와 가지

줄기. 식물 또는 관목의 중심부 혹은 대를 말하며, 보통 땅위로 올라오지만 이따금씩 땅속에 있다.

가지. 나무의 몸통 혹은 식물의 중심 줄기로부터 팔다리처럼 자라 나오는 갈래

줄기의 종류

줄기는 식물의 뼈대 역할을 하며, 뿌리, 잎, 꽃, 열매를
지지해 주고 연결시킨다. 줄기는 수분과 양분을 식물
전체로 이동시키는 순환계를 감싸고 있다. 줄기의
구조는 거대한 나무, 아치를 이루는 덩굴 식물에서부터
양탄자처럼 퍼지는 형태나 땅속 뿌리줄기에 이르기까지
천차만별이다. 크기에 있어서도, 아주 작은 이끼류의
가는 철사 같은 줄기부터 미국삼나무 숲의 어마어마한
몸통까지 매우 다양하다.

딱딱하고 부드러운 줄기
이차 비대 생장은 줄기가 목질 조직을 만들어
더 크고 강해지도록 하는 과정을 말한다.
하지만 많은 식물들이 전혀 목질화되지 않는다.
이들의 부드러운 초본성 줄기는 단 한 번의
생장 기간 동안만 유지된다.

꽃 또는 두상화(또는 나중에
열매)가 달리는 줄기를
꽃줄기(화경)라고 한다.

아이슬란드양귀비(Icelandic
poppy, *Papaver nudicaule*)

마디와 마디 사이에는 스펀지
같은 속과 설탕이 풍부한
액체가 들어 있다.

강하고 곧은 사탕수수의
줄기는 5미터까지 자랄
수 있다.

단단한 줄기는 이렇게 키가
큰 풀이 스스로 서 있도록
하는 데 필수적이다.

아이비의 어린 줄기는
부드럽고 유연해서 다른
물체를 타고 올라가는 데
도움이 되는데, 해가 지남에
따라 줄기는 목질화된다.

사탕수수
(sugarcane,
*Saccharum
officinarum*
'Ko-Hapai')

아이비 (common ivy,
Hedera helix)

나무껍질은 훼손, 수분 손실,
파괴적인 곤충들로부터
목본성 줄기를 보호한다.

줄기에서 가지까지
물관부(목질 조직)가 여러 층으로
형성되면서 줄기는 더욱더 강해지고
두꺼워진다. 전 세계에서 가장 키가
큰 나무들은 목질화된 줄기를 가지고
있다.

목질화된 줄기는
여러 해에 걸쳐
살아남을 만큼
내구성이 있다.

유럽개암나무의 뒤틀린 줄기는
유전적 기형으로, 생울타리에서
야생으로 자라는 개체로부터 처음
발견되었다.

유럽개암나무 (corkscrew
hazel, Corylus avellana
'Contorta')

처진자작나무
(silver birch, Betula pendula)

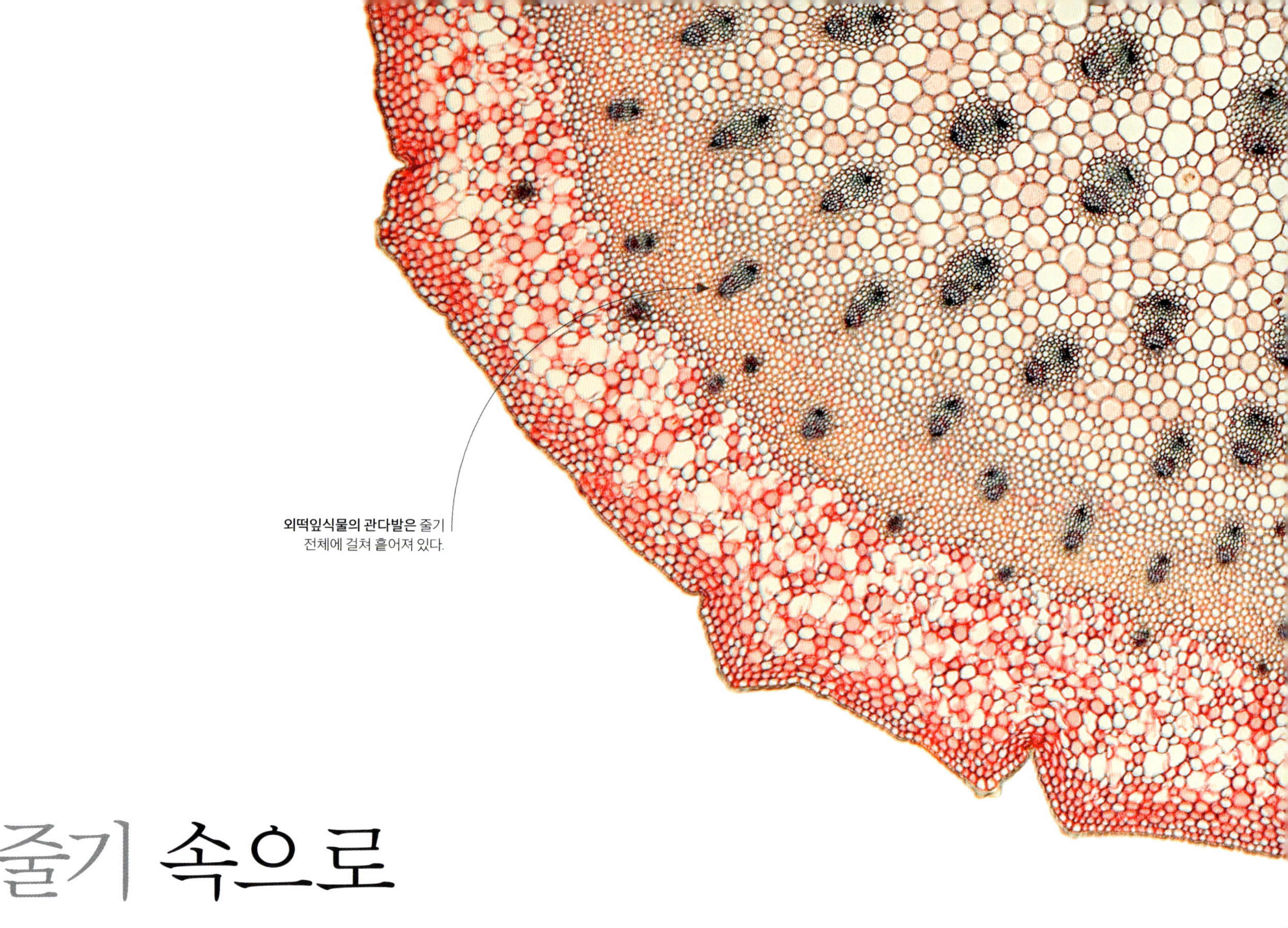

줄기 속으로

모든 줄기의 두 가지 핵심 기능은 지지와 운반이다. 줄기는 잎을 떠받쳐 햇빛을
흡수하도록 해 주고, 잎에서 만들어진 탄수화물을 식물 곳곳으로 운반한다.
물과 미네랄 또한 뿌리로부터 죽은 세포로 이루어진 목질의 물관부 조직을 거쳐
운반되고, 양분과 기타 다른 미네랄도 살아 있는 체관부 세포를 통해 줄기로
이동한다.

줄기와 관다발

줄기 속에서 물관부와 체관부 세포들은 함께 모여
관다발을 이룬다. 꽃식물들 사이에서 관다발은 그 식물이
외떡잎식물인지 혹은 진정쌍떡잎식물인지에 따라 줄기
안에서 다르게 배열된다(15쪽 참조). 외떡잎식물의 관다발은
줄기 속에 전체적으로 흩어져 있지만, 다른 꽃식물과
진정쌍떡잎식물에서 관다발은 원형으로 배열된다.
이것은 나무에서 분명하게 볼 수 있다. 시간이 지남에
따라 대부분의 나무들은 줄기에 나이테를 발달시키지만,
야자나무와 같은 외떡잎 나무들은 절대 그렇지
않다.

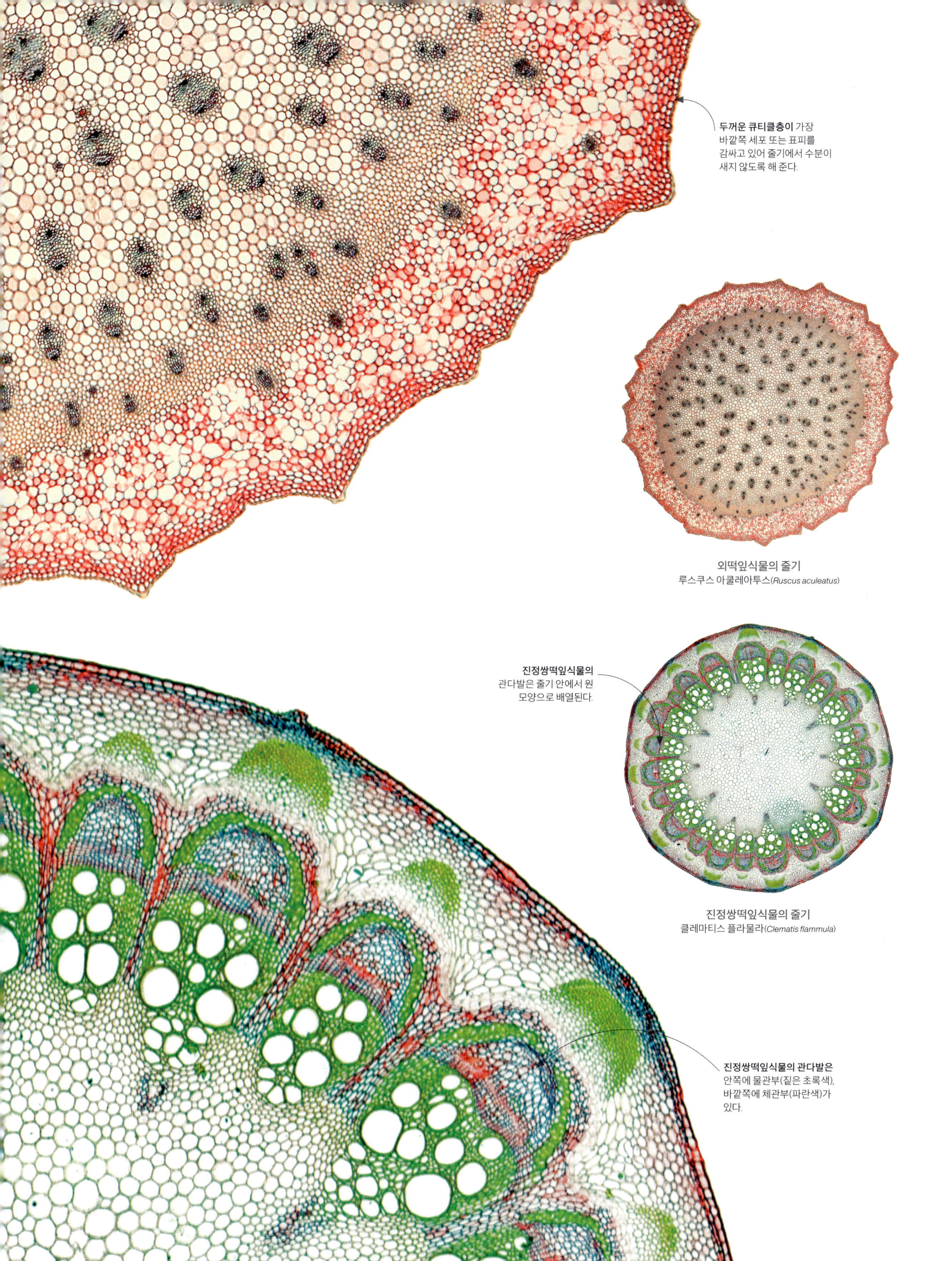

외떡잎식물의 줄기
루스쿠스 아쿨레아투스(*Ruscus aculeatus*)

진정쌍떡잎식물의 줄기
클레마티스 플라물라(*Clematis flammula*)

커다란 잔디, 1503년

뒤러는 일상적인 풀과 잡초 덤불을 세심하게 그려 낸 수채화 습작을 남겼다.
「커다란 잔디(Great piece of Turf)」는 보는 사람으로 하여금 잔디에서 살아가는
곤충들과 작은 동물들과 함께 지면 높이에서 바라보는 관점으로부터 힘을 얻고
있다. 단조로운 배경을 뒤로하고 예술적으로 무작위적이면서도 사실적으로
다양한 식물 종들을 완벽하게 표현한 것이 특징적이다. 이 작품 속에서는
오리새(cocksfoot), 애기겨이삭(creeping bent), 왕포아풀(smooth meadow
grass), 데이지(daisy), 민들레(dandelion), 베로니카 카마이드리스(germander
speedwell, *Veronica chamaedrys*), 왕질경이(greater plantain), 키노글로숨
오피키날레(hound's-tongue, *Cynoglossum officinale*), 아피움 노디플로룸(fool's
watercress, *Apium nodiflorum*), 서양톱풀(yarrow)을 볼 수 있다.

자연의 르네상스

섬세한 습작들
레오나르도 다빈치가 초크와 크레용으로 정교하게 그린 식물과 나무 스케치는
종종 더 큰 작품을 준비하는 과정에서 나온 습작들이었지만, 자신의 식물학
연구에 중요한 부분을 차지하기도 했다.

200년 동안의 르네상스 시대에 걸쳐, 지적 호기심과 인간의 창의력이 미칠 수 있는
범위는 한계가 없어 보였다. 주요 예술가들은 조각과 조형 작품을 위해 해부학을,
직선 원근법의 문제를 해결하기 위해 수학을, 완벽한 정확성으로 식물의 삶과 풍경을
재현하기 위해 자연 세계를 공부했다. 오늘날 그들의 식물 스케치와 수채화 작품들은
자연주의로 명성이 높다.

역사적으로 식물에 대한 동정은 약초 의학서(140~141쪽 참조)를 통해 연구되고 묘사되었는데, 중세 시대 예술가들은 종교적인 그림에 상징적 의미를 부여하고자 꽃들을 사용했다. 가령 백합은 순결을 의미한다. 이탈리아 화가 레오나르도 다빈치의 초기 작품들은 이러한 꽃들이 특징적이었다.

15세기 후반에 들어서면서 유럽에서 자연의 재발견은 르네상스 에너지의 주를 이루게 되었다. 특히 두 거장의 작품들에 영감을 주었는데, 남유럽의 레오나르도 다빈치와 북유럽의 독일인 화가 알브레히트 뒤러(Albrecht Dürer)가 바로 그들이다. 식물 종에 대한 철저한 공부와 식물학적 과정에 대한 체계적인 연구로 자신의 위대한 작품들을 보강한 레오나르도 다빈치는 유화, 목판화, 조각의 대가인 뒤러에게 영감을 주었다.

뒤러는 그리스도 초상화법으로 그린 자화상들과 신화적이고 종교적인 주제의 비현실적 작품들로 유명했지만 그가 개인적으로 그린 작품은 완전히 달랐다. 아마도 자신의 종교적 그림에 사실주의를 더하는 데 사용하려고 했을지도 모를 몇 안 되는 수채화 습작들은 고요하면서도, 완벽하게 관찰된 자연을 그려 냈다. 자연 세계의 축소판으로 가득한 이 여름 초원의 경작되지 않은 땅 한 조각도 그중 일부다.

> 단순함이야말로 예술의 가장 위대한 장식품이기 때문에, 나는 자연의 진짜 형태를 강조하는 것이 훨씬 더 좋았다는 것을 깨달았다.

알브레히트 뒤러, 「개혁의 지도자 필립 멜랑크톤(Philipp Melanchthon)에게」

나무의 줄기

나무 줄기의 단면은 과거를 자세히 들여다보는 데 더할 나위 없는 기회를 제공한다.
매년 나무의 몸통(목질화된 줄기)은 환경 조건에 따라 결정되는 두께만큼 새로운 조직
층을 발달시킨다. 좋은 조건에서는 나무가 왕성하게 자라 폭이 넓은 나이테를 만들고,
극단적인 온도나 가뭄 등으로 유발되는 스트레스는 나이테 폭을 좁게 만든다. 이러한
나이테 연구를 통해 과거의 기후 조건을 얼핏 살펴볼 수 있다.

강력한 지지

대부분의 나무 줄기가 기둥 모양으로 생긴
것은 나무로 하여금 가지들과 수많은 잎들의
뼈대 역할을 할 수 있는 물리적 지지력을 갖게
해 준다. 나무의 줄기는 엄청난 높이로 자랄 수
있고 믿을 수 없을 만큼 강하다. 그들은 위로
올라가거나 자신을 감싸기 위한 어떤 구조물도
필요 없이 스스로를 꼿꼿하게 지탱할 수 있다.

나무 줄기의 구조

나무와 일부 꽃식물의 목질화된 줄기 속에는 수분과 양분을 식물체 곳곳으로 운
반하는 물관부와 체관부가 원 모양의 고리를 이루고 있다. 얇은 체관부 층은 나
무껍질 바로 아래 위치해 있는 데 반해, 여러 층으로 된 물관부는 나무를 잘랐을
때 볼 수 있는 나이테를 형성한다. 매년 관다발 부름켜라고 불리는 조직이 지난
해에 형성된 층 위에 새로운 물관부 층을 만든다. 그 층들을 세어 보면 나무 줄기
의 나이를 추정할 수 있다. 형성된 지 얼마 되지 않은 물관부의 바깥 층을 변재(邊
材)라고 하는데, 안쪽에 좀더 오래된 층들은 점점 폐쇄되어 심재(心材)를 형성한
다. 목질화된 층의 바깥쪽에는 코르크 부름켜가 새로운 나무껍질을 만들어 팽
창하는 나무의 몸통을 덮어 주고 보호한다.

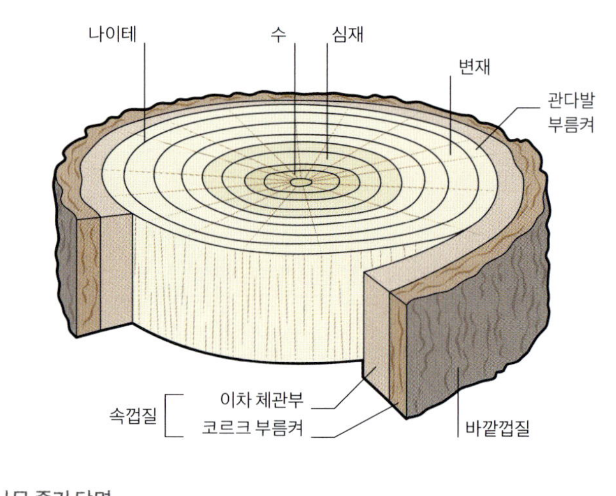

나무 줄기 단면

나무 줄기가 팽창하면서
나무껍질이 갈라지지만,
아래쪽에 새로운 층이
형성된다.

체관부 조직은 나무껍질
바로 아래 있어, 나무
곳곳으로 양분을 운반한다.

관다발 부름켜는 새로운
물관부 층을 만든다.

각각의 옅은 색 나이테는
나무가 봄에 성장을 시작할
때 형성된 춘재(春材)로
이루어진다.

짙은 색 나이테는 한 해의
후반부에 나무가 휴면에
들어가기 전에 형성된
추재(秋材)다.

코르크 같은 나무껍질
코르크참나무(*Quercus suber*)

줄무늬가 있는 나무껍질
펜실베이니아산겨릅나무(*Acer pensylvanicum*)

세로로 깊게 갈라지는 나무껍질
유럽밤나무(*Castanea sativa*)

껍질눈(피목)이 있는 나무껍질
티베트벚나무(*Prunus serrula*)

비늘로 덮인 나무껍질
소나무속 종류(*Pinus sp.*)

가시가 있는 나무껍질
케이바 스페키오사(*Ceiba speciosa*)

조각조각 떨어지는 나무껍질
버즘나무속(*Platanus sp.*)

껍질처럼 벗겨지는 나무껍질
유칼립투스 구니(*Eucalyptus gunnii*)

가늘고 길게 벗겨지는 나무껍질
카리아 오바타(*Carya ovata*)

매끄러운 나무껍질
사시잎자작나무(*Betula populifolia*)

균열이 생기는 나무껍질
튤립나무(*Liriodendron tulipifera*)

종이 같은 나무껍질
중국복자기(*Acer griseum*)

많은 색깔의 외투

나무껍질은 목본성 나무들에서만 만들어지므로 침엽수와 진정쌍떡잎식물에서는 나무껍질을 볼 수 있지만 양치류와 외떡잎식물에서는 발견되지 않는다. 나무껍질은 시간이 지남에 따라 쪼개지고 갈라지는데 그 방법도 가지가지여서 매우 다양한 패턴, 질감, 색깔을 나타낸다.

사시나무속 종류(*Poplulus sp.*)의 나무껍질에 있는 껍질눈

나무껍질의 가느다란 조각은 밀납 같은 방수성 물질인 코르크질을 포함하고 있어 고무 같은 느낌이 들 수도 있다.

나무 줄기의 둘레가 늘어나면서 바깥껍질은 갈라져 벗겨지거나 조각이 나기도 한다.

나무껍질의
종류

목본성 식물을 보호하는 '피부'인 나무껍질은 침습성 곤충, 세균, 균류가 들어오지 못하도록 지켜 주고 귀중한 수분을 유지한다. 또한 화재로부터 나무를 방어하고, 나무껍질 층이 떨어지는 나무들의 경우 덩굴 식물과 착생 식물이 붙어 있지 못하게 한다. 나무껍질 안에는 분열하는 세포로 이루어진 2개의 부름켜 층이 있는데, 비교적 얇은 편이어서 손상을 입으면 성장이 지연되고 심한 경우에는 나무가 죽을 수 있다.

Populus tremuloides

미국사시나무

가을철 눈에 띄게 새하얀 줄기와, 바람에 떨리는 잎들을 가진 미국사시나무 숲처럼 매혹적인 풍경은 보기 드물다. 이 놀라운 종은 북아메리카에서 다른 어떤 나무보다 폭넓게 분포하는데, 캐나다에서부터 남쪽으로 계속 내려와 멕시코에까지 이른다.

전통적인 의미는 아니지만, 미국사시나무(quaking aspen)는 아주 오랫동안 산다. 각각의 나무는 수그루 또는 암그루로, 유성 생식이 가능하지만 씨앗으로는 거의 번식하지 않는다. 대신 한번 나무가 자리를 잡으면 뿌리로부터 많은 줄기들이 자라 나온다. 각각의 줄기는 새로운 나무로 자랄 수 있어서, 미국사시나무 숲 전체가 한 나무에서 무성 번식한 나무들로 이루어질 수도 있다. 시간이 지나면서 결국 나무들은 죽게 되지만 뿌리줄기는 계속해서 여러 해에 걸쳐 수백 또는 수천 그루의 새로운 나무들을 만들어 낼 수가 있다. 지금까지 알려진 가장 큰 미국사시나무 숲은 유타 주에 있는 판도(Pando) 숲으로, 8만 년이나 되었으며 면적은 약 40만 제곱미터에 이른다.

새하얀 나무껍질은 나무가 과열되지 않도록 보호하고, 나무껍질이 녹았다가 어는 일이 반복되는 겨울 동안 햇빛에 타는 위험을 줄이는 데 도움이 된다. 태양 광선 대부분을 반사시킴으로써 햇빛이 많은 겨울 날에도 낮은 온도를 유지할 수 있다. 나무껍질을 자세히 보면 초록빛이 감도는 색이 비치는데 이것은 광합성 조직으로, 봄에 잎들이 나기도 전에 광합성을 위해 분주히 햇빛을 모은다.

스스로 무성 번식하는 습성 덕분에 미국사시나무 숲은 산불이 난 후에도 다시 자랄 수 있다. 사실 불은 미국사시나무의 서식지를 유지해 가는 데 필수적이다. 자라는 터가 깨끗이 정리되지 않으면 결국 침엽수 같은 나무들이 드리우는 그늘로 뒤덮이기 때문이다.

숲의 성장

미국사시나무 숲의 균일성은 이 숲이 무성 번식으로 형성된 군락일지도 모른다는 것을 시사한다. 미국사시나무는 빈 땅이 생기면 신속히 반응한다. 더 많은 빛이 토양에 닿으면 빠르게 성장하는 새로운 줄기들이 재빨리 자라나오게 한다.

떨리는 잎
미국사시나무 잎들은 바람이 불면 '떨리는' 소리를 낸다. 잎들은 납작해진 잎줄기에 붙어 비틀리며, 아주 가벼운 미풍에도 바스락거린다.

잎들은 초록색이지만 가을에 노란색, 금색, 주황색, 또는 옅은 붉은색으로 변한다.

잎은 하트 모양이고, 가장자리에는 톱니가 있다.

어린 줄기는 곰이나 사슴이 먹고, 잎눈은 새가 즐겨 먹는다.

가지의 위치와 모양

한 나무에서 가지의 위치는 새로 나는 눈 또는 생장점의 배열에 따라 결정된다. 눈들이 줄기를 따라 어긋나며 배열되면 가지들도 그렇게 뻗어 나오게 되고, 나무는 넓고 둥근 수관을 발달시킨다. 대다수 침엽수의 경우에는 눈들이 돌려나며 배열되는데, 이것은 가지들 또한 돌려나며 자라게 된다는 것을 뜻한다. 가장 낮은 곳에 위치한 가지들이 계속해서 길게 자라는 동안, 새로운 가지들은 위쪽으로 발달한다. 더 어린 가지일수록 길이가 더 짧기 때문에, 결과적으로 밑부분의 가지가 가장 긴 삼각형 모양을 갖게 된다.

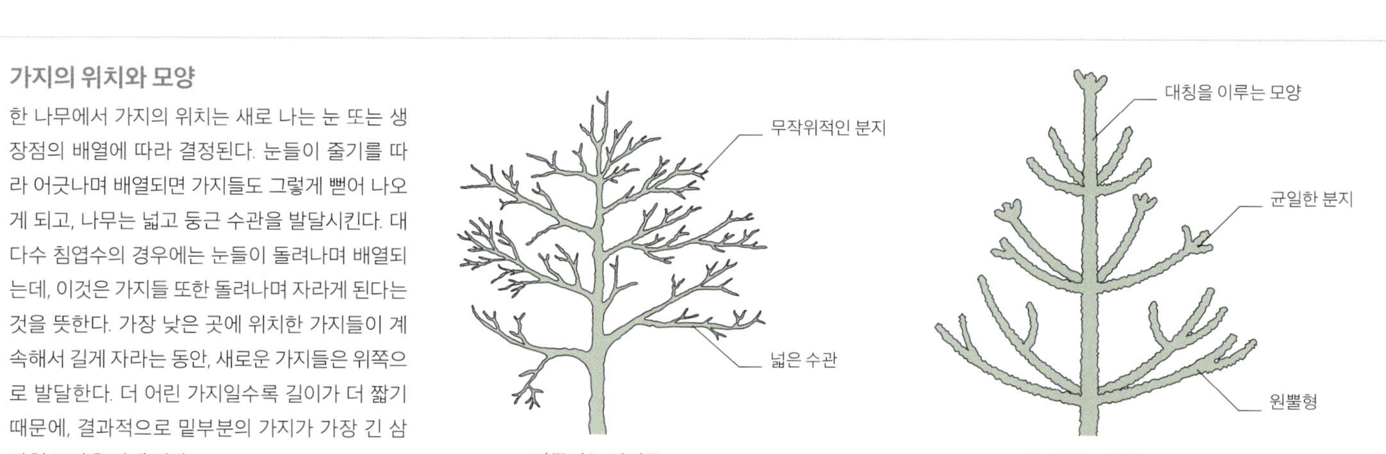

특이한 침엽수의 구조

아라우카리아 아라우카나(*Araucaria araucana*)는 바늘 모양의 잎들이 빽빽하게 나 있어 심지어 원숭이조차도 오르기 어려울 정도라고 해서 멍키퍼즐트리(monkey puzzel tree)라고 부른다. 어린 나무는 가지들이 대칭을 이루며 돌려나는 습성이 나타나는데, 다 자란 멍키퍼즐트리는 일반적으로 균일성이 떨어진다. 나이가 들면서 가장 낮은 위치의 가지들은 떨어지고, 해충, 질병, 폭풍, 낙뢰, 또는 다른 요인들이 가지들을 훼손시켜 완벽한 프로필을 망쳐 놓는다.

아라우카리아 아라우카나
(*Araucaria araucana*)

가지의 배열

나무가 가지들을 배열하는 방식이 나무의 전체적인 모양을 결정한다.
아마도 가장 익숙한 두 가지 형태는 대부분 침엽수에서 볼 수 있는 원뿔
형태와, 활엽수의 넓은 구름 같은 수관 형태이다. 각각의 가지들은 잎들이
최대한 많은 양의 빛을 받을 수 있도록 배열된다.

끝눈은 줄기나 잔가지 끝에 형성된다.

비늘 모양의 눈은 겨울에 추가적인 보호를 위해 나뭇진으로 덮이기도 한다.

버금끝눈은 곁눈 자리까지 가지가 죽었을 때 형성된다.

꽃눈은 잎눈보다 더 큰 편이다.

곁눈은 지난해의 잎이 줄기에 붙어 있던 자리에 형성된다.

잎자국은 종종 오래된 잎들이 떨어진 자리에 생긴다.

비늘이 없는 눈은 대신 털이 많은 포엽에 의해 보호 받는다.

왕가래나무(Juglans mandshurica var. sieboldiana)

가시칠엽수(Aesculus hippocastanum)

헝가리참나무(Quercus frainetto)

캠벨목련(Magnolia campbellii)

끝눈

곁눈

버금끝눈

비늘이 없는 눈

겨울눈

잎눈은 모양과 자라는 방식에 따라 엄청나게 다양하고 매우 독특하다. 나무의 모양과 함께 잎눈은 겨울 동안 나무를 식별하는 데 핵심적인 도움이 된다. 눈들이 줄기를 따라 어떻게 자라는지 살펴보면 흥미로운 사실을 알 수 있다. 그들은 서로 마주보며 나거나 어긋나는 형태로 줄기에 간격을 두고 생겨난다. 장차 잎과 꽃이 될 부분을 보호하는 아린(bud scale) 역시 모양, 색깔, 숫자에 있어 다양하다.

잎이 나기 전에 꽃

개나리, 오리나무, 풍년화, 그리고 매년 잎이 떨어지는 목련 같은 낙엽성 교목과 관목은 잎이 나기 전에 꽃이 피는데, 이런 특성을 선화후엽(先花後葉, hysteranthy)이라고 한다.

의성개나리(*Forsythia viridissima*)

꽃눈 속으로

목련 종류는 지구상에 가장 일찍 모습을 드러낸 꽃식물 가운데 하나로, 그들의 꽃은 더 최근에 진화한 종들에서는 발견되지 않는 특징이 있다. 꽃받침과 꽃잎이 뚜렷이 구별되지 않고, 꽃눈은 꽃받침 대신 낙엽성 포엽에 의해 보호된다.

단열 처리가 된 눈

교목과 관목의 목본성 줄기는 잎눈뿐만 아니라 이듬해 피어날 꽃눈도 만들어 낸다.
낙엽성 목련 종류는 늦여름과 가을에 걸쳐 꽃눈을 만들고, 겨울 동안 휴면 상태에
들어간다. 꽃눈과 잎눈은 대개 모양 또는 크기로 구별할 수 있다.

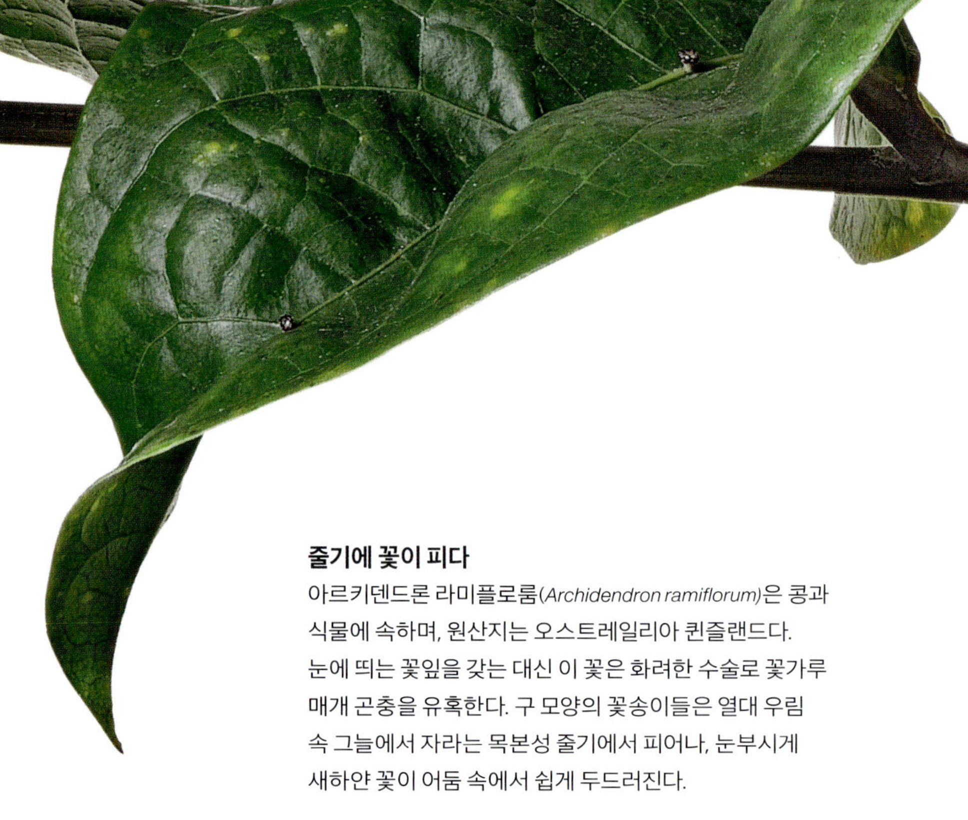

줄기에 꽃이 피다

아르키덴드론 라미플로룸(*Archidendron ramiflorum*)은 콩과
식물에 속하며, 원산지는 오스트레일리아 퀸즐랜드다.
눈에 띄는 꽃잎을 갖는 대신 이 꽃은 화려한 수술로 꽃가루
매개 곤충을 유혹한다. 구 모양의 꽃송이들은 열대 우림
속 그늘에서 자라는 목본성 줄기에서 피어나, 눈부시게
새하얀 꽃이 어둠 속에서 쉽게 두드러진다.

줄기에 직접 꽃이 피는 식물들

꽃과 열매는 보통 새로운 줄기에 생겨나지만, 일부 교목과 관목의 경우 목본성 원줄기와
일차 가지로부터 바로 꽃이 터져 나온다. 간생화(幹生花, cauliflory)로 알려진 이 전략은 추운
지방보다는 열대 지방에서 더 흔하게 볼 수 있다. 어떤 식물들이 왜 간생화 전략을 취하는지는
아직까지 밝혀지지 않고 있지만, 어쩌면 숲의 수관 아래 더 낮은 곳에 사는 동물들로 하여금
꽃과 열매에 쉽게 접근할 수 있도록 하기 위한 진화적 적응일지도 모른다. 한편 이름과 달리
콜리플라워(cauliflower)는 간생화가 아니다. 대신 꽃송이들이 줄기 끝에 밀집해 생겨난다.

카카오나무 열매

카카오(*Theobroma cacao*)는 잎들이 그늘을 드리우는 목본성 줄
기에 꽃과 열매를 맺는다. 꽃은 깔따구에 의해 수분이 되는데, 깔
따구는 햇빛이 어룽거리는 환경을 좋아한다. 다른 간생화 나무로
는, 빵나무(*Artocarpus altilis*), 파파야(*Carica papaya*), 호리병박나무
(*Crescentia cujete*), 캐나다박태기나무(*Cercis canadensis*), 대부분
의 열대 무화과나무속 종류(*Ficus* sp.)가 있다. 열대 지방 외 지역에
서는 유다박태기나무(*Cercis siliquastrum*)가 온대 지방의 교목과 관
목 가운데 보기 드문 간생화 사례로, 봄에 새잎이 나기 전 성숙한
가지에서 붉은빛이 도는 분홍색 꽃들이 피어난다.

카카오

꽃눈은 목본성 줄기를 따라 마디에 위치한 생장점 혹은 분열 조직에서 생겨난다.
하얀색 수술들의 굵직한 다발은 잠재적 꽃가루 매개자를 위한 꽃가루를 제공한다.
진 꽃은 선명한 붉은색을 띠는 돌돌 말린 꼬투리로 발달한다.
수술은 약 5센티미터 길이까지 자랄 수 있다.

줄기의 방어

초식 동물들은 생명을 유지하는 자양물을 얻기 위해 식물에 의존하지만,
식물은 스스로를 방어할 수 있다. 경침(thorn), 엽침(spine), 또는
피침(prickle)으로 줄기를 무장한 식물들은 적어도 적들 중 일부를 막아 낼
수 있다. 종종 이 세 가지 방어 수단의 이름이 서로 바꿔 사용되기도 하지만,
각각은 진화의 역사상 식물의 특정 부분으로부터 발달한 것으로 보인다.

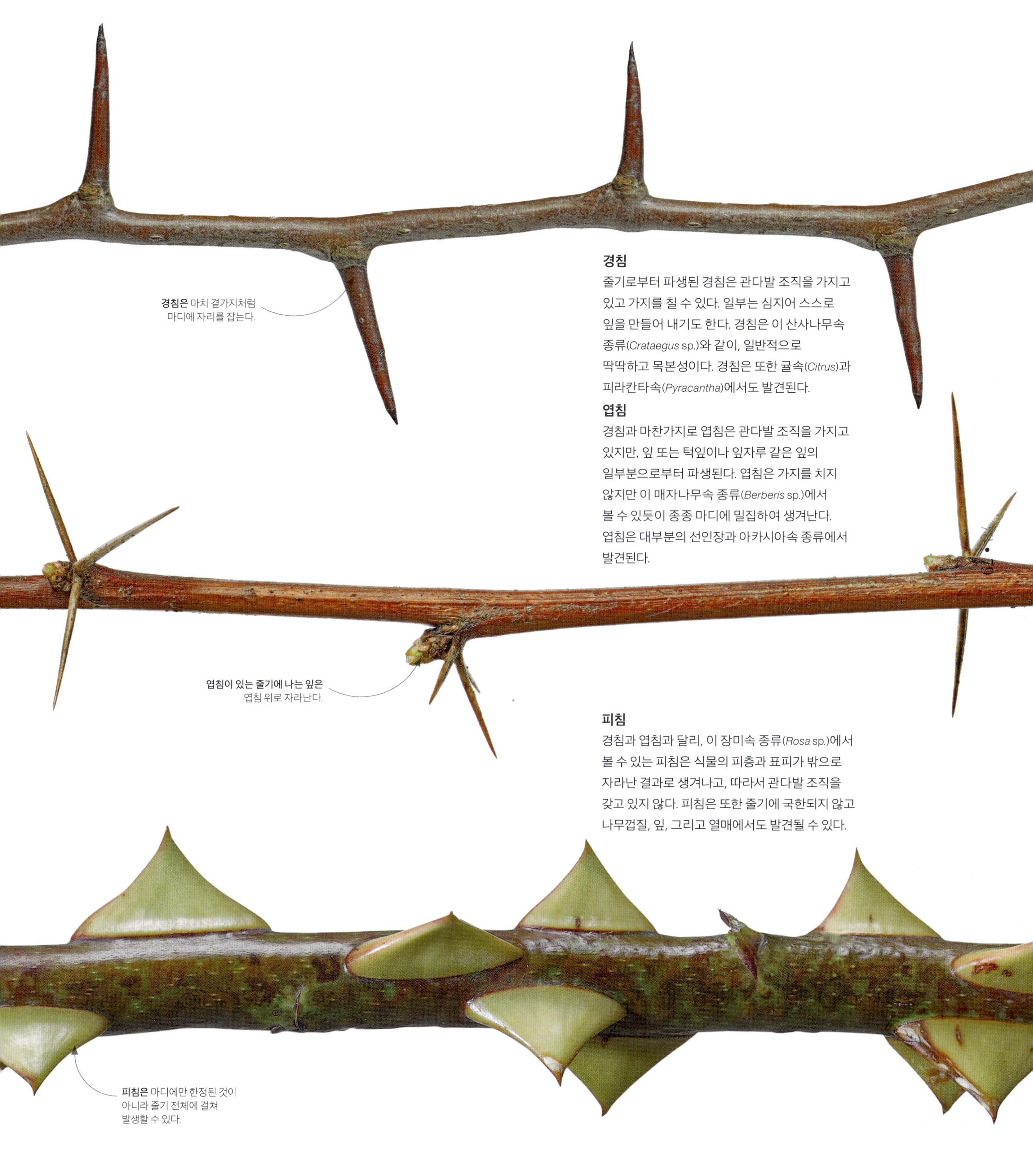

경침

줄기로부터 파생된 경침은 관다발 조직을 가지고 있고 가지를 칠 수 있다. 일부는 심지어 스스로 잎을 만들어 내기도 한다. 경침은 이 산사나무속 종류(*Crataegus* sp.)와 같이, 일반적으로 딱딱하고 목본성이다. 경침은 또한 귤속(*Citrus*)과 피라칸타속(*Pyracantha*)에서도 발견된다.

엽침

경침과 마찬가지로 엽침은 관다발 조직을 가지고 있지만, 잎 또는 턱잎이나 잎자루 같은 잎의 일부분으로부터 파생된다. 엽침은 가지를 치지 않지만 이 매자나무속 종류(*Berberis* sp.)에서 볼 수 있듯이 종종 마디에 밀집하여 생겨난다. 엽침은 대부분의 선인장과 아카시아속 종류에서 발견된다.

피침

경침과 엽침과 달리, 이 장미속 종류(*Rosa* sp.)에서 볼 수 있는 피침은 식물의 피층과 표피가 밖으로 자라난 결과로 생겨나고, 따라서 관다발 조직을 갖고 있지 않다. 피침은 또한 줄기에 국한되지 않고 나무껍질, 잎, 그리고 열매에서도 발견될 수 있다.

Ceiba pentandra

케이폭나무

열대 우림의 많은 나무들은 아주 높게 자라고 커다란 부벽뿌리를 갖고 있다. 하지만 어마어마한 케이폭만큼 인상적인 나무는 드물다. 수관을 형성하는 이 중요한 나무는 적절한 환경이 주어지면 70미터까지 자랄 수 있고, 부벽뿌리는 나무 몸통에서 20미터 높이까지 돌출되어 자란다.

낙엽수인 케이폭나무(kapok tree)는 아메리카 대륙에서 발견되는데, 남부 멕시코에서 아마존 우림의 최남단 경계까지 자란다. 또한 서부 아프리카의 일부 지역에서도 발견되는데, 이 나무가 정확히 어떻게 두 지역에 자생하게 되었는지는 과학적 연구 주제가 되어 왔다. 전문가들은 이제 DNA 분석을 통해 이 종의 씨앗들이 브라질에서부터 대양을 건너 흩어진 후 아프리카에 도착했다고 믿고 있다.

케이폭은 어디에 자라든 그 지역의 생태계와 문화에 아주 중요한 역할을 한다. 특별한 질감을 가진 이 나무의 껍질은 브로멜리아드(bromeliad) 종류, 다른 착생 식물들과 파충류, 조류, 양서류를 위한 서식지를 제공한다. 케이폭은 삼림 벌채 후 노출된 땅에 가장 먼저 자라는 나무들 중 하나로, 훼손된 지역에 침입하는 능력 덕분에 아주 중요한 개척 수종으로 여겨진다.

케이폭의 꽃은 밤에 피어나는데, 주요 꽃가루 매개자인 박쥐를 유혹하기 위해 악취를 풍긴다. 이 나무는 지역의 박쥐 개체수 정도에 따라 수분 전략을 바꿀 수도 있다. 박쥐들이 많은 곳에서 케이폭은 나무에서 나무로 꽃가루를 퍼뜨리는 것을 박쥐에게 의존한다. 하지만 박쥐가 드문 곳에서는 자가 수분을 해 매년 적어도 일부는 번식에 성공하도록 한다.

케이폭은 수분이 일어난 후 꼬투리로 가득하게 되는데, 각각이 열리면 200개 정도의 씨앗들이 방출된다. 씨앗은 솜 같은 섬유질로 감싸여 있어 아주 가벼운 미풍에도 흩날릴 수 있다. 열리지 않은 꼬투리는 물에 뜨기 때문에 케이폭이 초창기에 아메리카 대륙에서 아프리카 대륙으로 바다를 건너 여행했을 확률이 크다.

가시로 뒤덮인 거인

케이폭의 엄청난 몸통은 지름이 3미터까지 자랄 수 있다. 커다란 피침들은 동물들이 나무껍질을 갉아먹지 못하게 한다. 피침은 나무가 자람에 따라 결국 떨어져 버린다.

유익한 수확
케이폭나무는 목질화된 꼬투리 500~4,000개를 생산하는데, 나무를 베지 않고도 수확이 가능하다. 꼬투리의 각 부분은 다른 용도로 이용된다.

가벼운 섬유질은 베개, 매트리스, (방수 효과와 물에 뜨는 성질이 있어) 구명조끼를 채우는 재료로 사용된다.

딱딱한 꼬투리는 나무망치로 깨어 부순다. 빈 꼬투리 껍데기는 땔감으로 사용된다.

케이폭의 씨앗들은 압착해 기름을 추출하고, 남은 찌꺼기는 소를 먹이는 데 사용한다.

줄기와 나뭇진

나무들은 엄청나게 다양한 곤충, 새들, 균류, 세균으로부터 지속적으로 공격을 받는다.

공격자들은 직접적으로 또는 이미 존재하는 상처들을 통해 나무껍질을 뚫고 들어가 그

아래쪽에 있는 조직을 먹으려고 시도한다. 많은 나무들이 끈적끈적한 나뭇진을 만들어

훼손된 나무껍질을 치료하고 해충이 꼼짝없이 걸려들게 한다. 어떤 나뭇진은 심지어 나무의

습격자들을 먹어치울 천적 곤충들을 부르는 화학 물질을 함유하고 있기도 하다. 나뭇진은 점점

딱딱해지는데, 호박(amber)이라 불리는 화석 나뭇진에는 종종 고대의 곤충 잔해가 남아 있다.

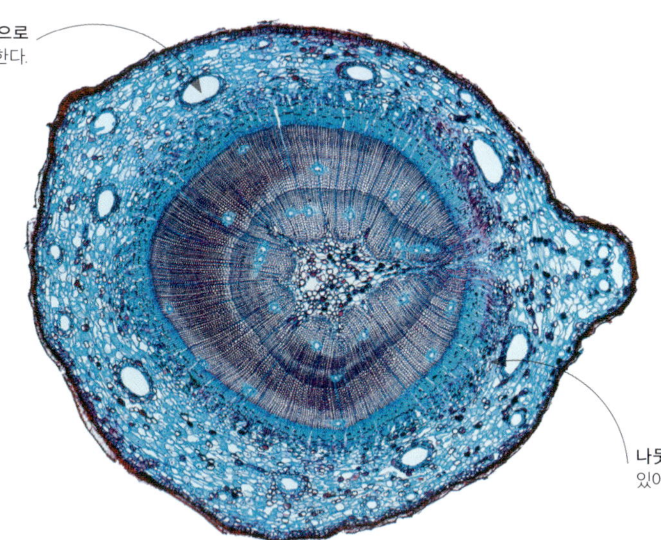

소나무 줄기 단면도

나뭇진 분비
어떤 나무들은 손상을 입었을 때만 나뭇진을
생산하는데, 이 소나무와 같은 나무들은 태생적인
구조의 일부분으로서 줄기 속에 나뭇진길을 가지고
있다(세포 구조를 보여 주기 위해 착색되었다.).

끈적끈적한 보호
사진 속 참나무 같은 나무들은 해충
피해, 혹은 악천후나 화재에 의한 물리적
손상으로 생긴 상처를 치료하기 위해 뚝뚝
떨어지는 나뭇진을 만들어 낸다. 나뭇진은
유기 화합물들이 혼합된 것으로, 향수와
광택제부터 접착제까지 많은 제품에
사용된다. 나뭇진은 또한 유향, 테레빈유,
몰약, 타르 같은 값비싼 상품의 원천이기도
하다.

Dracaena draco

용혈수

용혈수는 공상 소설 속에나 나올 법한 모습을 갖고 있다. 기묘하지만 아름다운 이 외떡잎식물은 상처를 입게 되면 '용혈(dragon's blood)'이라고 하는 붉은 나뭇진을 흘린다고 해서 용혈수라 불린다. 아스파라거스과에 속하는 용혈수는 나무처럼 자라는 독특한 습성을 발달시켰다.

용혈수는 북아프리카 일부 지역, 카나리 제도, 카보베르데, 마데이라에서만 자라는 고유종이다. 처음 몇 년 동안 용혈수는 하나의 줄기 끝에 길고 가느다란 잎들이 모여 달린다. 10~15년 동안 성장한 후 용혈수는 처음으로 꽃을 피우는데, 향기 나는 하얀색 꽃들이 가득한 기다란 꽃대들이 잎들 사이로 솟아올라오고 이어서 선홍색 열매들이 달린다. 식물의 맨 위쪽에서는 새로운 싹들이 무리 지어 출현하고, 그 싹들은 원래 식물의 축소판처럼 자란다. 그들은 또 다른 10~15년 동안 자란 다음, 싹을 내어 가지를 치는 과정을 다시 시작한다. 시간이 지남에 따라, 이 반복적인 분지 과정을 통해 용혈수는 자신만의 특이한 우산 모양을 갖게 된다. 이 종의 수명은 약 300년 정도로 여겨지지만, 나이테를 만들지 않기 때문에 정확한 나이를 가늠하기는 어렵다.

용혈수의 가지에서는 공기뿌리가 나와서 점점 줄기 아래쪽으로 구불거리며 내려가 땅에 닿는다. 뿌리는 상처로부터 발생하는데 나무가 충분한 상처를 입게 되면 그 뿌리는 모체와 똑같은 복제 나무로 발달해 새로운 줄기로 기능할 수 있다.

용혈수의 피처럼 붉은 나뭇진은 한때 약재와 방부 처리액으로 매우 가치가 높았는데, 지금은 목재를 착색하고 광택을 내는 데 사용된다. 나뭇진은 나무껍질을 잘라 내 얻을 수 있지만, 반복적인 상처는 나무로 하여금 감염의 위험에 빠지게 한다. 과거 너무 지나친 나뭇진 수확과 오늘날 서식지 파괴로 인해 야생에서 용혈수 개체수는 점점 줄어들고 있다.

드래곤 숲

야생에서 용혈수는 척박한 토양에서 자란다. 굵은 줄기는 위쪽으로 팔을 뻗듯 가지를 치는데, 끝쪽에는 60센티미터까지 자라는 기다란 창 모양의 청록색 잎들이 로제트 모양으로 달려 있다. 이 종은 현재 멸종 위기 취약 종으로 분류가 되어 있다.

용혈은 상처 난 곳에서 끈적거리는 액체 형태로 흘러나오는데, 마르면 딱딱해진다.

진홍색 나뭇진은 고대부터 염색제와 전통 약재로 사용되어 왔다.

경화된 나뭇진

이 나무는 '용혈'이라고 불리는 진홍색 나뭇진을 피처럼 흘리기 때문에 용혈수라는 이름을 갖게 되었다. 자연 상태에서 이 나뭇진은 초식 동물을 쫓아 내고 병균을 막아 내는 방어 수단의 한 형태로 기능한다.

양분의 저장

어떤 식물들은 땅속에서 영구적으로 살아가는 변형된 줄기, 뿌리, 또는 잎 기부를 갖고 있다. 양분으로 가득 차 비대해진 지하의 비늘줄기, 알줄기, 덩이줄기, 뿌리줄기는 한 해의 일정 기간 동안 휴면을 하고 생육 환경이 알맞을 때 새롭게 싹을 틔운다. 그들은 초식 동물의 눈에 띄지 않으며, 종종 자신의 영토를 확장하기 위해 땅속에서 뻗어 나갈 수 있다.

알뿌리가 꽃이 피기까지

우리에게 친숙한 양파와 같은 비늘줄기 식물들은 저반부(底盤部)라고 불리는 짧고 땅딸막한 줄기에 두툼한 잎들(비늘 조각)이 붙어 있다. 비늘 조각들은 꽃을 생산하기 위해 필요한 양분과 수분을 저장한다. 이 히아신스 비늘줄기는 봄에 꽃이 핀다. 그 후 잎들은 광합성을 통해 더 많은 양분을 생산하고 이듬해 개화를 위해 저장해 둔다.

토양 선

저장엽이라 불리는 비늘 조각들의 중심부로부터 초록색 잎과 꽃눈이 자라난다.

비늘줄기를 잘라서 열어 보면 겹겹이 포개진 수많은 비늘 조각들로 이루어진 것을 볼 수 있다.

저반부는 변형된 줄기로, 여기서 뿌리와 잎이 나온다.

뿌리는 땅속에 비늘줄기를 고정시키고(36~37쪽 참조) 필요에 따라 비늘줄기를 토양 속으로 더 깊이 당길 수 있다.

휴면 중인 히아신스 비늘줄기의 엑스레이

성장하는 꽃들과 함께 모습을 드러내는 비늘줄기

완전히 다 자란 잎들은 땅속에 있는 비늘줄기에 저장시킬 탄수화물을 만들기 위해 광합성을 한다.

성장하고 있는 잎들은 토양을 뚫고 올라오는 연약한 꽃눈을 둘러싸고 보호한다.

새롭게 만들어진 꽃들은 땅속에 저장된 에너지에 의존한다. 저장된 에너지가 너무 적은 비늘줄기는 꽃이 피지 않는다.

소인경(bulblet)으로 불리는 새로운 비늘줄기들이 저반부의 바깥쪽 가장자리 주변에 형성된다.

다 자란 잎들과 막 피어나려고 하는 꽃들을 가진 비늘줄기

저장 기관

비늘줄기(bulb)는 새로운 싹을 보호하고 양분을 공급하는 잎 기부가 비대해져 둥그런 덩어리를 형성한 것이다. 알줄기(corm)와 뿌리줄기(rhizome)는 둘 다 변형된 땅속 줄기의 한 형태이다. 알줄기는 구 형태로 생긴 데 반해, 뿌리줄기는 땅 바로 아래 또는 위로 수평으로 자라며 정단부와 길이를 따라 싹을 만들어 낸다. 덩이줄기(tuber)는 줄기와 뿌리 둘 다로부터 파생될 수 있다.

비늘줄기

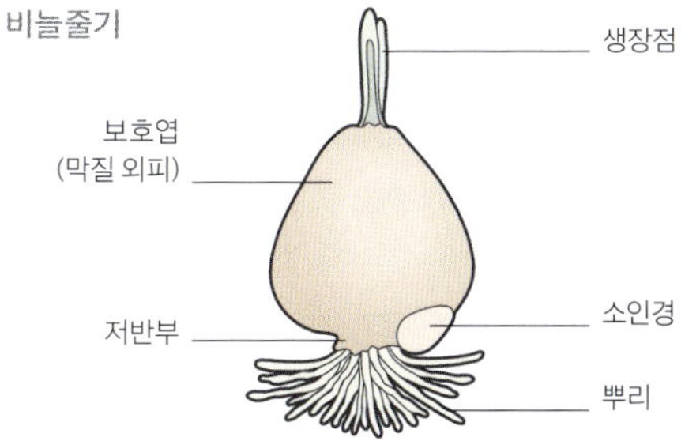

알줄기

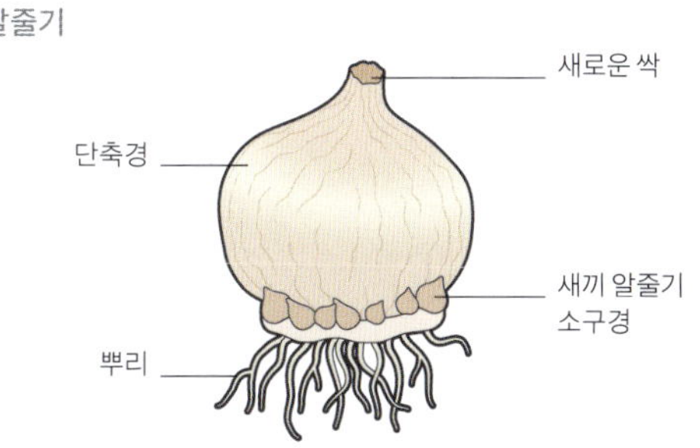

뿌리줄기

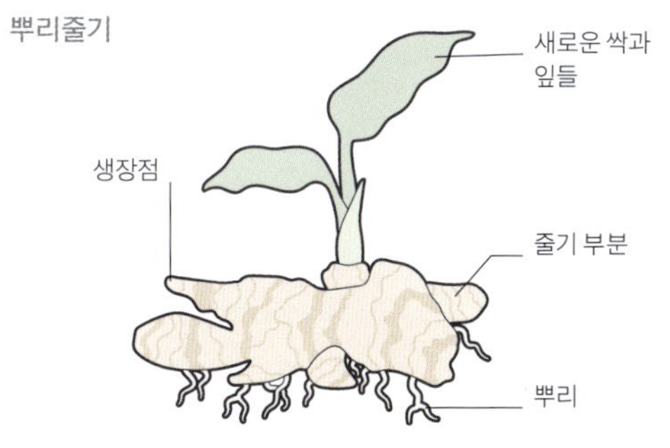

덩이줄기

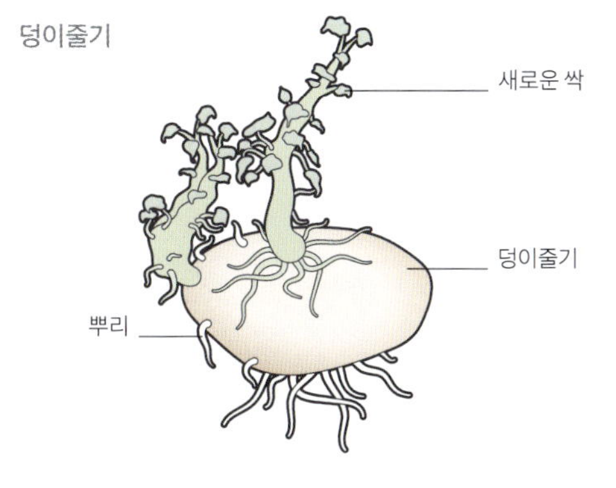

개미를 위한 집

개미 식물들이 개미들에게 제공하는 거주 구역인 도마티아(domatia)는 식물의 여러 부분들에 형성된다. 디스키디아속(*Dischidia*) 덩굴 식물은 부풀어 오른 잎에 개미들을 거주시키는 반면, 레카노프테리스속(*Lecanopteris*) 양치류는 뿌리줄기 안에, 미르메코필라속(*Myrmecophila*) 난초류는 구 모양으로 부풀은 비어 있는 줄기 안에 개미들을 위한 공간을 제공하고, 어떤 아카시아 종류는 비어 있는 가시 속으로 그들을 맞이한다. 미르메코디아속(*Myrmecodia*)과 히드노피툼속(*Hydnophytum*) 식물들은 둘 다 비대해진 줄기로 만들어진 덩이줄기 속에 복잡한 내부 구조를 갖고 있어 개미들이 다양한 용도로 활용할 수 있는 방들을 제공한다.

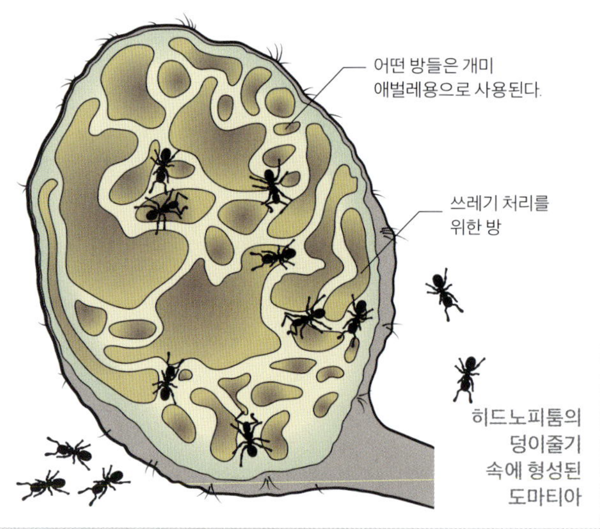

훌륭한 세입자

개미집 식물로 불리는 미르메코디아 베카리(*Myrmecodia beccarii*)의 정교한 덩이줄기 안에는 개미들이 자신들의 먹이와 사체 잔해들뿐만 아니라 배설물을 쌓아 두는 울퉁불퉁한 벽면을 가진 구멍들이 있다. 구멍 속 벽에 나 있는 혹들은 이 슬러리(slurry)로부터 영양분을 흡수해, 나무 위에 거주하는 이 식물이 다른 방법으로는 접하기 어려운 필수 요소들을 얻을 수 있도록 해 준다. 《커티스 보태니컬 매거진(*Curtis's Botanical Magazine*)》에 실린 오른쪽 삽화 속에 묘사된 식물은 오스트레일리아 원산으로 1888년 큐가든에서 재배되었다.

유익한 관계

곤충은 식물에게 유익하거나 짐이 될 수 있다. 일부 곤충들은 꽃가루 매개자로 서비스를 제공하지만, 다른 곤충들은 자신들의 식욕을 채우기 위해 무자비하게 잎을 먹어 치워 식물을 약화시킨다. 하지만 몇몇 식물들은 개미와 서로 유익한 (공생) 관계를 구축했다. '개미 식물'로 불리는 이 식물들은 개미 무리에게 안전한 집을 제공하고, 대신 개미들은 근처에 얼씬거리는 무엇이든 공격함으로써 그 식물을 보호한다. 개미 식물들 대부분이 착생 식물로, 토양 및 토양 양분과 연결되어 있지 않기 때문에 개미 배설물로부터 형성되는 풍부한 거름 또한 아주 중요한 양분 공급원이 된다.

공범자들
어떤 개미 식물들은 종종 함께 자란다. 여기 히드노피툼의 갈색 덩이줄기는 디스키디아의 노란색 잎들 사이에 아늑하게 자리잡고 있다. 두 식물들은 모두 개미들에게 집을 제공한다.

줄기의 구조

나무고사리의 줄기는 사실 뿌리줄기가 똑바로 서 있는 것으로, 뿌리와 섬유질로 빽빽하게 감싸진 덩어리에 의해 지지력을 갖는다. 바나나 줄기는 사실 결코 줄기라고 볼 수 없고, 여러 겹의 잎집들이 포개진 것이다. 진짜 '줄기'는 뿌리줄기(86~87쪽 참조)로 땅속에 감춰져 있다.

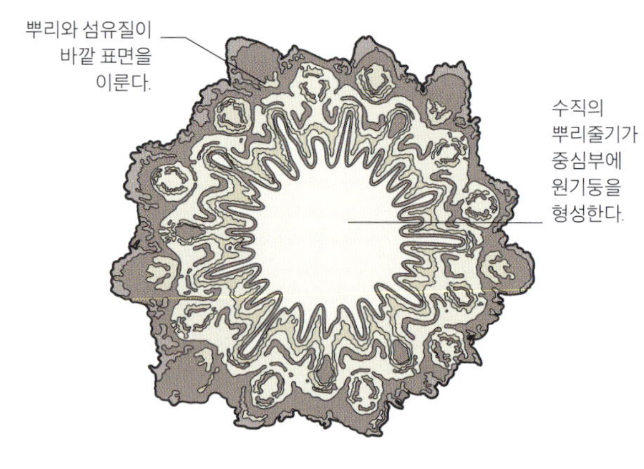

나무고사리(*Dicksonia antarctica*) 단면도

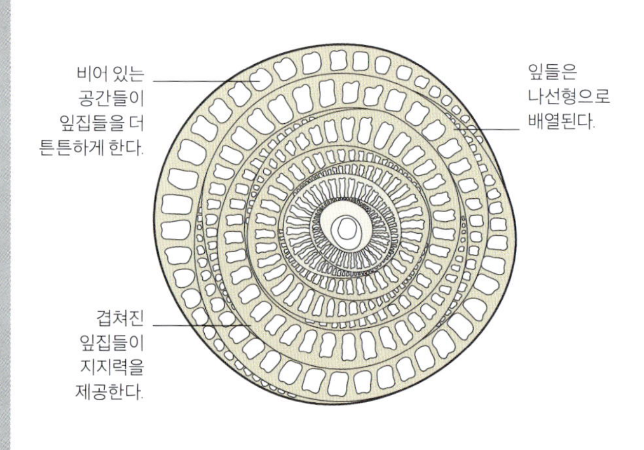

바나나속 종류(*Musa* sp.) 단면도

나무고사리

뿌리줄기는 보통 수평으로 자라며 식물을 위한 양분 저장 기능을 하는 비대해진 줄기의 한 형태이지만, 나무고사리의 경우 뿌리줄기가 똑바로 서서 자란다. 뿌리줄기로부터 발생한 뿌리와 섬유질 뭉치가 주변으로 자라면서 두터운 보호 꺼풀을 형성하여 뿌리줄기가 곧게 서 있도록 받쳐 준다.

섬유질 줄기

모든 나무가 진짜 나무는 아니다. 소나무류와 전나무류(침엽수), 또는 참나무류와 단풍나무류(낙엽수)와 같이 잘 알려진 종들은 특유의 나이테와, 외부에 나무껍질 층이 형성된 목질화된 줄기를 갖는다. 하지만 나무고사리와 바나나 같은 식물은 아주 다른 줄기 구조를 가지며 목재 또는 나무껍질을 만들어 내지 않는다. 이 식물들의 꼿꼿이 선 줄기들은 빽빽하게 채워진 섬유질, 뿌리, 또는 꽉 들어찬 포개진 잎집들에 의해 지지된다.

코로만델 해변의 식물들
윌리엄 록스버그(William Roxburgh)의 저서
『코로만델 해변의 식물들(*Plants of the Coast of Coromandel*)』(1795년)에 수록된 이 삽화 속의 식물은 보라수스 플라벨리페르(*Borassus flabellifer*)라는 야자나무이다. 이 책은 오랜 기간 영국 왕립 학회 회장을 역임한 조지프 뱅크스(Joseph Banks) 경의 감독하에 출간되었다.

컴퍼니 스타일
부채야자(fan palm, *Livistona mauritiana*)를 그린 작자 미상의 이 수채화는 동인도 회사의 후원을 받아 활동했던 인도 화가 그룹인 컴퍼니 스쿨(Company School)의 작품으로 여겨지며, 인도-유럽 합작 회사의 독특한 양식을 사용하고 있다.

명화 속 식물들

서양이 동양을 만날 때

18세기와 19세기 동안 인도에 대한 영국의 영향력이 커지면서 동인도 회사에 고용된 과학자들과 박물학자들은 인도 식물상의 풍부함과 다양성을 탐험하고 기록했다. 그 결과로 남게 된 작업물 중 하이라이트는 서양 과학과 동양 회화의 색다른 융합을 보여 주는 놀라운 삽화들이었다

흔히 인도 식물학의 아버지라 불리는 윌리엄 록스버그(William Roxburgh, 1751~1815년)는 캘커타 식물원 원장 시절, 지역 예술가들에게 자신의 중요한 저서에 사용될 식물 세밀화들을 의뢰하기 시작했다. 2,500점이 넘는 실물 크기의 그림들이 그의 역작 『플로라 인디카(*Flora Indica*)』에 특별히 실리게 될 것이었다.

16세기와 17세기 무굴 제국의 세밀화 화가들에 영향을 받은 인도의 미술가들은 서양의 식물 세밀화에서 볼 수 있는 정확한 세부 양식에 그들 자신의 회화가 지닌 장식적인 접근법과 직접성을 결합해 하나의 양식을 창조해 냈다. 이렇게 혼합된 삽화 양식은 식물 세밀화에 잘 맞아떨어졌다. 록스버그는 스웨덴의 위대한 분류학자 칼 린네의 제자였던 박물학자 요한 쾨니그(Johan König)와 함께 작업하면서, 특정한 야생 종을 동정하기 위한 '유형(type)' 그림이 될 많은 삽화들을 의뢰했다.

특징적인 배열
종이 위에 수채로 그려진 이 그림은 윌리엄 록스버그가 의뢰했던 소목(Indian redwood, *Caesalpinia sappan*)이라는 식물의 세밀화를 수작업으로 복제한 것이다. 식물이 잘려진 방식으로 일부분이 보이지 않는 것은 이 회화 양식의 특징이다. 이 세밀화에는 '로드니(Rodney)로부터 수신, 1791년 6월 9일'이라는 표기가 되어 있는데, 이것은 인도에서 런던으로 미술 작품들을 운반했던 동인도 회사의 상선을 가리킨다.

> **미술 작품들은 다양한 후원의 핵심적인 특징들을 담는다.**
>
> 필리스 에드워드(Phyllis I. Edwards), 『인도의 식물 세밀화(*Indian Botanical Painting*)』(1980년)

휘감기로 장악하다

많은 가드너들을 한숨짓게 만드는 흰큰메꽃
(*Calystegia sepium*)의 감는줄기는 이 식물이 성공하게
된 비밀 중 하나다. 이 식물은 관목과 숙근초 사이로
자라며 재빠르게 자신의 잎으로 그들의 잎을 제압해
햇빛 경쟁에서 성공적으로 우위를 차지한다. 이
식물은 땅속에서도 마찬가지로 하얀 뿌리줄기를
사방으로 왕성하게 뻗어 나간다.

꽃이 높게 올라와
피기 때문에 벌, 나방,
나비 같은 꽃가루 매개
곤충들이 쉽게 접근한다.

흰큰메꽃의 줄기는 줄기
끝쪽에서 보았을 때 반시계
방향으로 감는다.

이 등나무에서 볼 수 있듯,
감는줄기는 시간이 지남에
따라 단단하게 목질화된다.

감는 줄기

덩굴 식물들은 지지물을 타고 기어오를 때 여러 가지 다른 방법들을 사용한다. 덩굴손, 공기뿌리, 갈고리 피침은 모두 스스로를 지지물에 부착시키지만 어떤 덩굴 식물들의 경우 줄기 자체를 휘감아 매달릴 수 있다. 감는줄기를 가진 식물들 중 일부는 시계 방향으로, 다른 일부는 시계 반대 방향으로 감는다. 유전적인 이유일지 모르는 이러한 차이는 어떤 종류의 덩굴 식물들을 구별하는 데 사용된다. 콩 종류와 메꽃은 반시계 방향으로 감는 반면, 홉 종류와 인동은 시계 방향으로 감는다.

만져 보고 느끼기
줄기가 다른 물체 주변으로 감는 능력은 굴촉성에 기인한다.
덩굴성 줄기와 덩굴손은 지지물이 있다는 것을 감지하게 되면,
생장점의 한쪽이 반대쪽보다 더 빠르게 자라서 줄기가 휘어진다.

올라가는 기술

숲 바닥에서 자라는 식물들에게 햇빛은 제한적인 요소이지만 덩굴 식물들은
빛이 있는 쪽을 향해 교목과 관목 위로 기어오르는 능력을 가지고 있다. 덩굴
식물들은 일반적으로 절간(잎이 달려 있는 각 마디 사이 줄기의 길이)이 길게 자라 먼
거리까지 미칠 수 있지만, 덩굴손, 공기뿌리, 감는줄기와 같이 움켜잡을 수 있는
다른 구조들도 사용한다.

덩굴손은 자기 스스로의 줄기들을 인식하고 그 줄기들 주변으로 감는 것을 피한다.

덩굴손은 감지력을 갖고 있는데, 아마도 사람의 촉각보다 더 민감할지도 모른다.

덩굴손은 한쪽과 다른쪽이 각기 다른 속도로 자랄 때 감긴다.

표면의 털은 외부의 물체를 감지해서 휘감기를 활성화시킨다.

스프링 같은 덩굴손
이 수세미오이(loofah, *Luffa cylindrica*)를
포함한 오이과의 많은 식물들은 덩굴손을
만들어 낸다. 변형된 잎에서 파생된
덩굴손은 먼저 가지에 붙은 다음, 이 덩굴
식물을 지지물 쪽으로 잡아당기며 돌돌
감긴다.

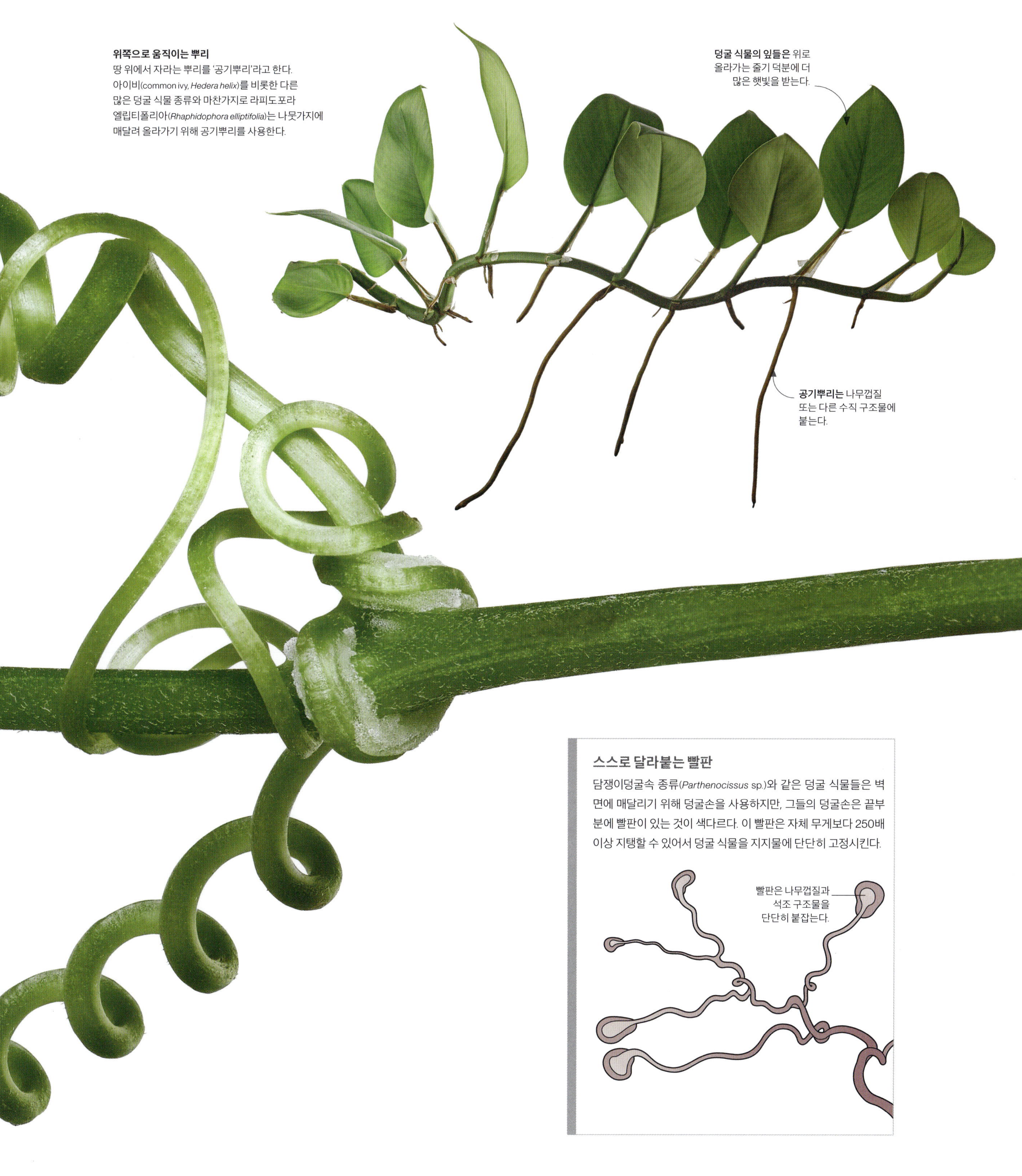

스스로 달라붙는 빨판

담쟁이덩굴속 종류(Parthenocissus sp.)와 같은 덩굴 식물들은 벽면에 매달리기 위해 덩굴손을 사용하지만, 그들의 덩굴손은 끝부분에 빨판이 있는 것이 색다르다. 이 빨판은 자체 무게보다 250배 이상 지탱할 수 있어서 덩굴 식물을 지지물에 단단히 고정시킨다.

엽침과 물의 절약

잎에서 파생된 선인장의 엽침은 목
마른 동물들의 관심으로부터 다육
성 줄기를 보호한다. 엽침은 빗물을
가로채 바로 아래쪽 땅으로 곧바로
내려가도록 한다. 엽침은 또한 햇빛
으로부터 그늘을 드리우고 주변 공
기의 흐름을 늦춰 준다. 이 두 전략
은 모두 수분 손실을 줄여 주는 역할
을 한다.

전형적인 선인장 줄기의 단면도

물 저장소

선인장과에서 가장 유명한
식물들은 변경주선인장
(*Carnegiea gigantea*, 100쪽
참조)처럼 거대하지만, 맘밀라리아
인페르닐렌시스(*Mammillaria
infernillensis*)처럼 아주 작은 보석
같은 선인장도 가뭄에 아주 잘
적응했다. 이 선인장의 두꺼운
표피는 왁스 같은 코팅이 되어
있어 수분 손실을 엄청나게
줄일 수 있다.

저장을 위한 줄기

선인장은 자신의 줄기에 물을 비축할 수 있는 능력으로 유명하다. 대부분의
종들은 비가 아주 적게 내리는 건조한 지역에 살기 때문에, 이들은
하늘에 구멍이 뚫린 듯 큰비가 내릴 때를 절호의 기회로 삼아야만 한다.
가능한 한 많은 양의 물을 빨리 흡수하기 위해 대다수 선인장들의 줄기는
아코디언처럼 팽창하는 주름을 갖고 있는데 다시 물을 보충할 때 줄기가
갈라지는 것을 방지해 준다.

잃어버린 잎들
오푼티아 파이아칸타(*Opuntia phaeacantha*)와
같은 선인장은 새로운 줄기 마디에 아주 작은
잎이 나지만, 물을 절약하기 위해 빨리 떨어진다.

가뭄이 길어지는 동안 각각의
줄기 마디는 떨어질 수도 있다.

커다란 엽침은 갈고리 모양의
자모(刺毛)로 불리는 아주 작은 털
같은 엽침으로 둘러싸여 있는데,
이것은 분리되어 동물의 피부를
자극할 수 있다.

하얀색 털 뭉치들은 수분 증발을 줄이고 햇빛을 반사해 선인장을 시원하게 해 준다.
식물을 초식 동물로부터 보호하기 위해 날카로운 엽침들이 잎을 대신한다.

Carnegiea gigantea

변경주선인장

서부 영화의 배경으로 거대한 변경주선인장이 나오지 않는다면 무슨 재미가 있을까? 우뚝 솟은 이 선인장들은 미국 애리조나 주 소노라 사막과 멕시코 북서부의 아이콘이다. 박쥐와 새를 비롯한 다른 동물들의 특별한 무리들이 이 선인장들 주변에서 진화해 왔다.

변경주선인장(saguaro cactus)의 가장 인상적인 측면은 바로 그 크기다. 하나의 개체는 높이가 보통 15미터 이상 자라고, 무게는 약 2,000킬로그램에 이른다. 육중한 몸의 대부분은 사막의 귀중한 자원인 저장된 물로 이루어져 있다. 아주 드물게 비가 오는 경우, 변경주선인장의 줄기를 따라 형성된 골은 이 식물이 부풀어올라 넓고도 얕은 뿌리로 가능한 많은 물을 흡수할 수 있도록 팽창할 수 있다. 저장된 물은 보호가 필요하다. 변경주선인장을 뒤덮고 있는 엽침과 털은 초식 동물들이 자신의 다육성 조직을 먹지 못하도록 할 뿐 아니라 표피 가까운 곳에 그늘을 만들고 공기 흐름을 줄여 주어 공기 중으로 수분이 날아가는 것을 최소화한다.

봄에 변경주선인장은 대개 인상적인 꽃 전시를 펼친다. 중심 줄기와 분지된 가지의 끝부분에서 새하얀 꽃들이 무리지어 빽빽하게 피어난다. 꽃은 낮 동안 새와 곤충에 의해, 밤에는 박쥐에 의해 수분이 이루어진다. 변경주선인장 꽃 속에 있는 꿀에는 작은긴코박쥐들이 새끼들에게 먹일 충분한 젖을 만들어 내는 데 도움이 되는 화합물이 들어 있다. 꽃들이 열매를 맺은 후에는 다양한 사막 동물들에게 에너지가 풍부한 양분을 제공한다.

변경주선인장은 힐라딱따구리와 특별히 밀접한 관계를 가지고 있다. 이 새는 변경주선인장에 구멍을 내어 둥지를 만들 수 있다. 비어 있는 딱따구리 구멍들은 나중에 다른 많은 새들과 포유동물, 파충류를 위한 피난처와 둥지로 사용된다.

사막의 파수꾼

변경주선인장은 사막을 지키는 경계 보초병처럼 서 있다. 느리게 자라지만 수명이 긴 변경주선인장은 200년 이상을 살 수 있다. 50~100년이 되어야만 팔이 자라난다.

벗이 있는변경주선인장
이따금씩 변경주선인장은 벗이 있는 형태를 취한다. 부채처럼 생긴 이 모습은 생장점(정단 분열 조직)의 변화에 기인한다. 원인은 밝혀지지 않았지만 아마도 유전적 돌연변이 또는 번개나 서리 등 물리적 손상의 결과일지도 모른다.

부채 모양의 벗은 20만 본에 하나꼴로 발생하는 것으로 보인다.

벗 위에서는 새로운 팔이 계속 싹틀 수 있다.

잎이 없는 줄기

잎들은 식물을 위한 양분을 생산하지만 넓은 표면을 통해 수분이 빠르게 증발한다. 사막의

건조하고 혹독한 기후에서 어떤 식물들은 잎이 자라지 않도록 적응해 왔다. 대신에 그들의

초록색 다육성 줄기들이 광합성을 맡는다. 이 식물들은 햇빛이 뜨거운 낮 시간 동안에는

기공을 닫고, 밤에는 이산화탄소를 흡수해 줄기에 저장해 놓는 방법으로 광합성을 할 수 있다.

일하는 줄기

대극과에 속하는 남아프리카의 유포르비아
우디(*Euphorbia woodii*)를 비롯한 많은 다육식물들은
자신들이 처한 환경에서 선인장과 같은 적응 방식을
보인다. 그들은 엽침을 갖고 있지 않지만, 잎이 상당히
축소된 것을 보면 식물체 전체가 자라는 데 필요한
탄수화물 생산을 위한 광합성을 다육성 줄기에
의존한다는 것을 알 수 있다.

다육 식물인 대극속
(*Euphorbia*)의 줄기 속에
있는 독성 수액은 초식 동물이
접근하지 못하도록 한다.

스파이크가 박힌 줄기들

선인장은 다육성 줄기의 크기와 모양에 따라 엄청난 다양성을 보여 주지만, 거의 대부분
잎이 없다. 몇몇 종들은 여전히 잎을 만들어 내지만 대개의 경우 엽침으로 진화했다. 엽침
은 초식 동물로부터 식물을 보호하고, 공기 순환을 줄이며, 그늘을 형성하는 데 도움이 된
다. 납작해진 줄기가 잎처럼 보이기는 하지만, 습도가 높은 우림 지역에 사는 선인장들 역
시 잎을 가지고 있지 않다.

광합성을 가능하게 하는
줄기의 초록색 색소는
바깥층(표피) 바로 밑에 있다.

딸기의 기는줄기

여러 식물 종들이 기는줄기를 이용해 새로운 영역에서 대량 서식한다. 그중에는 식용 딸기(*Fragaria* x *ananassa*), 접란(*Chlorophytum comosum*), 뱀딸기(*Duchesnea indica*, syn. *Fragaria indica*) 같은 식물들이 있다. (오른쪽 뱀딸기 그림은 1846년 로버트 라이트(Robert Wright)를 위해 인도에서 그려졌다.) 이 식물들의 줄기는 마디에서 새로운 식물체들을 만들어 내는데, 이들은 모체로부터 끊어지면 독립적으로 살아간다.

줄기로부터 만들어진 새로운 식물들

줄기는 식물이 여러 방법으로 영역을 확장할 수 있도록 해 준다. 어떤 식물들이 가지고 있는 포복하는 줄기는 주변으로 퍼져 나가면서 뿌리를 내릴 수 있다. 지하의 뿌리줄기 역시 마찬가지로 땅속에서 동일하게 활동한다. 어떤 식물들은 줄기가 위로 자라는 대신 가늘고 기다란 줄기를 수평으로 뻗게 해서 지면을 가로지르거나 지면 바로 아래로 기어가고, 마디로부터 새끼 식물들을 만들어 낸다. 이러한 줄기들을 기는줄기 또는 포복경이라고 한다.

땅속의 줄기들

많은 식물들이 줄기로부터 파생된 뿌리줄기, 알줄기, 또는 덩이줄기를 발달시킨다. 이러한 땅속 '줄기'들은 지면 위에서 혹은 바로 아래에서 자라면서, 식물들이 불리한 조건에서 살아남을 수 있도록 할 뿐 아니라 번식 수단을 제공하기도 한다. 모체로부터 떨어져 나온 어떤 조각이라도 뿌리를 내리고 새로운 식물체를 형성할 수 있다. 애기범부채속(*Crocosmia*) 알줄기는 모체로부터 조금 떨어진 곳에 새로운 알줄기들을 퍼뜨리는 포복지를 만들어 낼 수도 있다.

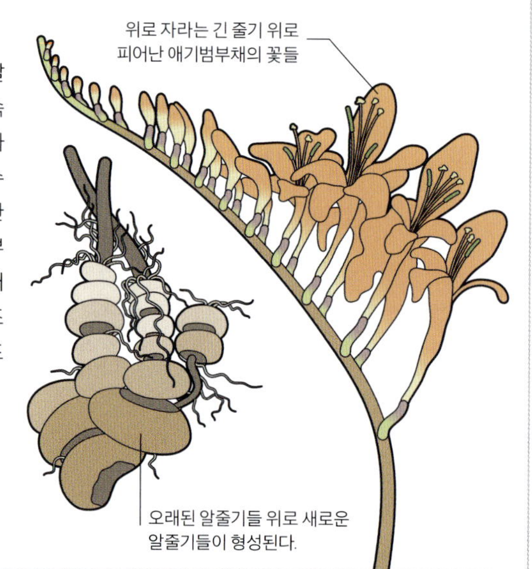

애기범부채속 알줄기의 자구(offset)

Fragaria indica (Andr.)

Phyllostachys edulis

모소대나무

모소대나무 숲의 수관은 땅 위로 약 30미터 높이까지 이를 수 있기 때문에, 이 거대한 대나무들이 나무 종류라고 쉽게 생각할 수 있다. 하지만 모소대나무는 비록 키가 아주 크고 목질화되어 있을지 몰라도 하나의 풀 종류에 불과하다. 다른 벼과식물과 마찬가지로 모소대나무는 대(culm)라고 불리는, 마디를 가지고 있는 줄기가 특징적이다.

일본에 같은 명칭의 문화가 있지만, 사실 모소대나무(moso bamboo, *Phyllostachys edulis*)는 원래 중국의 따뜻한 온대 지방 산비탈에서 자라는 식물로, 오직 일본으로만 귀화되었다. 이 종은 아시아 지역에 걸쳐 식량 공급원, 건축 재료, 직물과 종이를 만드는 섬유질로 이용되며 경제적으로 아주 중요하다.

모소대나무의 성장 속도는 아주 놀라운데, 새로운 줄기는 매일 1미터 이상 자랄 수 있다. 뿌리와 뿌리줄기(지하경)로 치밀하게 뒤엉긴 매트가 사정없이 뻗어 나가면서 영토를 점령하기 위해 새로운 줄기들을 위로 올린다. 이러한 영양 생장은 식물의 주요 번식 전략이다. 결과적으로, 산비탈 전체가 한 개체로부터 복제된 대나무들로 이루어질 수 있다. 모소대나무는 유성 생식도 할 수 있지만 꽃은 50~60년에 한 번 정도만 피어난다. 하지만 꽃이 필 때 모소대나무는 빨리 싹이 틀 수 있는 수많은 씨앗들을 만들어 낸다.

공격적인 생장 습성으로 인해 모소대나무는 토착 지역 밖으로 도입이 되면 우려를 낳게 된다. 각 개체는 빠르게 정원을 벗어나 주변 지역에 침입한다. 모소대나무는 뚫기 어려운 뿌리 매트, 무거운 낙엽, 짙은 그늘을 만들어 쉽게 다른 식물 종들을 질식시킨다.

어린 싹(죽순)은 먹을 수 있지만, 모소대나무는 다른 많은 대나무 종류와 마찬가지로 옥살산과 시안화 화합물을 포함한 강력한 화학 물질 칵테일로 스스로를 보호한다. 적당히 끓이면 화합물이 분해되어 안전하게 죽순을 먹을 수 있다.

대나무 수관, 일본
약 16제곱킬로미터에 걸쳐 퍼져 있는 교토 근처 사가노 대나무 숲은 빽빽한 대나무 숲의 아름다움과 평온함으로 아주 소중히 여겨지고 있다.

모소대나무의 가지와 잎
대나무의 가지와 잎은 속이 비어 있는 대의 분할된 부분들 사이 연결 부분 또는 마디로부터 자란다.

가지들 또한 분할되어 있어, 마디로부터 더 작은 가지들과 잎들이 나온다.

종이처럼 얇은 창 모양의 잎들이 가지 끝에 2~4장씩 달려 있다.

잎

잎. 대개 초록색을 띠는 납작한 기관으로,
식물의 줄기에 직접 또는 잎자루에 의해
붙어 있으며, 광합성과 호흡 작용이
일어난다.

잎의 형태

잎은 일 년 내내 식물체에 남아 있는 상록이거나, 혹은 연중 특정한 시기 동안 떨어져 버리는 낙엽일 수 있다. 식물 입장에서 잎은 많은 비용이 드는 투자이고, 상록의 잎은 장기적으로 식물의 자원 요구도를 최소화할지 모른다. 하지만 일 년 내내 견뎌 낼 수 있을 것 같지 않다면 비용이 적게 드는 낙엽의 형태가 더 이로울지 모른다.

활엽 상록수
감탕나무속 종류(*Ilex* sp.)

침엽
미송(*Pseudotsuga menziesii*)

인편엽
거삼나무(*Sequoiadendron giganteum*)

상록수의 잎
항상 그렇지는 않지만 대개의 경우 상록수의 잎은 침엽 또는
인편엽이다. 이 잎들은 광합성을 위한 표면이 더 작지만 연중
더 많은 시간 동안 광합성을 할 수 있다. 이 잎들은 또한 추운
겨울에도 살아남도록 적응했다.

잎의 구조

대부분 잎들은 광합성을 위해 빛을 수확하는 세포들로 가득 차 있다. 이러한 엽육 세포들은 잎맥의 네트워크를 통해 수분과 양분을 공급 받는다. 잎맥은 또한 광합성 작용이 일어나는 동안 생산되는 탄수화물을 식물체의 다른 부분으로 운반한다. 잎 표면의 구멍(기공)은 이산화탄소를 흡수하기 위해 열리고 수분 손실을 방지하기 위해 닫힌다. 방수 효과로 왁스 코팅이 되어 있는 큐티클은 잎 표면의 나머지 부분에서 수분이 증발되는 것을 차단한다.

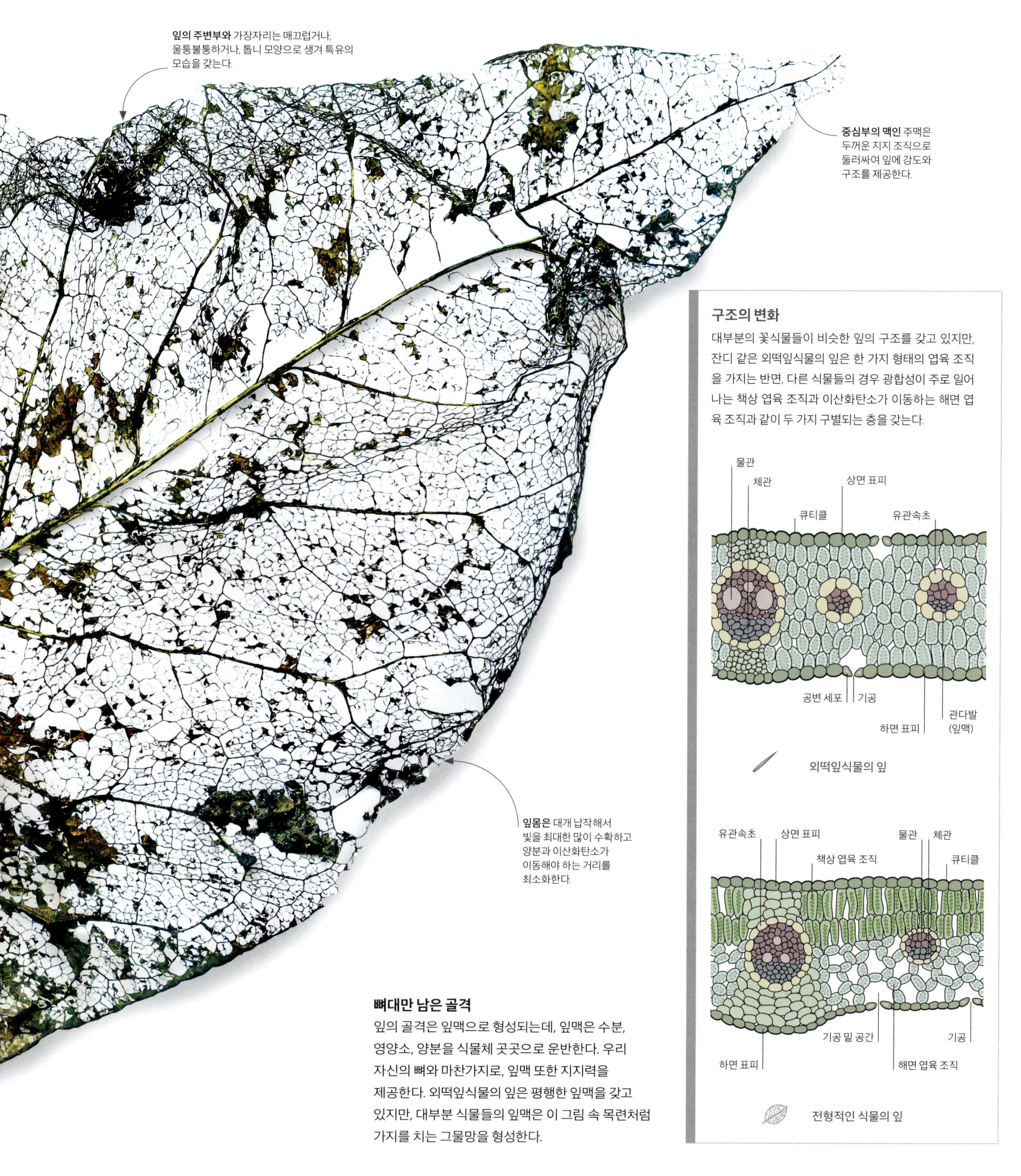

구조의 변화

대부분의 꽃식물들이 비슷한 잎의 구조를 갖고 있지만, 잔디 같은 외떡잎식물의 잎은 한 가지 형태의 엽육 조직을 가지는 반면, 다른 식물들의 경우 광합성이 주로 일어나는 책상 엽육 조직과 이산화탄소가 이동하는 해면 엽육 조직과 같이 두 가지 구별되는 층을 갖는다.

뼈대만 남은 골격

잎의 골격은 잎맥으로 형성되는데, 잎맥은 수분, 영양소, 양분을 식물체 곳곳으로 운반한다. 우리 자신의 뼈와 마찬가지로, 잎맥 또한 지지력을 제공한다. 외떡잎식물의 잎은 평행한 잎맥을 갖고 있지만, 대부분 식물들의 잎맥은 이 그림 속 목련처럼 가지를 치는 그물망을 형성한다.

복엽

복엽(겹잎)은 둘 또는 그 이상의 소엽(작은 잎)으로 나뉘는데, 이것은 가지와 같이
자원이 많이 필요한 지지 조직으로 하여금 같은 투자 대비 광합성을 할 수 있는
표면적을 더 넓게 해 준다. 소엽이 하나의 공통된 지점으로부터 손 모양으로
갈라져 나오는 잎을 장상 복엽이라고 하고, 소엽이 중심 줄기 또는 엽축을
따라 여러 위치로부터 깃 모양으로 나오게 되면 우상 복엽이라고 한다.

3회 우상(어긋나기)
고사리속 종류(*Pteridium* sp.)

우편

엽축

열편

소우편

우편은 엽축을 따라
어긋나는 방식으로
배열된다.

양치잎

이 고사리속(*Pteridium*) 종류의 잎과 같이, 대부분의
양치잎(frond)은 깃 모양으로 갈리는 정도에 따라 다양한
우상엽을 보여 준다. 소엽은 우편이라고 하는데, 우편은 종종
소우편으로 더 세분화되고, 소우편은 결국 열편으로 나뉜다.

1회 우상 복엽(짝수)
타마린드(*Tamarindus indica*)

1회 우상 복엽(홀수)
카리아 오바타(*Carya ovata*)

2회 우상 복엽(마주나기)
레우카에나 레우코세팔라(*Leucaena leucocephala*)

단신 복엽
카피르라임(*Citrus hystrix*)

2출 복엽
히메나에나 코우르바릴(*Hymenaea courbaril*)

3출 복엽
토끼풀속 종류(*Trifolium sp.*)

4출 복엽
마르실레아 크레나타(*Marsilea crenata*)

5장의 소엽들이 손 모양으로 달린 복엽

5출 장상 복엽
파비아칠엽수(*Aesculus pavia*)

다출 복엽
칸나비스속 종류(*Cannabis sp.*)

아칸투스 벽지 도안, 1875년
모리스의 벽지와 직물은 커다란 꽃, 잎, 또는 열매의
반복적인 무늬를 기반으로 한 양식화된 디자인이
특징이다. 가장 많은 비용을 들여 제작한 이
벽지에서 그는 고대부터 건축과 미술에 등장하는
아칸투스(Acanthus)의 깊게 파인 잎들을 사용했다.
아칸투스는 열다섯 가지 자연 염료와 각각의 전체
반복을 위한 서른 개의 목판을 사용해 런던의
제프리앤드컴퍼니(Jeffrey & Co.)에서 인쇄되었다.

> 그 자체를 넘어 무언가 상기시키지 않는
> 장식은 쓸모없다.

윌리엄 모리스, 무늬에 관한 강의 중에서, 1881년

유리 공예
이탈리아의 화가 지오반니 벨트라미(Giovanni Beltrami, 1860~1926년)의 장식용 스테인드글라스 창문 디자인. 섬세한 잎과 꽃 무늬는 아르 누보 양식의 전형이다.

명화 속 식물들

자연이 설계하다

19세기 말 미술 공예 운동은 산업화가 일반인의 삶에 미치는 영향과, 대량 생산 제품의 조악한 품질과 디자인에 대한 반작용으로 부흥했다. 이 운동의 핵심은 과거의 소박한 방식, 질 좋은 재료, 정직한 장인 정신에 대한 향수였고, 선두적인 공예가들과 디자이너들은 주로 자연 세계의 형태로부터 영감을 받았다.

서양칠엽수, 1901년
스코틀랜드의 화가 지니 푸어드(Jeannie Foord)의 식물 세밀화 작품들은 디자이너의 시각으로 구성되었다. 일상 속에서 만나는 잎들과 꽃들의 단순하고 자연스러운 아름다움에 대한 경의는 미술 공예 운동의 가치들을 전형적으로 보여 준다.

미술 공예 운동의 배후에서 견인차 역할을 한 사람은 영국의 공예가 윌리엄 모리스(Williamm Morris)였다. 사실상 그가 디자인한 모든 벽지와 직물에는 휘감아 올라가는 덩굴손, 잎, 꽃이 등장한다. 작품들은 각기 특징적으로 다루는 식물들의 이름을 따서 명명되었지만, 모리스의 디자인은 식물학적으로 정확하게 복제하기보다는 그 형태를 환기시키는 것을 양식화했다.

모리스는 고대 약초, 중세 목판화, 태피스트리, 채색 필사본을 연구해 자신의 디자인에 적용했고, 목판 인쇄와 길쌈 같은 전통 수공예를 부활시켰다. 그는 디자인 학생들이 자연에 대한 성실한 공부, 미술의 서로 다른 시대에 관한 연구, 상상력을 통해 자신들의 '격식에 사로잡힌 작업'을 바로잡도록 충고했다.

부분적으로 미술 공예 운동의 영향을 받은 아르 누보 미술가들과 디자이너들은 자연을 생명의 저변에 깔려 있는 힘으로 간주했고, 종종 관능적인 여자들의 이미지와 융합된, 식물의 소용돌이치는 뿌리, 덩굴손, 꽃 들의 유기적 형태에 기반을 둔 그들 각자의 독특한 디자인 언어들을 발달시켰다.

잎의 성장

식물의 다른 모든 부분들과 마찬가지로 잎들은 분열 세포 다발로부터 발달한다. 많은 나무 종들, 특히 침엽수들은 계속해서 잎을 생산하지만 낙엽 활엽수들은 연중 특정 시기에만 잎을 만들어 낼 수 있다. 낙엽수는 가을에 단단해진 휴면눈을 만드는데, 이것은 부분적으로 발달된 잎을 지니고 있다. 눈들은 겨울 동안 보호를 받고, 서리의 위험이 사라진 봄에 빠르게 새 잎들을 전개한다.

적절한 시기

새 잎들은 꼭 알맞은 시기에 나와야만 한다. 눈이 너무 일찍 터지면 어린 잎들이 서리 피해를 입을 위험에 처하고, 잎들이 너무 늦게 나오면 귀중한 성장 시기를 놓친다. 이 플라타너스단풍(*Acer pseudoplatanus*)과 같은 나무들은 겨울이 언제 끝날지를 추정하기 위해 추운 날들의 숫자를 헤아리고, 눈이 터지기 시작하기 전에 온도가 더 따뜻해지기를 기다린다.

잎은 왜 초록색일까?

잎은 광합성에 사용할 빛 에너지를 흡수하는 색소인 엽록소를 지니고 있다(128~129쪽 참조). 엽록소는 엽록체라고 불리는 잎 세포 내 아주 작은 입자들 속에 더미로 쌓여 있는 막에 저장되어 있다. 햇빛은 모든 색깔을 가지고 있는데, 엽록소는 초록색을 제외한 모든 색을 흡수한다. 초록색 빛은 잎으로부터 반사되거나 잎을 투과해 버리기 때문에, 잎은 우리 눈에 초록색으로 보인다.

빛으로부터 색을 흡수하는 엽록체

펴지는 잎을 가진 양치류

드리오프테리스 필릭스마스(*Dryopteris filix-mas*)

양치류는 잎이 발달하면서 가운데 연약한 생장점을 보호하기 위해 피들헤드(fiddle head, 바이올린의 속칭인 피들(fiddle)에서 유래했으며, 양치류의 돌돌 말린 어린 잎이 바이올린의 헤드 부분과 모양이 비슷하여 피들헤드라고 한다.—옮긴이)라고 불리는 구조로 돌돌 말린다. 잎들이 천천히 펴짐에 따라 잎의 아랫부분은 단단해지고 광합성을 시작해 잎의 나머지 부분이 성장할 수 있는 에너지를 제공한다. 이렇게 잎이 펴지는 과정을 권상개엽(circinate vernation)이라고 하는데, 주로 양치류와, 야자처럼 생긴 소철류에서 볼 수 있다.

왜 양치류의 잎은 말려 있을까?

양치류는 비교적 적은 수의 큰 잎들을 생산하지만, 각각은 자원의 주요한 투자에 해당한다. 말려 있는 잎들은 광합성을 하기에는 제한적이지만 초식 동물들로부터 보호되어 있다. 이러한 광합성 손실 부분은 초식 곤충들로부터 피해를 입어 감소되는 부분보다 적다.

블레크눔 오리엔탈레
(*Blechnum orientale*)

발란티움 안타르크티쿰
(*Balantium antarcticum*)

키보티움 글라우쿰
(*Cibotium glaucum*)

어긋나는 잎들

암펠로프시스 글란둘로사(*Ampelopsis glandulosa*)와 같은 대부분의 식물들은 줄기를 따라 간격을 두고 어긋나는 잎들을 만들어 낸다. 줄기 끝 부분인 경단 부위에서는 식물 생장 호르몬인 옥신이 새로 나는 잎으로 유입된다. 경단의 반대쪽에 옥신이 결핍됨으로써 이전 잎으로부터 가장 먼 지점에 새 잎이 발달한다.

전형적인 배열

어긋나는 잎이 가장 일반적인 유형이지만, 어떤 식물 종들은 쌍을 이루는 잎(마주나기), 또는 줄기를 따라 한 지점에서 무리 지어 나는 잎(돌려나기)을 발달시킨다. 이렇게 쌍을 이루거나 무리 지어 나는 잎들은 한번에 여러 방향으로부터 햇빛을 모을 수 있다. 돌려나기는 아래쪽에 난 잎들에 그늘을 드리우는 것을 피하기 위해 줄기를 따라 비교적 넓은 간격을 둔다.

잎의 배열

이웃하는 식물들이 드리우는 그늘을 피하는 것도 중요하지만, 식물은 자기 스스로의
잎들로 인해 생기는 그늘도 피해야만 한다. 잎의 배열, 또는 잎차례는 각각의 식물
종마다 특징적인 유형으로 나타나는데, 위에 난 잎들이 보다 아래쪽 가지들로 향하는
빛을 차단하지 않도록 해 식물이 가능한 많은 빛을 흡수할 수 있도록 해 준다.

선명한 색깔의 열매들은
새들을 비롯하여 씨앗을
퍼뜨리는 다른 동물들을
유혹하기 위해 잎들
사이사이에 자리를 잡는다.

복잡한 구성
라엘리아 테네브로사(*Laelia tenebrosa*), 필로덴드론 하이브리드(*Philodendron hybrid*), 칼라테아 오르나타(*Calathea ornata*), 필로덴드론 레이크틀리니(*Philodendron leichtlinii*), 고란초과(*Polypodiaceae*) 식물들을 그린 판도라 셀라스의 그림은 식물들을 정확하게 표현하는 그녀의 특출한 능력뿐 아니라, 잎들 전체에 걸쳐 빛이 스며드는 방식을 포착해 내는 화가로서의 감각을 잘 보여 주고 있다.

브르타뉴, 1979년(세부)
독피지 위에 서양배나무(*Pyrus communis*)의 낙엽을 그린 이 수채화는 정교한 아름다움을 묘사한 작품이다. 로리 맥웬은 단풍이 들거나 썩어 가는 과정에 있는 잎들을 그려 낸 일련의 작품들 가운데 이 그림을 통해 발밑에 깔려 있는 자연의 보물에 초점을 맞추고 있다.

명화 속 식물들

식물학의 다른 모습

화가들이 완벽한 표본을 찾는 일을 멈추고 평범한 채소, 과일, 그리고 꽃들의 아름다움을 표현하기로 한 것은 식물 세밀화에 있어 혁명적인 일이었다. 그들은 식물들의 아주 세세한 결함들뿐 아니라, 딱정벌레에 의해 훼손되었거나 썩고 있는 잎들까지도 자세히 묘사했다. 20세기 영국 화가인 로리 맥웬(Rory McEwen)은 이러한 접근법의 개척자였고, 현대 화가의 정신으로 자연 세계를 묘사한 첫 번째 식물 세밀화가로 널리 알려져 있다.

식물 세밀화에 대한 맥웬의 급진적인 재작업은 1960년대에 전면적으로 일어난 동요로부터 시작되었다. 맥웬은 종이보다는 독피지 위에 그림을 그리면서, 자신의 수채화가 독피지의 비단처럼 매끄럽고 구멍이 없는 표면에서 중세의 채색 필사본에 그려진 삽화와 같은 놀라운 반투명성과 강렬함을 갖게 된다는 것을 발견했다.

맥웬은 아주 작고 섬세한 붓들을 사용하면서, 그리는 대상이 유산적 가치가 있는 꽃인지, 양파인지, 또는 땅바닥에서 주운 낙엽인지에 상관없이 모두 동등하게 세심한 기법을 적용해 과학적으로 정확한 그림을 그렸다. 그는 소위 불완전함과 상관없이 대상이 지닌 형태와 색깔의 아름다움을 강조하며 아주 상세하게 그림을 그리는 데 시간을 들였다. 20세기 식물 세밀화를 새로운 경지로 끌어올린 또

다른 영국 화가로는 판도라 셀라스(Pandora Sellars)가 있었다. 그녀의 작품들은 수많은 식물학 관련 출판물에 등장했고, 그녀는 예술적 재능과 감수성으로 세계적인 명성을 얻었다. 셀라스는 남편의 온실에서 자라던 난초의 색깔과 형태를 카메라로는 도저히 잡아 낼 수가 없음을 깨닫고 식물 세밀화가로 첫발을 내딛었다.

베나레스에서 그린 인도 양파, 1971년(세부)
갈색의 종이 같은 껍질과 함께 보라색과 분홍색의 타는 듯한 색조로 묘사된 이 양파는 거의 손으로 만져질 것만 같다. 반투명 수채화로 그려진 이 그림은 마치 공간 속에 균형을 잡고 있는 듯 보인다. 맥웬이 그린 일련의 양파 그림들은 그의 가장 영향력 있고 독창적인 작품들에 속한다.

> **죽어 가는 잎은 세상의 무게를 담아 낼 수 있어야 한다.**
>
> **로리 맥웬, 「편지」**

잎과 물의 순환

식물들은 토양으로부터 빨아들이는 수분의 5퍼센트도 채 사용하지 않는다. 나머지는 잎의 표면을 통해 주변 공기 중으로 증발된다. 낭비적인 것처럼 보이는 이 과정을 증산이라고 하는데, 건조한 기후에서는 문제가 될 수 있긴 하지만, 여러 가지 측면에서 매우 중요하다. 증산은 심지어 가장 키가 큰 나무들도 중력의 잡아당기는 힘을 거슬러 토양으로부터 생장에 필요한 양분을 운반하는 물을 위쪽으로 끌어올릴 수 있도록 해 준다. 무더운 기후에서는 증발하는 물이 잎을 식혀 주는 역할을 하기도 하는데, 이것은 땀이 우리 몸의 피부를 시원하게 해 주는 것과 마찬가지다.

증산

이산화탄소를 흡수하기 위해 기공이 열릴 때, 수분은 잎으로부터 지속적으로 증발된다. 이는 부압을 형성하여 물이 뿌리로부터 물관이라고 불리는 미세한 관다발을 통해 줄기를 타고 위로 올라오도록 한다.

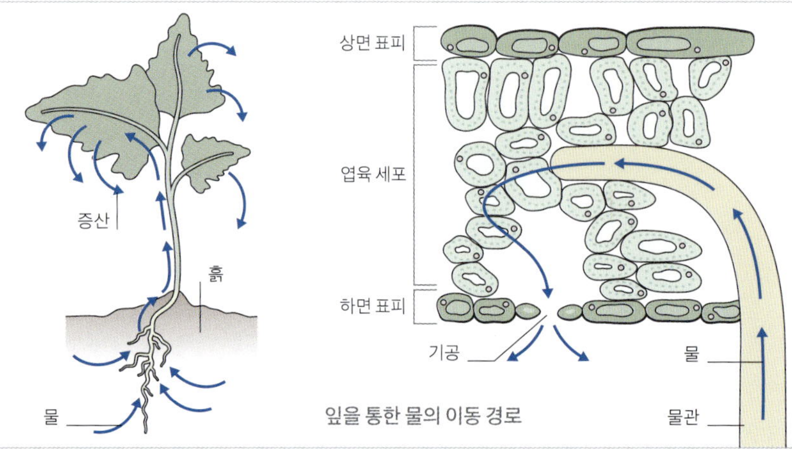

물 낭비?

코스투스 구아나이엔시스(Costus guanaiensis)는 남미 열대 지방에서 자란다. 열대 우림에는 물이 매우 풍부해서 식물들은 높은 증산율로 인한 수분 결핍의 위험 없이도 최대한 많은 빛을 흡수하기 위해 커다란 잎을 만들어 낼 수 있다. 결과적으로, 매년 땅에 떨어지는 모든 빗물의 약 30퍼센트 정도가 열대 우림 식물들의 잎을 거쳐간다.

열대 우림의 잎들은 이산화탄소
흡수를 극대화하기 위해 많은
기공들을 가지고 있다.

코스투스 구아나이엔시스의
기다란 잎들은 보통 약
60센티미터까지 자란다.

잎과 빛

식물의 잎은 햇빛을 수집하여 광합성이라는 복잡한 과정을 통해 그 에너지를 양분으로 변환시킨다. 식물들은 잎 속에서 빛을 감지하는 초록색 색소인 엽록소와 빛을 이용하여, 공기 중 이산화탄소와 토양 속 수분을 당으로 바꿔 스스로 양분을 공급한다. 그들은 또한 부산물로 산소를 생산하여 지구상의 거의 모든 생명체들이 존재할 수 있도록 해 준다.

잎은 빛 에너지를 흡수하는 색소인 엽록소로 인해 초록색으로 보인다.

넓은 표면적

필로덴드론 오르나툼(*Philodendron ornatum*)의 잎들은 그늘에서 자라면서 아주 적은 빛에도 살아남을 수 있도록 커다랗게 자란다. 대부분 식물과 마찬가지로 잎맥의 네트워크는 뿌리로 흡수한 물을 잎으로 가져온다. 이것은 또한 광합성 작용이 일어나는 동안 생산된 당을 식물의 나머지 부분으로 운반한다.

기다란 잎줄기는 식물이 잎을 햇빛 쪽으로 기울 수 있도록 해 준다.

광합성

잎의 표면 바로 아래는 광합성을 수행하는 엽육 세포라고 불리는 세포들로 특화되어 있다. 엽육 세포는 엽록체라는 아주 작은 입자들을 가지고 있는데, 엽록체 안에는 빛을 흡수하는 색소인 엽록소가 들어 있다. 엽록체는 태양으로부터 빛 에너지를 모으고, 공기 중으로부터 이산화탄소와 (뿌리를 통해 토양으로부터 흡수되어 관다발을 통해 잎으로 운반되는) 물을 흡수하며, 이 모든 것을 포도당으로 전환시킨다. 그 다음 포도당은 식물이 양분으로 이용하는 당의 형태인 자당으로 만들어진다. 광합성 작용이 일어나는 동안 잎의 구멍(기공)들을 통해 산소 또한 공기 중으로 방출된다.

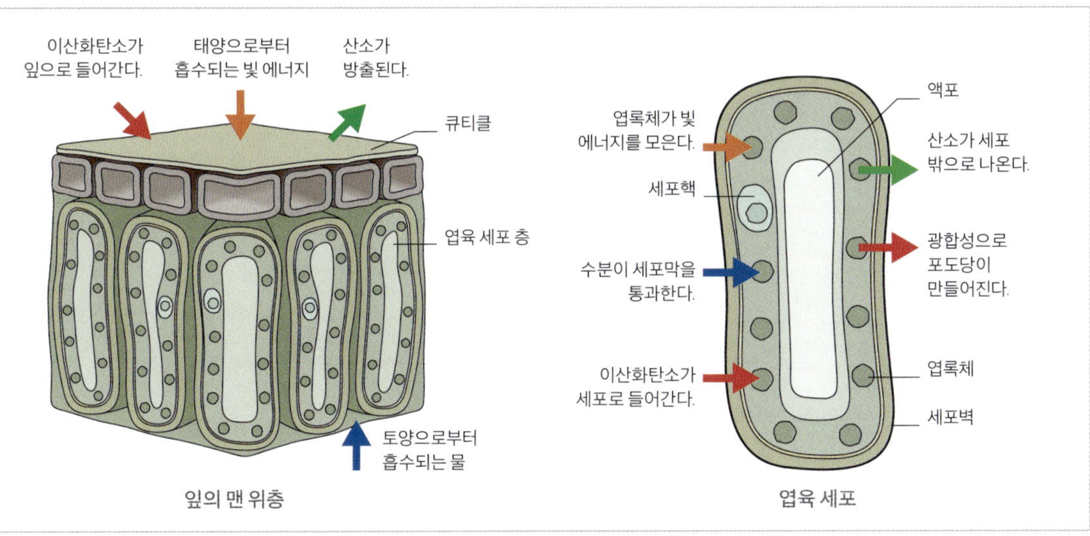

두툼한 조직과 뻣뻣한
잎맥은 커다란 잎이 그
모양을 유지할 수 있도록
도와준다.

작은 잎
유크리피아속 종류(*Eucryphia* sp.)

폭이 아주 좁은 잎
소나무속 종류(*Pinus* sp.)

커다란 잎
토란(*Colocasia esculenta*)

거대한 잎
군네라 마니카타(*Gunnera manicata*)

엄청난 수관

군네라 마니카타(*Gunnera manicata*)의 엄청난 잎은 지름이 약 3미터까지 이를 수 있다. 이 식물은 원래 브라질의 따뜻하고 습한 산에서 자라는데, 이곳에서 이 식물의 초대형 잎은 햇빛 경쟁에서 다른 식물들보다 우위에 있다.

잎의 크기

잎의 크기는 1밀리미터보다 작은 것부터 일부 라피아 야자나무 종류에서 볼 수 있는 25미터가 넘는 잎까지 다양하다. 커다란 잎은 광합성을 위한 표면적이 더 넓지만 그만큼 더 많은 수분이 증산되어 무더운 열대 지방 식물들을 식혀 주는 역할을 한다. 추운 고산 지방의 식물들은 작은 잎들을 가지고 있어 열 손실을 줄이고 서리 피해의 위험을 최소화하는 한편, 사막의 식물들은 증발하는 물의 양을 줄이기 위해 잎을 아주 작게 만들거나 전혀 만들지 않는다.

중간 크기 잎
일본당단풍(*Acer japonicum*)

잎의 모양

잎은 다양한 모양과 크기로 자라는데, 각각은 하나의 식물이 자연 서식지에서 살아남는 것을 가능하게 해 준다. 잎의 모양은 그 식물이 흡수해야 하는 빛에 대한 요구도와, 수분 손실을 방지하거나 혹은 비바람으로부터 피해를 견뎌 내야 할 필요성 사이의 균형을 잡아 준다. 단엽(홑잎)은 하나의 잎으로 자라고, 복엽(겹잎)은 여러 잎들을 가지고 있다.

칼 모양으로, 길고 좁다.

선형
큰잎부들(*Typha latifolia*)

길고 둥글며 거의 직사각형이다.

장타원형
유크리피아속 종류(*Eucryphia sp.*)

기다란 창 모양이다.

피침형
크리솔레피스 크리소필라
(*Chrysolepis chrysophylla*)

거꾸로 된 기다란 창 모양이다.

도피침형
엠보트리움 코키네움(*Embothrium coccineum*)

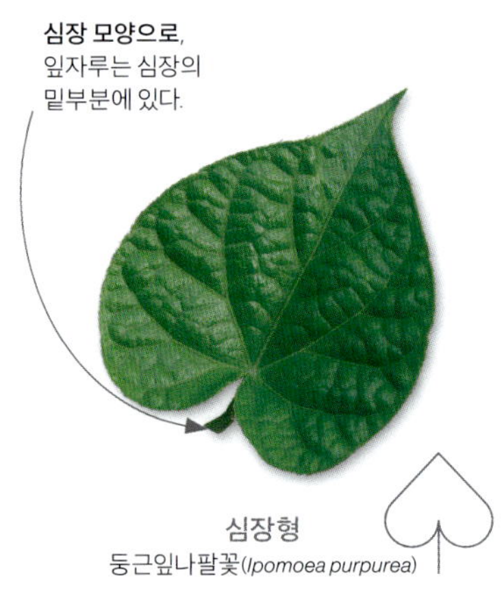

심장 모양으로, 잎자루는 심장의 밑부분에 있다.

심장형
둥근잎나팔꽃(*Ipomoea purpurea*)

거꾸로 된 심장형으로, 잎자루는 심장의 끝부분에 있다.

도심장형
안개나무(*Cotinus coggygria*)

달걀 모양으로, 밑부분이 더 좁다.

도란형
넓은잎목련(*Magnolia macrophylla*)

다이아몬드 모양으로, 끝이 뾰족하다.

능형
콜치카아이비(*Hedera colchica*)

2개의 열편으로 나뉘며 오래된 잎은 부채 모양이다.

이열편
은행나무(*Ginkgo biloba*)

열편은 잎의 밑부분으로부터 손바닥 모양으로 형성된다.

장상 열편
미국풍나무(*Liquidambar styraciflua*)

다수의 소엽들이 중심점으로부터 방사상으로 형성된다.

장상 복엽
프텔레아 트리폴리아타(*Ptelea trifoliata*)

여러 장의 소엽들이 중심 줄기를 따라 형성된다.

우상 복엽
호두나무(*Juglans regia*)

다름의 진화

똑같은 환경에서 자란 종들이 왜 서로 다른 잎 모양을 가지고 있을까? 진화가 한 가지 요인이다. 시간이 지남에 따라 식물의 DNA는 변화한다. 왜냐하면 특별한 요구(그리고 처한 환경)에 더 적합한 잎 모양을 가진 식물 개체들이 살아남고 번식을 하기 때문이다. 덜 최적화된 잎 모양을 가진 식물은 죽는다. 진화는 항상 완벽한 잎 모양을 만들어 내지는 않지만 가능한 한 가장 좋은 옵션을 선택한다.

주걱형
애기장대(*Arabidopsis thaliana*)

타원형
무화과나무속 종류(*Ficus sp.*)

난형
호헤리아 글라브라타(*Hoheria glabrata*)

방패형
한련화(*Tropaeolum majus*)

삼각형
레몬밤(*Melissa officinalis*)

극형
송악속 종류(*Hedera sp.*)

화살형
사기타리아 사기티폴리아
(*Sagittaria sagittifolia*)

우상 열편
참나무속 종류(*Quercus sp.*)

침거치
감탕나무속 종류(*Ilex sp.*)

신장형
흰수련(*Nymphaea alba*)

다열 부채꼴
왜종려(*Trachycarpus fortunei*)

창문형
몬스테라(*Monstera deliciosa*)

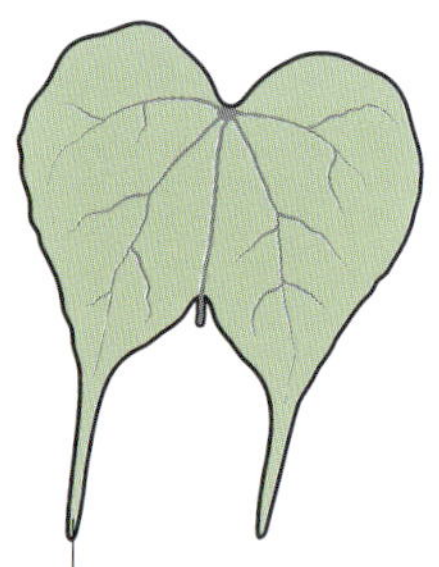

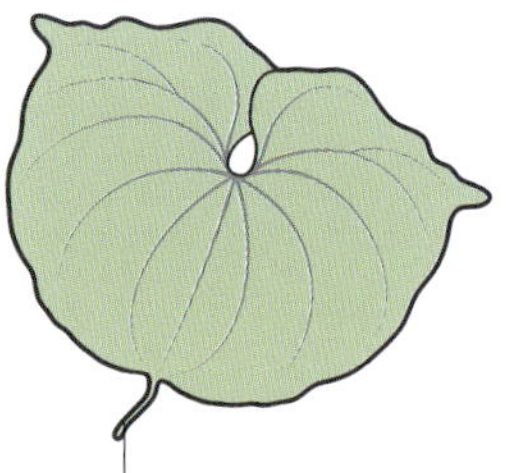

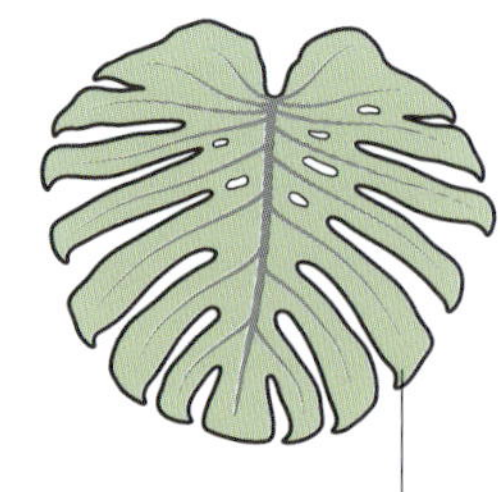

퀸 안투리움

퀸 안투리움(queen anthurium)이라고 불리는 남아메리카 원산의
안투리움 와로퀘아눔(Anthurium warocqueanum)은 1미터 이상
자라는 잎들을 가지고 있다. 넓은 표면적은 많은 빗물을 받아
내지만 빗물은 뾰족한 잎끝 덕분에 빠르게 흘러가 버린다.
뾰족한 잎끝은 열대 우림의 수관 맨 꼭대기에서 자라는 잎들보다
안투리움과 같이 하층에 자라는 식물들에게 더 일반적인데,
전자의 경우 햇빛에 빨리 마르기 때문이다.

왁스 같은 큐티클은 물이
흐르는 것을 도와준다.

잎 표면에 그늘을 드리울 수도
있는 부스러기들은 빗물이
잎을 타고 흘러내리면서 씻어
가 버린다.

잎의 주맥은 배수로 역할을
해서 물이 뾰족한 잎끝
쪽으로 빠져나가게 한다.

물방울의 무게가 잎을
아래쪽으로 기울게 만들어 물을
뾰족한 잎끝으로 보낸다.

뾰족한 잎끝은
첨두라고도 한다.

뾰족한 잎끝

폭우에 대비한 적응으로 많은 열대 우림 식물들의 잎들은 길고
뾰족한 잎끝을 만들어 물이 빠르게 빠져나가도록 한다. 뾰족한
잎끝의 정확한 이점이 무엇인지는 확실하지 않다. 일부 연구자들은
잎 위에 남아 있는 물이 해로운 균류, 조류, 또는 세균이 쉽게 자라도록
한다고 여기는가 하면, 다른 연구자들은 물을 제거하는 것이 잎으로
하여금 온도를 조절하거나 작은 물방울들이 햇빛을 반사해 광합성을
저해하지 못하도록 하는 데 도움이 된다고 여긴다.

잎 가장자리

엽연 혹은 잎 가장자리는 식물 종을 동정하는 데 사용되는 뚜렷한 특징이다. 잎 가장자리의 모양은 식물들이 그들의 환경에 적응하는 것을 돕는다. 열편 또는 톱니 모양의 잎 가장자리는 잎 주변 공기의 움직임을 증가시켜 더 많은 물이 손실되도록 하지만 광합성을 위한 이산화탄소를 더 많이 흡수할 수 있도록 해 준다. 매끄러운 잎 가장자리는 열대 우림 식물들이 빗물을 빠르게 흘려보내도록 도와준다.

전연
유크리피아속 종류(*Eucryphia* sp.)

예거치
박하속 종류(*Mentha* sp.)

세거치
춘추벚나무(*Prunus x subhirtella*)

이중예거치
단풍나무(*Acer palmatum*)

둔거치
비올라 레이켄바키아나
(*Viola reichenbachiana*)

소둔거치
계수나무(*Cercidiphyllum japonicum*)

세모거치
가죽나무(*Ailanthus altissima*)의 소엽

심파상
쿠에르쿠스 마크란테라
(*Quercus macranthera*)

중열
대왕참나무(*Quercus palustris*)

결각상
모감주나무(*Koelreuteria paniculata*)
소엽

치아상거치
터키참나무(*Quercus cerris*)

소치아상거치
모루스 루브라(*Morus rubra*)

천열
페트라참나무(*Quercus petraea*)

가시거치
유럽호랑가시나무(*Ilex aquifolium*)

파상
필로덴드론 오르나툼
(*Philodendron ornatum*)

잎 가장자리와 기후

따뜻하고 건조한 기후에 사는 식물들은 종종 잎 가장자리가 매끄러운 전연 형태의 잎을 갖고 있는데, 이는 들쭉날쭉한 가장자리를 가진 잎보다 물 손실이 적다. 수액은 뾰족한 톱니를 가진 잎을 통해 더 빨리 흘러, 온대 기후의 식물들이 따뜻한 날씨가 지속되는 기간 동안 빠르게 광합성을 시작하도록 해 준다. 화석이 된 잎의 가장자리를 살펴보면 그 잎이 살아 있던 시대의 지구 기후에 관한 세부 사항을 알 수 있다.

털이 많은 잎

식물은 초식 동물이 접근하지 못하게 하고, 극단적인 날씨에 자신을 보호하며,
경쟁하는 식물들을 물리친다. 이 모든 일을 해내기 위해 식물은 잎, 줄기, 그리고 꽃눈에
모용(trichome)이라고 하는 털 같은 구조를 더 많이 이용한다. 모용은 식물을 먹이로
삼거나 알을 낳으려고 하는 곤충들을 막고, 식물 스스로를 지키기 위해 독성 물질을
분비하기도 한다. 모용을 가진 어떤 식물들은 자극적인 화학 물질을 포유동물의 피부
속으로 주입해 멀리 떨어지라는 경고를 보낸다.

램스이어
(*Stachys byzantina*)

민트의 방어

많은 식물들의 모용이 곤충의 섭식으로 방해를 받
지만 어떤 종류는 적극적으로 싸운다. 박하속 종류
(*Mentha sp.*)를 일컫는 민트류의 모용이 생산하는
멘톨이라는 방향유는 곤충을 쫓아내고, 식물을 조
금이라도 먹은 곤충이 죽게 만드는 효과가 있다.

스피아민트(*Mentha spica*)

빽빽한 모용의 숲은
곤충들이 그 많은 털을
통과하여 잎을 먹기
어렵게 만든다.

벨벳 효과

우단풀로 불리기도 하는 기누라 아우란티아카(*Gynura
aurantiaca*)는 안토시아닌 색소를 함유한 보라색
모용을 가지고 있다. 이 색소는 평상시 그늘에 가려진
잎들이 이따금씩 숲 바닥까지 도달하는 강한 햇빛에
피해를 입지 않도록 방지해 준다.

악천후에 대한 방어책

램스이어(*Stachys byzantina*)는 털 같은 모용으로
이루어진 부드러운 층으로 덮여 있는데, 이것은
이 식물이 건조한 환경을 이겨낼 수 있게
도와준다. 털은 잎 근처의 수분을 포집하고,
증발을 최소화하기 위해 바람의 방향을 바꾸며,
은빛 색깔은 태양으로부터의 과도한 빛과 열을
반사시킨다.

어떤 벌 종류는 털이 많은 모용을 가져다가 자신들의 벌집에 안감을 대는 데 사용한다.
모용은 잎, 줄기, 꽃눈을 덮어 서리와 더위로부터 보호한다.
램스이어는 또한 분비선을 가진 모용인 샘털을 가지고 있다. 샘털은 항균 성분이 있는 화합물을 분비해 식물체가 병에 걸리지 않도록 유지해 준다.

gatos
Rubus syluestris f. Ceninus
83r

손쉬운 식별

니콜라스 컬페퍼의 『잉글리시 피지션』(1652년)에서 비슷한 식물 종들은 동정을 쉽게 할 수 있도록 종종 나란히 배치되었다. 이 그림에서 콘 메리골드(corn marigold, *Glebionis segetum*) 바로 옆에 옥스아이 데이지(ox-eye daisy, *Chrysanthemum leucanthemum*)가 묘사되어 있다.

명화 속 식물들

고대 약초 의학서

약초 의학서는 식물의 특징과 의학적 사용법에 관한 서술과 정보를 담은 책 또는 필사본이었다. 약초 의학서는 또한 식물 동정과 식물학적 연구를 위한 참고 문헌으로 이용되었다. 약초 의학서는 역사상 최초로 만들어진 책들과 문헌에 포함되었는데, 일부 고대의 약초 의학서는 가장 이른 시기의 소묘와 그림들을 담고 있다.

약초 의학서는 아마도 식물에 관한 구전 지식과 고대 전통 의학에 기초를 두었을 것이다. 가장 초창기의 약초 의학서들은 중동과 아시아 지역에서 만들어졌으며 기원전 수천 년을 거슬러 올라간다. 약초 의학서는 고전 고대(Classical antiquity, 기원전 8세기~기원후 5세기) 시대에 대중적이었다. 그중 가장 영향력이 있었던 『약물에 대하여(*De Materia Medica*)』(기원후 50~70년)라는 책은 로마군 의사였던 그리스 인 페다니우스 디오스코리데스(Pedanius Dioscorides)가 만들었다. 500가지가 넘는 식물의 세세한 정보를 담고 있는 이 책은 널리 복제되어 1,500년 이상 지속적으로 사용되었다. 이 책의 원본에 그림이 포함되었는지는 알 수 없지만, 가장 오래된 필사본으로 간주되는 『비엔나 디오스코리데스(*Vienna Dioscorides*)』에는 자연 그대로의 모습으로 전반적으로 아주 세밀하게 묘사된 그림들이 특징적이다. 목판 인쇄는 복제의 기회를 늘려 주었지만, 삽화가 들어간 약초 의학서를 다량으로 만들어 내고 그림의 품질을 개선한 것은 15세기 인쇄기의 발명에서 비롯되었다. 약초 의학서의 인기는 결국 사그라들었지만, 정확한 식물 세밀화가 포함된 과학 서적들로 대체되면서 그러한 책들의 전신으로 여겨지기도 한다.

컬페퍼의 약초 의학서

손으로 채색된 이 동판 인쇄물은 니콜라스 컬페퍼(Nicholas Culpeper)의 『잉글리시 피지션(*English Physitian*)』(1652년)에 수록되어 있다. 적절한 가격에, 쉽게 구할 수 있으며, 실용적이었던 이 책은 비슷한 유형의 책들 가운데 가장 인기가 높고 성공적이었다.

약물에 대하여

디오스코리데스의 『약물에 대하여』에서 발췌한 이 그림은 야생 블랙베리 루부스 실베스트리스(*Rubus sylvestris*)를 묘사하고 있다. 그림 상단에는 그리스 어로 바토스(batos)라고 쓰여 있다. 이 필사본은 원본이 처음 만들어진 지 거의 1,400년이 지난 후인 1460년에 제작되었다. 영국의 저명한 식물학자이자 박물학자였던 조지프 뱅크스(Sir Joseph Banks) 경이 소유했던 수집품의 일부였다.

> ❝고대 그리스 시대부터 중세 시대 말기까지 거의 끊임없이 이어지는 계보를 보여 주는 필사본의 아주 드문 유형 중 하나다.❞
>
> 민타 콜린스(Minta Collins), 『중세 약초 의학서(*Medieval Herbals: The Illustrative Traditions*)』(2000년)

비취 목걸이

'비취 목걸이(jade necklace)'라고 불리는 무을녀(*Crassula rupestris* subsp. *marnieriana*)의 빽빽하게 겹쳐진 잎들은 표면적을 줄여 물 증발량을 최소화하기 위해 작고 둥근 모양으로 되어 있다. 물은 잎에 있는 특별한 세포 안에 저장되어 있다. 잎의 큐티클은 종종 흰색 왁스 같은 '꽃'으로 덮여 있는데 이것은 태양으로부터의 치명적인 열과 빛을 반사시킨다.

빽빽하게 포개진 잎들은 울퉁불퉁한 줄기들이 모여 있는 것처럼 보인다.

다육 식물의 잎

물 없이 오랫동안 생존할 수 있는 식물은 거의 없지만, 다육 식물은 그들의 두꺼운 잎 또는 줄기에 물을 저장하고 한 방울의 물도 아껴 쓰도록 특별히 적응했다. 잎은 방수가 되는 두툼한 왁스 같은 큐티클을 가지고 있을 뿐 아니라 잎의 기공(미세한 구멍)은 종종 움푹 들어가 있어서 공기 흐름을 줄이고 주변 습도를 높인다. 대부분 식물과 달리 다육 식물은 밤에 기공을 열어 더운 낮 동안 물이 증발되는 것을 최소화한다.

캠 광합성

물을 아끼기 위해 다육 식물은 크레슐산 대사(crassulacean acid metabolism, CAM)라고 하는 광합성 작용을 한다. 낮 동안 이산화탄소(CO_2)를 흡수하는 대신, 캠 식물들은 증산을 줄이기 위해 밤에 기공을 연다(126쪽 참조). 이산화탄소는 유기산 화합물 형태로 저장된 후 낮 동안 엽록체로 이동하여 광합성에 사용되기 위해 방출된다.

엽육 세포 속으로

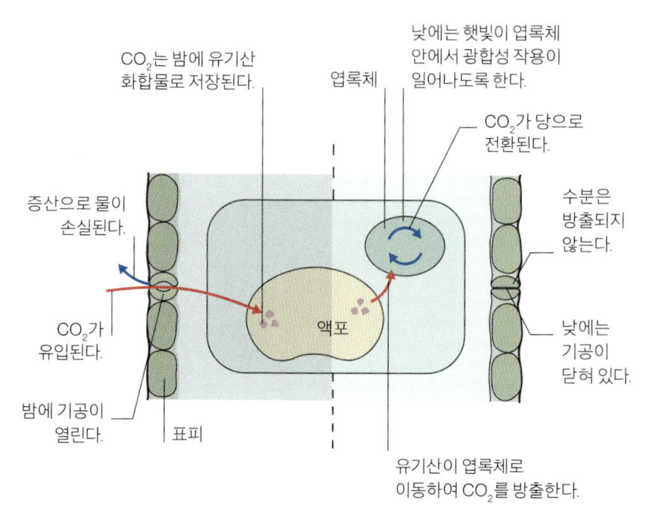

물을 저장하는 잎
알로에(*Aloe vera*)의 잎은 유조직 저장 세포 안에
있는, 액체로 가득찬 커다란 공간(액포)에 물을
보유하고 있다.

스스로 깨끗해지는 잎

연꽃(*Nelumbo nucifera*)의 잎은 미세한 융기들과 발수성이 있는 왁스 같은 큐티클로 덮여 있다. 물방울들은 이러한 보호 층으로 인해 튕겨지고 빠르게 흘러가 버린다. 물은 잎을 따라 흐르며 먼지들을 제거하고 잎 표면을 깨끗하게 하여 빛이 광합성 세포에 도달할 수 있도록 해 준다. 여러 실험실에서 자정 효과가 있는 코팅을 개발하기 위해 이렇게 유용한 연잎의 특성을 모방해 왔다.

왁스 같은 잎

식물들은 맨 처음 물에서 진화했지만, 4억 5000만 년 전부터 육상으로 진출하기 시작했다. 식물들은 수분 결핍을 막기 위해 잎과 줄기에 큐티클이라고 하는 방수성의 왁스 같은 코팅을 발달시켰다. 큐티클은 또한 미생물 감염으로부터 식물을 보호한다. 광합성을 위한 빛이 투과되도록 반투명으로 되어 있지만 큐티클은 식물이 피해를 입지 않도록 과도한 빛과 열을 반사시키기도 한다.

클로즈업

왁스 같은 큐티클은 물이 잘 스며들지 않는 화합물로 이루어진다. 이것은 잎에서 물이 증발되는 것을 막고, 균류나 세균으로부터 어느 정도 보호해 주는 역할도 한다. 다음 그림에서 볼 수 있는 모피 같은 막은 대극 속(*Euphorbia*) 식물의 왁스 결정체로, 보통 큐티클 층의 바깥 표면에 형성된다.

대극속 식물의 잎 표면

우산 모양의 연잎은 지름이 약 60센티미터에 이른다.

연꽃은 진흙 속에서 자라면서도 잎에 흙이 묻지 않도록 자정기능을 가지고 있다.

기다란 잎자루가 잎들을 연못 바닥에 있는 뿌리와 연결시킨다.

이슬 떨쳐내기

수련의 잎과 달리 연꽃의 잎은 종종 물 위로 솟아 있는 가느다란 잎자루에 달려 있다. 균형 잡힌 커다란 잎들이 흔들리면, 잎 표면의 발수성 융기들 사이에 맺힌 이슬이 흘러내린다.

화살통나무

화살통나무라는 이름은 남아프리카의 산 족(San people)이 붙였다. 산 족은 이 식물의 가지 속을 파내어 화살통으로 사용했다. 알로이덴드론 디코토뭄(*Aloidendron dichotomum*)이라는 학명을 가진 이 거대한 다육 식물은 추위에 매우 강한 종으로 약 7미터까지 자라며 80년 넘게 살 수 있다.

나미비아 남부와 남아프리카공화국의 노던케이프 지역이 원산지인 화살통나무(quiver tree)는 원래 알로에의 한 종류인데 나무처럼 크게 자란다. 더 작고 두툼한 다른 알로에들처럼 화살통나무 역시 방사상으로 잎을 펼치는 특성이 있지만 갈라지는 가지 끝에서 잎들이 나온다.

화살통나무의 가지들을 덮고 있는 흰색 가루 같은 물질은 보호용 선크림 같은 기능을 한다. 남아프리카의 맹렬한 태양 아래 온도가 치솟고 주변 땅이 지글지글 타오를 때, 이 가루는 화살통나무가 훨씬 더 견딜 만한 수준으로 내부 온도를 유지하는 데 도움이 된다.

봄에는 각각의 방사상 잎들마다 기다란 꽃대가 올라와 밝은 주황색 꽃들이 달린다. 꽃대는 사방의 야생 동물들에게 신호를 보내는 깃발 같다. 벌, 새, 심지어 개코원숭이까지, 많은 동물들이 화살통나무의 꿀을 먹기 위해 모여 든다. 꽃이 피지 않을 때 조차 화살통나무는 튼튼한 가지들 사이에 새들이

귀중한 둥지를 만들 수 있도록 해 준다. 다 자란 화살통나무는 종종 사교적인 위버 새들의 거대한 무리를 자랑한다. 집짓는 새로 알려진 이 새들은 가지들 사이에 커다랗고 복잡한 공동 둥지를 만들고, 화살통나무는 새들이 제공하는 약간의 그늘로 덕을 본다.

가뭄이 길어지면 토착 지역 내 더 뜨거운 지역에 사는 많은 화살통나무들이 죽음을 맞이한다. 기후 변화로 이러한 가뭄은 더 확대되고 극심해질 것으로 예상된다. 화살통나무의 손실은 강우량의 심각한 변화를 나타내는 징후로 볼 수 있다.

갈라지는 습성

나무처럼 자라기는 하지만 이 식물은 목질화되지 않는다. 대신에 튼튼한 가지들 속에는 귀중한 물을 저장하는 다육성의 섬유질이 채워져 있다. 화살통나무가 자라면서 가지들은 매번 두 갈래로 반복적으로 갈라진다.

주황색 꽃들이 달리는 꽃대는 엄청난 양의 꿀을 생산하는데, 이것은 지역의 야생 동물에게 매우 중요하다.

다육성의 잎들
화살통나무는 새하얀 가지 끝에 전형적인 알로에와 같은 잎을 가지고 있다. 이 다육성의 잎들은 광합성을 하고 물을 저장하는 데 중요하다.

은색의 잎들

햇빛이 강하고 증발량이 높은 건조한 산악 기후에 사는 많은 식물들은
은빛 잎들을 가지고 있어 햇빛과 열을 피하며 시원함을 유지한다. 이
색깔은 초록색의 잎 세포들 맨 위에 있는 반투명의 왁스 또는 털(모용)의
코팅으로부터 나온다. 또한 왁스와 털은 모두 물 손실을 줄인다. 털은
잎 표면 주변의 습도를 높여 증발을 최소화시키고, 왁스는 추가적인
방수층을 만든다.

잎

효율적인 기체 교환

유칼립투스 코키페라(*Eucalyptus coccifera*)는 태양
열에 대한 노출을 최소화하기 위해 잎들이 수직으
로 자란다. 이것은 또한 각각의 잎이 양쪽 면에 기
공(구멍)을 가지고 있어 물이 너무 많이 증발되지
않으면서 광합성을 위한 이산화탄소를 더 많이 흡
수할 수 있다는 것을 뜻한다.

잎들이 수직으로 달려 있기 때문에 잎의 양쪽 표면이 왁스로 코팅되어 있다.

빛의 반사
유칼립투스 풀베루렌타(*Eucalyptus pulverulenta*)는 왁스 같은 아주 미세한 관들로 코팅이 되어 있어 잎들은 은빛으로 보인다. 왁스 같은 층은 이 식물이 열을 반사해 시원하게 유지되도록 한다. 플로리스트들이 좋아하는 품종인 '베이비 블루(Baby Blue)'의 줄기는 그림과 같이 중심 줄기로부터 수평으로 자란다. 오스트레일리아 남부 높은 산에서 자라는 이 식물은 다 자란 잎들이 어린 잎들과 비슷해 대부분의 유칼립투스 종류처럼 좁은 잎으로 대체되지 않는다.

무늬가 들어간 잎

무늬잎은 두 가지 이상의 색깔을 가지고 있다. 정원에서는 무늬잎들을 쉽게 볼 수 있지만, 잎의 초록색 부분만 광합성을 할 수 있기 때문에 자연 상태에서는 이런 잎들이 드물다. 열대 우림에 사는 어떤 식물들은 나무들 사이로 비치는 햇빛에 피해를 입지 않기 위해서 또는 초식 동물들이 먹지 못하도록 병에 걸린 상태를 모방해 무늬잎을 갖게 되었다. 무늬잎을 가진 대부분의 정원 식물들은 키메라(chimera)이다. 즉 잎에서 색깔이 다른 부분들은 유전적으로 서로 다른 세포들을 갖고 있다.

베고니아 '실버 레이스'
(*Begonia* 'Silver Lace')

베고니아 '에스카르고'
(*Begonia* 'Escargot')

피토니아속 종류
(*Fittonia* sp.)

칼라테아 벨라
(*Calathea bella*)

노르웨이단풍 '드루몬디'
(*Acer platanoides* 'Drummondii')

크로톤
(*Codiaeum variegatum*)

흉내내기

칼라디움의 원산지는 중앙아메리카와 남아메리카의 숲이다. 잎의 흰색과 붉은색 부분들은 광합성을 하지 못하지만, 이것은 그 잎이 마치 잎나방벌레들에 의해 피해를 입은 것처럼 보이게 만든다. 이러한 형태의 속임수는 매우 효과적인 것 같다. 관련 종에서 이와 같이 무늬가 들어간 잎들은 잎나방벌레가 꼬일 가능성이 최대 12배까지 낮은 것으로 밝혀졌다.

하얀색 흔적은 잎나방벌레가 갉아먹은 구멍을 모방한 것이다.

칼라디움
(*Caladium bicolor*)

붉은색 무늬잎은 광합성에 덜 효율적이기 때문에 순수하게 초록색인 잎보다 더 많은 빛이 필요하다.

아글라오네마속 종류
(*Aglaonema* sp.)

가짜로 잎나방벌레가 갉아먹은 구멍처럼 보이는 것은 이 잎에 벌레가 들끓어 좋지 않은 먹잇감으로 보이도록 함으로써 초식 동물들의 침습을 방지한다.

칼라디움

Acer palmatum

단풍나무

단풍나무처럼 알아보기 쉬운 잎도 드물다. 한국, 일본, 러시아 원산의 이 매력적인 낙엽수는 수려한 모양, 우아한 잎, 다채로운 단풍 덕택에 전 세계 정원에서 주축을 이루게 되었다.

단풍나무(*Acer palmatum*)는 비교적 작고 느리게 자라는 나무로, 10미터를 넘는 일은 거의 드물다. 이것은 이 나무가 주변에 있는 더 큰 나무들의 그늘에서 편안하게 자란다는 것을 뜻한다. 야생에서 이 나무는 해발 고도 약 1,100미터 아래 온대 삼림 지대와 숲의 하층 식생을 이루며 자란다.

이 나무의 가장 흥미로운 특징 가운데 하나는 외형이 얼마나 다양할 수 있는가 하는 점이다. 서로 다른 자생지에 서식하는 개체들은 아주 작은 관목부터 가늘고 길게 자라는 교목까지 다양한 형태를 취한다. 단풍나무가 이렇게 유명한 것은 바로 잎 때문인데, 잎들 역시 모양과 색깔이 매우 다양하다. 이

작은 경이로움

어떤 단풍나무들은 위로 자라는 형태를 갖고 있고, 다른 단풍나무들은 가지가 늘어져 종종 반구 형태로 자라는 습성을 발달시킨다. 가을에 잎들은 낙엽이 지기 전 노란색, 주황색, 빨간색, 보라색, 청동색 등 아주 놀라운 색조들로 변화한다.

모든 것은 이 종의 DNA와 연관이 있다. 단풍나무는 아주 높은 유전적 다양성을 보여 준다. 같은 나무에서 만들어진 씨앗들이 서로 상당히 다른 개체로 자라날 수 있다.

식물 육종가들은 이러한 자연의 품종을 이용하여 18세기 이래로 1,000개가 넘는 재배 품종을 개발했다. 육종의 목표는 대부분 새빨간 단풍을 만들어 내는 것이었다. 그렇게 선명한 색채는 안토시아닌이라고 불리는 식물 색소군으로부터 생겨난다. 이 색소들은 과다한 자외선이나 해로운 기온 변화에 잎 조직이 노출되지 않도록 보호하는 데 도움이 된다. 안토시아닌은 또한 초식 곤충들을 저지하는 기능을 하기도 한다.

단풍나무는 붉은색 또는 보라색의 작은 꽃들을 피우는데, 이 꽃들은 바람이나 곤충에 의해 수분이 된다. 꽃이 지면 시과라고 하는 날개 달린 씨앗이 맺힌다(314쪽 참조). 작은 헬리콥터처럼 씨앗들은 바람을 타고 빙글빙글 돌며 그들의 부모로부터 멀리 날아간다.

단풍 색깔

여름이 거의 끝나 감에 따라 점점 짧아지는 낮의 길이와 더 차가워진 온도는 교목과
관목들로 하여금 겨울을 위한 채비를 하도록 경보를 보낸다. 잎 속에 있는 화학 물질의
변화로 잎들이 초록에서 눈부신 빛깔의 노랑, 주황, 빨강으로 서서히 변화할 때 화려한
색의 향연이 펼쳐진다.

색깔의 조합

잎은 화합물에 의해 색깔을 나타낸다.
그중 가장 눈에 잘 보이는 것은
엽록소인데, 이것은 잎이 초록색으로
보이게 한다. 카로티노이드는 노란색과
주황색 색조를 띠게 하는 반면,
안토시아닌은 빨간색과 보라색 빛깔을
만들어 낸다.

노란색과 주황색 빛깔은 카로티노이드로 인해 나타나는데 초록색 엽록소보다 더 천천히 분해된다.

엽록소는 햇빛 가운데 빨간색과 청자색 부분을 흡수하지만 초록색 빛은 반사하여 잎들이 보통 초록색을 띠게 한다.

초록색 엽록소는 밝은 빛 속에서 분해되지만, 생장기 동안 새로운 엽록소가 끊임없이 보충된다.

엽록체는 엽록소에 의해 포집된 빛 에너지를 사용하여 광합성 작용이 일어나는 곳이다.

노란색 카로티노이드는 항상 존재하지만 가을 잎 속에 엽록소가 분해되면 더 잘 보이게 된다.

잎세포 속으로

잎세포는 여러 색소들을 함유하고 있지만 광합성
작용이 최고조에 이르는 봄과 여름 동안엔
초록색 엽록소가 우위를 차지한다. 엽록소는
식물의 양분을 생산하는 엽록체라고 하는
특별한 세포 구조 안에서 발견된다.

베타 카로틴과 같은 일반적인 카로티노이드는 파란색과 초록색 빛을 흡수하고 빨간색과 노란색을 반사시키기 때문에 주황색으로 보인다.

어떻게 색깔이 변화할까?
가을에 식물은 잎 조직을 죽게 하는 호르몬을 만들어 낸다. 잎 속에 있는 엽록소는 카로티노이드보다 더 빠르게 분해되어 잎이 노란색으로 변한다. 그동안 커다란 세포 소기관인 액포 안에서는 적자색 안토시아닌이 왕성하게 만들어진다. 안토시아닌은 잎이 주황색을 띠게 만드는데 남아 있는 카로티노이드가 모두 소진되면서 잎은 빨간색으로 바뀐다.

초록색 잎이 노란색으로, 그 다음 빨간색으로 변한다.
큐티클
상면 표피
액포 속 안토시아닌
책상 세포
공기층
하면 표피
기공
관다발(잎맥)이 호르몬을 운반한다.

적자색은 잎의 전분이 당분으로 분해된 후 다른 화학 물질들과 반응하여 안토시아닌을 형성할 때 나타난다.

안토시아닌은 잎들의 영양소가 식물의 다른 부분에 사용되어 재활용되기까지 잎들을 보호하는 천연 자외선 차단제 기능을 하기도 한다.

빨간색은 나무의 수액이 산성일 때 나타나고, 보라색은 수액이 알칼리성일 때 나타난다.

쏘는 잎

쐐기풀과 같이 쏘는 식물들은 운 나쁘게도 그들을 스쳐 지나간 동물들에게 통증, 염증,
자극을 일으키는 화학 물질로 가득한 단세포 털(모용)로 덮여 있다. 잘 부러지는 모용의
끝은 건드리면 쉽게 떨어져 뾰족한 피하 주사침을 드러내는데, 이것은 즉시 초식 동물의
피부 아래 독성 혼합물을 주입한다. 쐐기풀의 잎들이 초식 동물들에 의해 피해를 입게
되면, 그들은 더 많은 모용을 만들어 응수한다.

쐐기풀의 줄기와
잎자루에도 따가운
모용들이 나 있다.

잎의 밑면에는 더 많은
따가운 모용들이 잎맥을 따라
자리잡고 있다.

따갑지 않은 짧은 모용은
어느 정도 곤충들을
방어해 주는 역할을 한다.

서양쐐기풀
서양쐐기풀(*Urtica dioica*)의 가시는 포유동물과 일부
새들에게 자극을 일으키지만 곤충들에게는 영향을
끼치지 않는다. 결과적으로 쐐기풀은 애벌레들과 곤충
유충들이 잡아먹히지 않는 중요한 서식처가 된다.

쐐기풀의 모용은 유리
같은 실리카로 만들어져
있어 부러지기 쉽다.

바켈리아 카루

이전에는 아카시아 카루(*Acacia karroo*)라고 불렸던 이 향기로운 아카시아는 남아프리카에서 가장 단단한 나무 중에 하나다. 적응력이 매우 높은 이 나무는 습도가 높은 숲, 사바나, 또는 반사막 지역에서도 잘 자란다. 바켈리아 카루는 한번 자리를 잡으면 어떤 역경도 이겨 낼 수 있다. 심지어 들불이 나도 살아남는다.

이 나무의 위협적인 '가시(엄밀히 말하자면 잎자루 밑부분에서 자라는 잎(턱잎)으로부터 발달한 엽침)'는 길이가 5센티미터까지 자란다. 이 나무를 뒤덮은 엽침들은 많은 방목 동물들을 떨쳐 내기에 충분하지만 전부는 아니다. 특히 기린은 가죽 같은 혀로 가지를 감싸 미모사처럼 작은 잎들을 먹는 데 전혀 문제가 없다. 나무껍질과 꽃, 영양가 높은 꼬투리는 또한 동물들에게 자양분을 제공하는 한편, 나무껍질에 난 상처로부터 흘러나오는 나뭇진은 사바나원숭이와 작은 갈라고원숭이가 특별히 좋아하는 먹을거리다.

바켈리아 카루는 개중에 크게 자란 개체가 12미터 정도로 결코 큰 나무가 아니며, 최장 수명 역시 30~40년 정도로 비교적 단명하는 식물이다. 하지만 이 나무는 극단적인 조건에서도 살아갈 수가 있다. 바켈리아 카루는 서리도 견딜 수 있을 뿐더러 땅속 깊이 저장된 물을 끌어올릴 수 있는 기다란 곧은 뿌리 덕택에 가뭄에도 살아남을 수 있다. 양분이 부족할 때는 질소 고정균이 살고 있는 뿌리 조직을 이용해 자기 스스로 양분을 만들어 낸다.

바켈리아 카루는 빨리 자라며 다양한 종류의 토양에 살 수 있다. 그늘이나 보호 구역이 아니어도 활착이 가능하고 심지어 화재에도 영향을 받지 않는다. 싹이 튼 후 첫해를 맞은 묘목은 바싹 타버릴 수 있지만 뿌리에 저장된 에너지 덕분에 곧 새로운 줄기들이 자라난다.

바켈리아 카루는 뛰어난 적응력으로 인해 토착 서식지 외 지역에 도입되었을 때 공격적이고 급속도로 퍼지는 식물이 된다. 철저히 무장된 이 나무의 잎을 뜯어먹을 만큼 용기 있는 동물들이 거의 없다는 사실도 이 나무가 다른 초목들과 경쟁에서 우위를 차지하는 데 한몫을 한다.

가시 벽
바켈리아 카루는 겨울 동안 잎이 없는 상태에서 길고 하얀 가시들이 확연하게 눈에 띈다. 이 엽침들은 호시탐탐 둥지를 노리는 대부분의 포식자들을 쫓아 낼 수 있기 때문에, 새들이 둥지를 만들기 아주 좋은 장소가 된다.

품품 모양의 각각의 꽃차례는 수많은 개별적인 꽃들로 이루어져 있다.

품품
초여름, 바켈리아 카루의 수관에는 수백 송이의 노란색 품품 모양 꽃들이 만발한다. 개화기가 길기 때문에 벌들에게 안정적으로 꽃가루와 꿀을 제공하는 이 나무는 벌꿀을 생산하는 데 중요하다.

잎의 방어

도망치는 것은 선택할 수 있는 사항이 아니므로 식물들은 장차 생겨날 포식자들을 막기 위해 많은 여러 방식으로 진화해 왔다. 어떤 식물들은 그들의 잎을 날카로운 엽침으로 변화시켜 뜯어먹으려는 동물들을 다치게 한다. 엽침은 관다발 조직, 잎자루, 턱잎 등 잎의 일부가 변형되어 만들어질 수 있는데, 어떤 식물들은 잎 전체를 방어용 엽침으로 바꾸었다.

남아프리카엉겅퀴

남아프리카엉겅퀴라고 불리는 베르크헤이아 푸르푸레아(*Berkheya purpurea*)의 엽침은 잎으로부터 돌출된 관다발 조직이 단단하게 확장된 것이다. 가장자리에 난 이 가시들은 식물을 초식 포유동물로부터 보호해 줄 뿐 아니라, 애벌레를 비롯한 다른 작은 해충들이 잎을 갉아먹을 안전한 장소를 찾는 것을 막아 준다.

폭풍에서 살아남기

코코넛야자(*Cocos nucifera*)는 바람에 극도로 강하다. 깃 모양의 잎(우상엽)은 강한 바람이 그대로 잎을 통과하도록 해 준다. 심한 폭풍우가 몰아칠 때 바람을 맞는 야자 잎은 밑부분에서 부러질지 모르지만 대개 이것은 식물의 나머지 부분에 피해를 주지 않는다.

야자 잎은 길이가 약 5.5미터까지 자랄 수 있다.

잎들이 줄기의 맨 위쪽에 있는 연약한 생장점을 둘러싸고 보호한다.

깃 모양의 잎은 주맥을 따라 쌍으로 배열된 소엽들을 가지고 있다.

극한 조건에 맞서는 잎

허리케인이 발생하는 동안 많은 나무들의 잎들은 돛단배처럼 바람을 맞고, 가지들 또는 줄기들은 부러질지도 모른다. 야자나무들은 강력한 바람이 불면 수평으로 휘어질 수 있지만, 그럼에도 불구하고 대부분 아무 피해 없이 모습을 드러낸다. 그들은 유연한 줄기와 공기 역학적으로 만들어진 잎들 덕택에 폭풍우에 살아남는다. 대부분의 야자나무들은 깃털 같은 우상엽을 가지는데, 이것은 강하고 유연한 주맥과 바람에 큰 피해를 입지 않도록 접히는 소엽들을 가지고 있다.

커다란 야자 잎의 소엽은 강풍에 노출되었을 때 면적을 줄이기 위해 부채처럼 접힌다.
줄기는 부러지지 않고 휘어질 수 있도록 해 주는 관다발 조직 덕분에 유연하다.

비스마르크야자

인상적인 수관 아래 환영하는 듯한 그늘을 드리우는 비스마르크야자는 아마도 부채꼴 모양의 잎을 가진 모든 야자나무들 가운데 가장 우아하고 빼어난 종류일 것이다. 마다가스카르 북서부의 건조한 초원 출신의 이 식물은 마다가스카르에서 현재 쇠퇴하고 있지 않은 몇 안 되는 고유종들 가운데 하나다.

독일 제국의 첫 번째 수상이었던 오토 폰 비스마르크(Otto von Bismarck, 1815~1898년)의 이름을 따서 명명된 비스마르크야자(*Bismarckia nobilis*)는 그 속(genus)에 속하는 유일한 종이다. 이 식물은 가장 큰 야자나무는 아니지만, 약 18미터까지 자라는 대형종이다. 비록 그 높이까지 자라려면 100년 정도 걸릴 수 있기는 하지만 말이다.

원래의 자생 지역에서 비스마르크야자는 극단적인 기후를 견뎌 내야 하기 때문에 내한성도 강해야 한다. 건기는 살인적인 더위, 맹렬한 태양, 아주 적거나 전혀 내리지 않는 비, 그리고 들불의 도래를

예고한다. 우기는 많은 양의 비와 높은 습도를 가져온다. 날씨가 가장 건조하고 햇빛이 극심할 때 이 나무는 깊은 뿌리를 이용해 땅속 깊은 곳에 있는 물에 접근한다. 잎이 은빛 색조를 띠게 하는 왁스 같은 코팅은 자외선 차단제처럼 기능하면서 안쪽에 있는 민감한 광합성 조직을 지나친 태양 광선으로부터 보호한다.

잎들과 결합된 튼튼한 줄기와 대부분의 불길이 닿지 않을 만큼 멀찍이 자리잡은 생장점은 비스마르크야자가 최악의 들불을 제외하고는 너끈히 살아남을 수 있도록 해 준다. 비가 내릴 때 대부분의 빗물을 이용하기 위해, 구부러진 잎자루는 물이 줄기 밑부분으로 흘러내리도록 한다.

암수딴그루 식물로 각각의 나무는 수꽃 또는 암꽃을 피우며 둘 다 갖지는 못한다. 곤충이 수분을 시켜 주는데, 만약 수그루와 암그루가 아주 가깝게 자라고 있다면 바람에 의해서도 가능하다. 암그루에만 열매를 달리는데, 각각의 작은 꽃은 과육이 많지만 식용할 수 없는 하나의 핵과로 성숙한다.

거대한 야자 잎

부채야자는 부채 모양의 잎을 가지고 있다. 은빛이 도는 푸른색에서 초록색을 띠는 비스마르크야자의 둥근 잎은 지름이 3미터까지 이를 수 있다. 각각의 잎은 뻣뻣하고 가장자리가 날카로운 여러 개의 소엽으로 이루어진다.

비스마르크야자의 꽃차례
비스마르크야자는 기다란 밧줄 같은 꽃차례를 만드는데 오직 수꽃 또는 암꽃으로만 이루어진다. 암꽃의 꽃차례에는 열매들이 커다랗게 무리 지어 달린다.

크림 같은 흰색의 수많은 작은 꽃들이 기다란 꽃대에 달리는데, 열매가 맺히면 무게를 못 이겨 결국 아래로 처진다.

견고한 닻

아마존빅토리아수련(*Victoria amazonica*)의 잎들은
수면 위에 떠 있지만 연못 바닥에 있는 땅속
줄기에 단단히 고정되어 있다. 줄기와 잎 표면을
따라 나 있는 무시무시한 가시들은 물고기들이
잎을 먹지 못하도록 보호해 준다.

떠 있는 잎들

대부분의 식물들이 육지에서 공간을 차지하기 위해 싸우는 동안 어떤
식물들은 삶의 터전을 물로 옮겼다. 빅토리아수련과 같은 수생 식물들은 제한
없이 물을 이용하고 빛과 양분에 대한 경쟁을 덜 할 수 있다는 장점이 있다. 떠
있는 잎들은 잎 속에 있는 공기실 안이나 잎의 표면에 밀집한 털 사이에 갇혀
있는 공기 주머니들을 부양 재킷처럼 이용한다. 빅토리아수련의 잎들은 아기의
무게를 지탱할 정도로 부력이 있다.

잎의 밑면

빅토리아수련은 증발로 인해 많은 양의 물을
잃는다. 더 많은 양의 물을 빨아들이는 것은
중금속 같은 용존 독성 화합물을 흡수하는 것을
뜻하는데, 이것은 표피선에 안전하게 저장된다.
돌출된 잎맥은 이 넓은 잎의 구조를 강화시키는,
벽이 두꺼운 지지 세포들로 둘러싸여 있다.

수련은 어떻게 뜰까?

수련의 잎들 속에 있는 커다란 공기실은 그들이 떠서 생활하
는 데 필요한 부력을 제공한다. 스펀지 같은 잎 조직 안에 후
막 세포라고 불리는 별 모양의 단단한 구조는 잎의 모양을 유
지하는 데 도움이 된다. 결국 이것은 잎이 떠 있는 상태를 유
지하기 위해 물의 표면 장력을 이용할 수 있도록 해 준다.

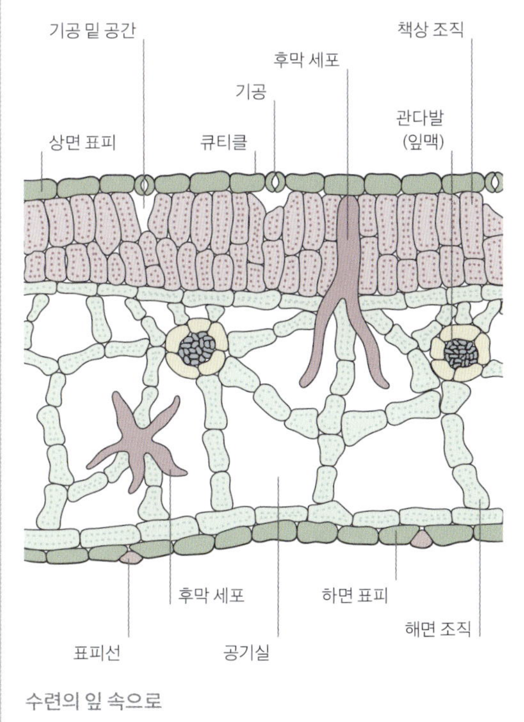

수련의 잎 속으로

웅덩이가 있는 식물

나무에 사는 올챙이라고 하면 이상하게 들릴지 모르지만, 어떤 청개구리는
열대 우림의 나무 위에서 자라는 브로멜리아드의 일종인 네오레겔리아
크루엔타(*Neoregelia cruenta*) 같은 식물의 잎 사이에 고인 물
웅덩이에 알을 낳는다. 파이토텔마타(phytotelmata)라고
하는 이 작은 웅덩이는 곤충류, 선충류, 심지어 작은 게
종류들도 부양한다. 파이토텔마타는 잎들 사이의
갈라진 틈과 구멍, 벌레잡이풀속(*Nepenthes*)과
사라세니아속(*Sarracenia*)의 벌레잡이주머니,
나무에 난 구멍들, 대나무 줄기 속에서
발견될 수 있다.

넓고 오목한 잎들은
식물에 꾸준히 수분
공급을 하기 위해 빗물을
중앙에 있는 컵 쪽으로
이동시킨다

잡아먹는 잎

식충 식물들은 토양에 결핍된 영양소를 얻기 위해 먹이를 포획해 섭취한다. 그들은 희생자들을 함정에 빠뜨릴 기발한 방법들을 개발했다. 파리지옥(venus fly traps, *Dionaea muscipula*)은 곤충들을 가두기 위해 잎을 갑자기 닫고, 물속에 사는 통발(bladderwort, *Utricularia* sp.)은 헤엄치는 생물들을 빨아들이기 위해 부분적으로 진공 상태를 만든다. 끈끈이주걱(sundew, *Drosera* sp.)의 끈적끈적한 털들은 먹잇감을 감싸며 접히고, 그것을 꽉 붙잡아 소화시킨다. 사라세니아(pitcher plant, *Sarracenia* sp.)는 곤충들을 바닥에 있는 액체에 빠뜨려 익사시키는가 하면, 겐리세아(corkscrew plant, *Genlisea* sp.)는 낌새를 채지 못한 사냥감을 소화실로 유도한다.

포충낭 식물

포충낭 식물에는 두 종류의 주요 과인 사라세니아과(Sarraceniaceae)와 벌레잡이풀과(Nepenthaceae, 그림 참조)가 있다. 포충낭 식물의 주머니 속으로 떨어지는 곤충들은 천천히 녹게 된다. 소화된 먹잇감으로부터 포충낭 식물이 흡수하는 주요 영양소는 인산과 질소다. 먹히는 대신 어떤 곤충들의 유충은 포충낭 속에 있는 물에서 살도록 적응했다.

네펜테스 베이트키
(*Nepenthes veitchii*)

곤충 먹잇감을 유혹하기 위해 포충낭 식물들은 밝은 색깔, 강한 향기, 달콤한 꿀을 모두 이용한다.

뚜껑(operculum)은 빗물이 포충낭을 채워 소화 효소를 묽게 만드는 것을 막는다.

벌레잡이풀과의 식물들은 평범하게 생긴 잎의 끝부분에 있는 덩굴손으로부터 포충낭을 만든다. 사라세니아과의 포충낭은 원뿔 모양의 좁은 잎으로 만들어진다.

포충낭의 입술이 젖어 있을 때, 곤충들은 제대로 발을 디디는 것이 거의 불가능하다.

덩굴손은 잎의 주맥의 연장선이다. 이것은 포충낭이 흔들리지 않도록 지지물을 고리 모양으로 감기도 한다.

함정의 속임수
포충낭의 입술은 항상 미끄러지지는 않는다. '안전한' 기간 동안 정찰 개미들이 덫에 있는 꿀을 발견하고 다른 일개미들에게 알리기 위해 떠난다. 개미 무리가 돌아올 때까지 입술은 다시 미끄러지게 되고 포충낭은 한번에 많은 개미들을 포획한다.

네펜테스 트룬카타 (Nepenthes truncata)

포충낭 식물 속으로
포충낭 속으로 빠져 버둥거리는 곤충들은 포충낭의 벽면이 왁스같이 되어 있어 발 디딜 곳을 찾기 힘들다. 진이 다 빠진 먹잇감은 결국 바닥에 고인 액체 속으로 떨어지고 포충낭의 소화샘으로부터 분비되는 여러 가지 효소에 의해 소화된다.

뚜껑
입술
왁스 같은 벽면
소화 영역
덩굴손
소화샘

Drosera sp.

끈끈이주걱류

각각의 잎마다 수백 개의 끈적이는 샘으로 무장한 끈끈이주걱류는 곤충들에게 최악의 악몽이다. 달콤한 꿀이나 신선한 이슬의 유혹에 이끌려 방문한 곤충들은 순식간에 끈적끈적한 점액 방울들에 걸려들고, 잎들은 곤충들의 마구 움직이는 몸을 감싸며 동그랗게 말려 그들을 소화하기 시작한다.

벌레를 잡아먹는 식물이 존재한다는 사실은 초기의 많은 동식물 연구가들을 깜짝 놀라게 했다. 칼린네에게 그것은 신성한 계획의 자연적 질서에 대한 모욕이었다. 하지만 모두가 그렇게 부정적 관점을 갖고 있진 않았다. 찰스 다윈은 끈끈이주걱류를 연구하는 데 큰 기쁨을 얻었다. 동료에게 쓴 편지에서 그는 다음과 같이 말하기까지 했다. "지금 이 순간 나는 전 세계 모든 종의 기원보다 끈끈이주걱류(*Drosera*)에 관해 더 많은 관심을 기울이고 있다."

끈끈이주걱류의 식충성 식욕은 산성 습원(bog), 소택지(swamp), 늪(marsh), 알칼리성 습원(fen)과 같이 영양소가 부족한 환경에 대응하여 발달하게 되었다. 질소의 공급이 부족한 환경에서 끈끈이주걱류는 토양 균류와 공생 관계를 포기하고 대신에 질소가 풍부한 곤충 먹잇감을 잡는다. 꿀을 찾아 도착한 곤충들의 움직임을 감지해 그들의 끈적거리는 샘은 신속하게 먹이로 접근한다. 희생자가 더 발버둥칠수록 더 단단히 그것을 붙잡는다. 대부분의 끈끈이주걱류에서 이 과정은 잎이 스스로 곤충을 감싸는 것으로 완결된다. 그 다음 잎은 소화액을 분비

해 먹이의 몸을 분해하고, 다른 샘에서는 그 결과로 생기는 즙을 흡수한다.

자신들의 꽃가루 매개 곤충들까지 잡아먹으면 안 되므로, 모든 끈끈이주걱류는 잎보다 훨씬 높은 위치에서 매력적인 꽃을 만들어 낸다. 끈끈이주걱류가 이국적으로 보이기는 하지만 남극을 제외하고 모든 대륙에서 발견될 수 있다. 오스트레일리아는 끈끈이주걱속 종 다양성의 중심지로, 모든 알려진 종 가운데 50퍼센트를 자랑한다. 비록 기이한 식물이기는 하지만 많은 종들이 실내 식물로 인기를 끌게 되었다.

치명적인 로제트

끈끈이주걱속에는 190개 이상의 종이 있는데, 아주 작은 로제트 모양부터 덩이줄기를 가진 덩굴 식물까지 수많은 모양과 형태가 있다. '촉수' 끝에 달린 반짝이고 끈적이는 작은 방울들로 인해 영어로는 보통 '선듀(sundew)'라고 부른다.

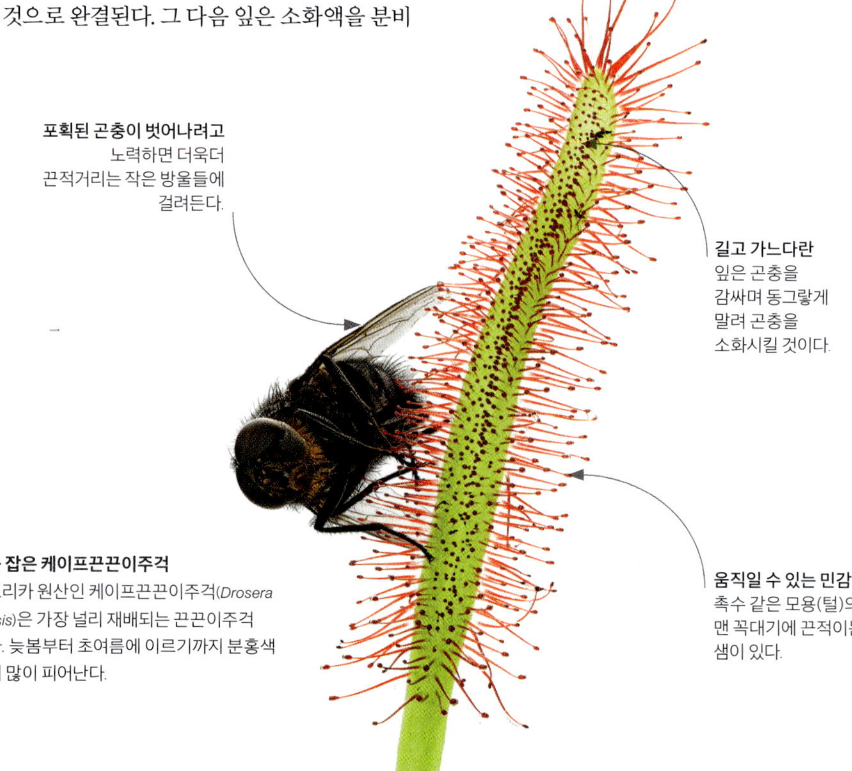

포획된 곤충이 벗어나려고 노력하면 더욱더 끈적거리는 작은 방울들에 걸려든다.

길고 가느다란 잎은 곤충을 감싸며 동그랗게 말려 곤충을 소화시킬 것이다.

먹이를 잡은 케이프끈끈이주걱
남아프리카 원산인 케이프끈끈이주걱(*Drosera capensis*)은 가장 널리 재배되는 끈끈이주걱 종류다. 늦봄부터 초여름에 이르기까지 분홍색 꽃들이 많이 피어난다.

움직일 수 있는 민감한 촉수 같은 모용(털)의 맨 꼭대기에 끈적이는 샘이 있다.

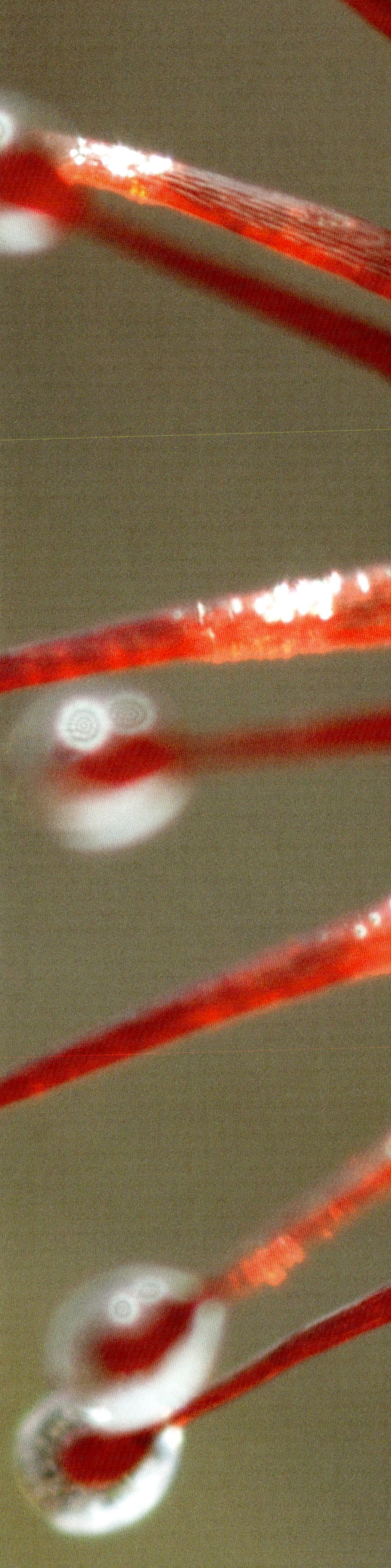

수천 명의 어머니

천손초(*Kalanchoe daigremontiana*)는 잎에서 아주
작은 수많은 새끼 식물들을 만들어 내기 때문에
'수천 명의 어머니(mother of thousands)'라는 영어
이름을 갖고 있다. 새끼 식물들이 뿌리를 형성하면
그들은 모체 식물로부터 분리되어 바로 아래
토양 위로 떨어진다. 이렇게 수많은 '자식들'을
생산한다는 것은 이 식물이 자신이 살기에 적합한
서식지를 빠르게 차지할 수 있다는 것을 뜻한다.

천손초

영양 생식

다른 식물의 꽃가루에 의해 수정이 된 꽃으로부터
씨앗이 발달한다면, 영양 생식은 오직 한쪽의 부
모와 관련이 있다. 따라서 영양 생식으로 만들어진
식물들은 모체와 유전적으로 동일하다. 많은 식물
종들이 그들의 뿌리, 덩이줄기, 또는 어린 싹으로
부터 새로운 복제 식물들을 만들어 낸다. 대부분
의 식물들은 가드너들이 꺾꽂이용으로 자른 삽수
로부터 자랄 수 있다. 이들 역시 영양 생식의 유형
이다. 사실 조건이 맞는다면 거의 모든 식물 조직
이 완전히 새로운 식물들로 재생될 수 있다.

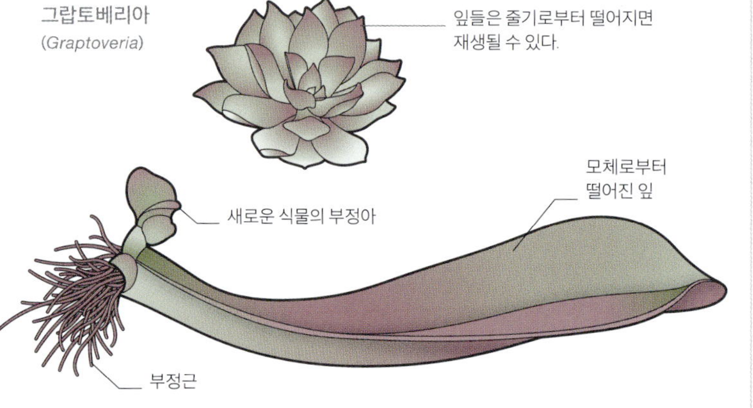

재생하는 잎

식물들에게 완벽한 안식처를 찾는 일은 순전히 우연의 문제다. 그들의 씨앗들은 바람에 날리고,
빗물에 씻기거나, 모체 식물로부터 멀리 옮겨져 결국 아무곳이나 도달할 수 있다. 어떤 식물들은
적절한 환경을 찾았을 때 스스로를 복제해 새로운 서식지 곳곳에 퍼뜨린다. 이러한 식물들의 가장
흥미로운 사례 중에는 자신의 잎에 아주 작은 새끼 식물(소식물체)들을 만들어 내는 식물들이 있다.
새끼 식물들은 스스로 살아남을 수 있을 정도로 충분히 클 때까지 모체 식물의 보살핌을 받는다.

영양분을 공급하는 포엽

파시플로라 포에티다(*Passiflora foetida*)의 솜털 같은 포엽에는 끈적거리는 물질이 흘러 장차 꽃이나 열매를 먹을 수도 있는 곤충들을 잡는다. 이 식물은 붙잡은 곤충들을 부분적으로 소화시켜 영양분을 얻게 되므로 준(準)식충 식물로 볼 수 있다.

파시플로라 포에티다

뾰족한 포엽

카르둔(*Cynara cardunculus*)은 글로브 아티초크와 가까운 관계에 있다. 이 식물의 인상적인 꽃차례는 총포(involucre)라고 하는 두껍고 뾰족뾰족한 포엽들의 배열에 의해 보호를 받는다. 이것은 부드럽게 발달하는 꽃 조직을 곤충과 초식성 포유동물로부터 지켜 내기 위함이다. 각각의 꽃은 단 하나의 씨앗 또는 수과를 만드는데, 위쪽에는 바람에 흩날리는 것을 돕는 갓털(변형된 꽃받침)이 무성하게 나 있다.

보호용 포엽

대부분의 꽃과 꽃차례 아래쪽에는 포엽이라고 하는 변형된 잎들이 있다. 포엽의 기능은 두 가지다. 일부 화려한 포엽은 꽃가루 매개자들을 유혹하기 위해 색깔 있는 꽃잎을 모방하고(179쪽 참조), 다른 포엽은 발달하는 꽃 또는 열매 주변에 초식 동물이나 비바람의 침습으로부터 방어해 주는 보호용 장벽을 제공한다. 털이 많은 포엽은 바람과 열을 막아 줄 수 있고, 엽침은 동물들이 뜯어먹지 못하도록 한다.

수백 개의 개별적인 보라색 꽃들은 하나의 꽃차례를 구성한다.
포엽 속에는 균류와 세균을 막아 줄 항균성 화합물이 들어 있다.
포엽의 아래쪽 과육이 많은 부분은 아티초크 속의 먹을 수 있는 부분을 형성한다.
은빛을 띠는 포엽, 줄기, 잎 덕택에 카르둔은 지나친 빛과 열을 반사할 수 있다.

잎이 무성한 포엽
유코미스 폴에반시(*Eucomis pole-evansii*)

넓은 잎 모양
리시키톤 아메리카누스(*Lysichiton americanus*)

총포
구즈마니아 '올림픽 토치'(*Guzmania* 'Olympic Torch')

포영, 외화영, 내화영
왕쌀새(*Melica nutans*)

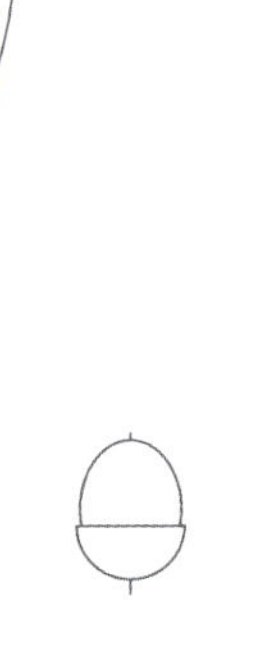

깍정이
참나무속 종류(*Quercus* sp.)

악상 총포
하와이무궁화(*Hibiscus rosa-sinensis*)

포엽의 종류

식물들은 꽃과 꽃차례 아래쪽 혹은 주변으로
매우 다양한 종류의 포엽을 형성한다. 어떤 포엽은
잎을 닮은 반면, 다른 포엽은 꽃잎을 더 닮았다.
어떤 포엽은 낙엽성이어서 생식이 끝나기 전에
떨어지는가 하면, 다른 포엽은 발달하는 열매를
보호하기 위해 꽃차례의 수명이 다할 때까지
유지되기도 한다.

꽃잎 모양
포인세티아(*Euphorbia pulcherrima*)

비늘로 뒤덮인 포엽
홉(*Humulus lupulus*)

종이 같은 포엽
부겐빌레아 부티아나(*Bougainvillea x buttiana*)의 꽃잎 모양의 포엽은 아주 얇은 종이같다. 이 화려한 구조는 아주 작은 꽃들을 둘러싸고 보호하면서 꽃가루 매개자를 끌어들인다. 포엽은 베타레인이라는 색소를 만들어 밝은 분홍색을 띤다.

잎과 엽침

많은 식물들이 잎 또는 잎의 일부분, 가령 잎자루(줄기) 혹은 잎자루 밑에서 잎처럼 자라나온 턱잎으로부터 엽침을 만든다. 엽침의 주요 기능은 초식 동물들로부터 식물을 방어하는 것이다. 선인장 종류와 같은 일부 식물 종들은 모든 잎을 엽침으로 바꾸었다. 잎의 면적을 줄여 증발하는 물의 양을 줄이기 위해서다.

엽침의 왕관

가시 면류관(crown of thorns)이라고도 불리는
꽃기린(*Euphorbia milii*)은 사실 (줄기로부터 자라난)
경침(thorn)이 아니라 엽침(spine)을 만들어 낸다.
식물의 잎 밑부분에 달린 턱잎이 변형되어 만들어진
엽침은 초식 동물들로부터 다육성 줄기를 지켜 내는
데 도움이 된다. 식물이 자라면서 오래된 잎들은
떨어지고, 엽침으로 뒤덮인 줄기 맨 위쪽에만 몇몇의
새로운 잎들이 달린다.

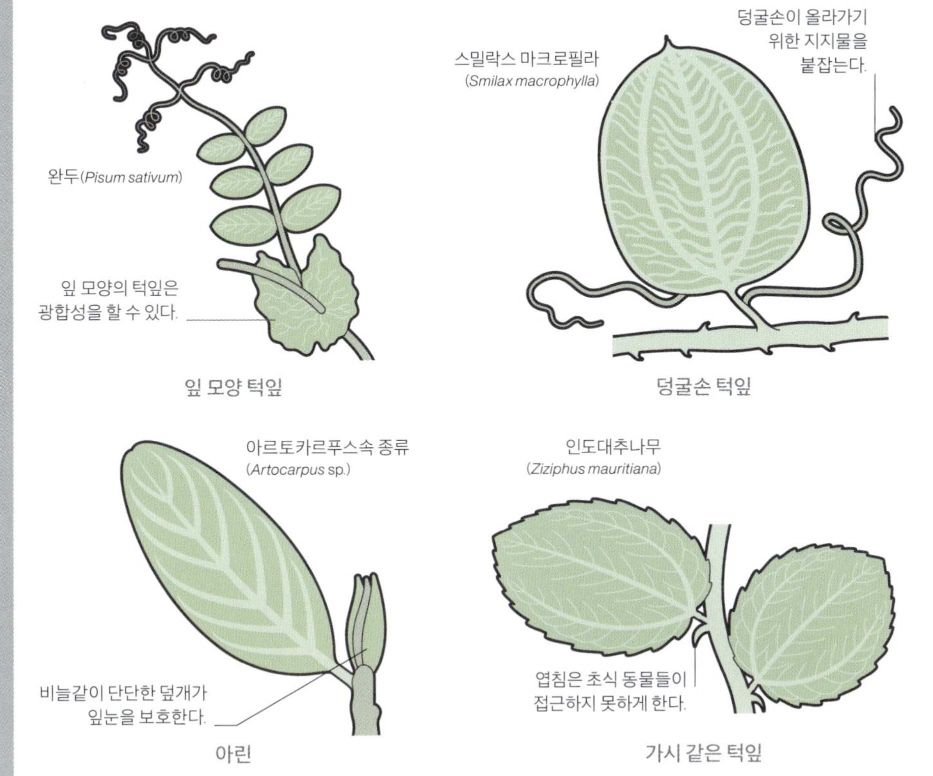

변형된 턱잎

많은 식물들이 잎자루의 밑부분에서 자라나는 턱잎을 가지고 있다. 턱잎은 진정쌍떡잎식물에서 가장 흔하게
볼 수 있는데, 각각의 잎 밑부분에 한 쌍의 턱잎이 나온다. 하지만 일부 외떡잎식물은 단 하나의 턱잎을 만들어
낸다. 턱잎은 특별한 기능들을 수행하도록 다양하게 적응해 왔다. 어떤 식물들은 광합성 작용을 하는 데 턱잎
을 이용하고, 다른 식물들은 올라가기 위한 덩굴손으로 사용한다. 또 어떤 식물들은 비늘 모양 혹은 가시 같은
턱잎을 추가적인 보호 기능으로 활용한다.

꽃

꽃. 식물에서 열매 또는 씨앗이 발달하는 부분으로, 보통 다채로운 꽃잎과 초록색 꽃받침으로 둘러싸인 수술과 암술로 이루어져 있다.

꽃의 구성 요소들

식물들 가운데 약 90퍼센트가 꽃을 피운다. 거의 현미경으로 볼 수 있는 아주 작은 벼과 식물의
꽃에서부터 지름 1미터가 넘는 거대한 외계 생명체 같은 꽃까지 다양하다. 우리에게 가장 익숙한
꽃은 하나의 꽃 안에 암수 생식 기관을 모두 가지고 있는 각각의 '갖춘꽃,' 또는 '완전화'이다.

꽃의 구조

같은 생식 기관을 갖고 있기는 하지만, 백합 같은 외떡잎식물은
다른 꽃식물들과 생식 기관의 숫자와 배열이 다르다. 대부분의
외떡잎식물들은 꽃잎, 수술, 씨방의 숫자가 3의 배수로 되어 있
다. 다른 꽃식물들의 경우 4, 5, 또는 정해지지 않은 숫자의 꽃잎
과 꽃받침조각을 갖는다.

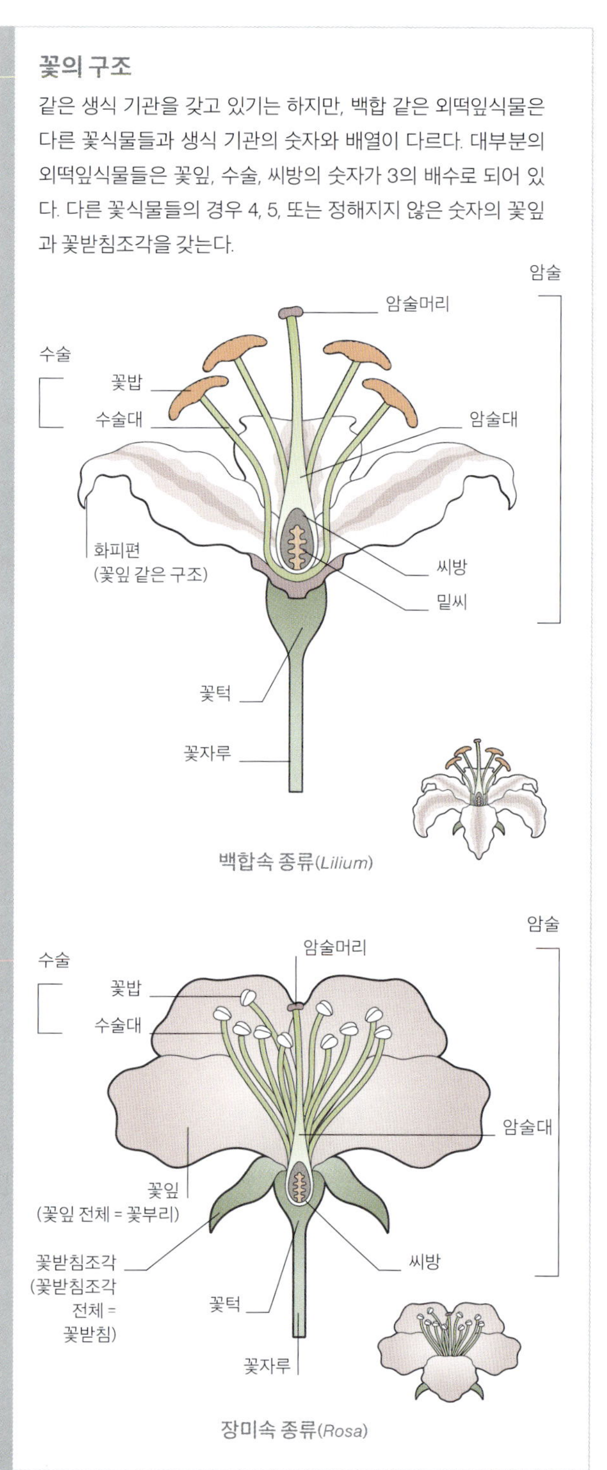

백합속 종류(*Lilium*)

장미속 종류(*Rosa*)

단순한 꽃

이 그림의 후크시아와 같이 단순한 꽃은 꽃받침조각과
꽃잎으로 둘러싸인 수술과 암술로 이루어져 있다. 이 꽃을
설상화와 관상화로 이루어진 두상화와 비교해 보라(218쪽
참조).

수술대에 달린 꽃밥은
꽃가루를 생산한다.

꽃받침조각은 꽃을 감싸며,
꽃이 피어날 때 뒤로
벗겨진다.

후크시아속 종류(*Fuchsia* sp.)

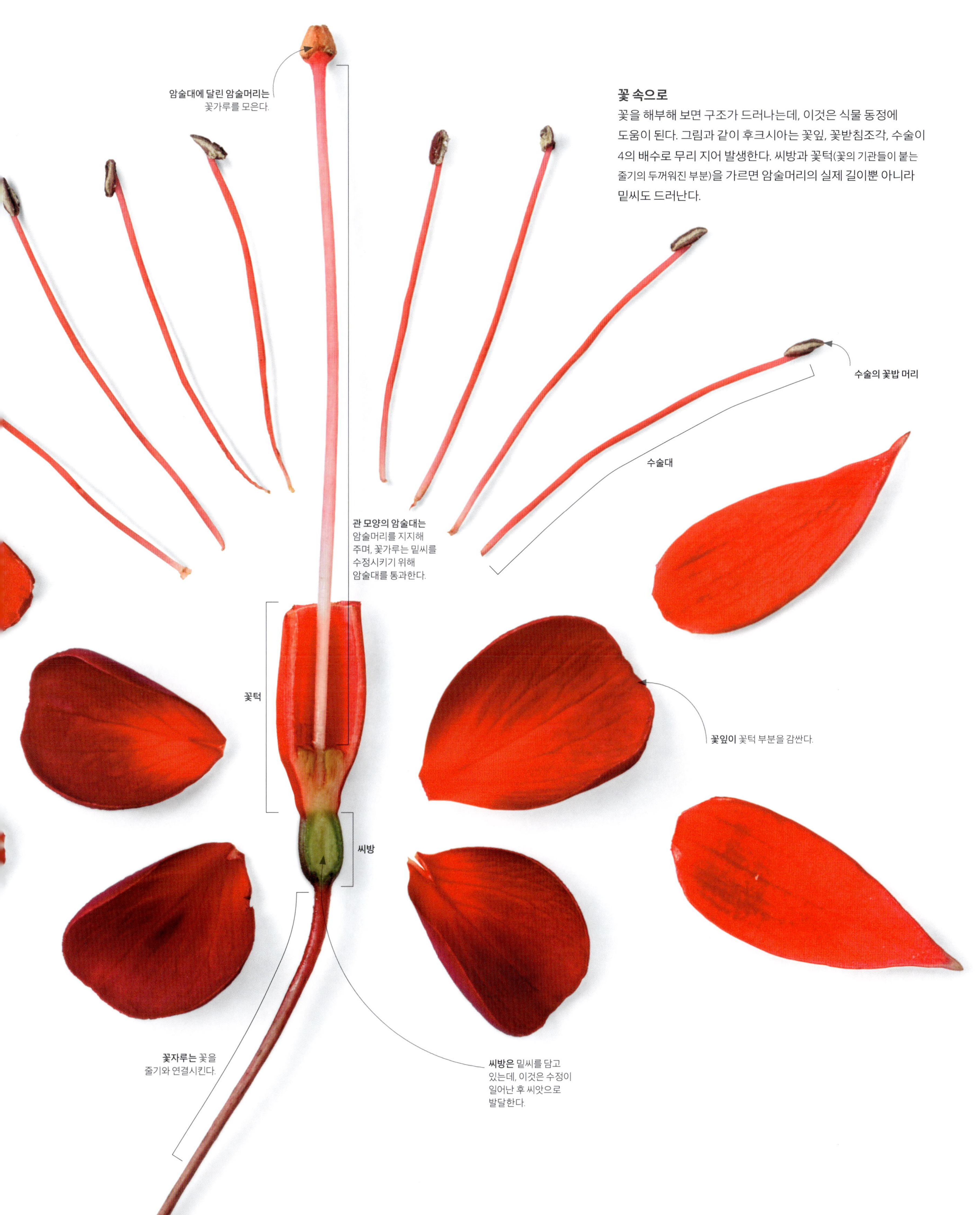

암술대에 달린 암술머리는 꽃가루를 모은다.

수술의 꽃밥 머리

수술대

꽃 속으로
꽃을 해부해 보면 구조가 드러나는데, 이것은 식물 동정에 도움이 된다. 그림과 같이 후크시아는 꽃잎, 꽃받침조각, 수술이 4의 배수로 무리 지어 발생한다. 씨방과 꽃턱(꽃의 기관들이 붙는 줄기의 두꺼워진 부분)을 가르면 암술머리의 실제 길이뿐 아니라 밑씨도 드러난다.

관 모양의 암술대는 암술머리를 지지해 주며, 꽃가루는 밑씨를 수정시키기 위해 암술대를 통과한다.

꽃턱

꽃잎이 꽃턱 부분을 감싼다.

씨방

꽃자루는 꽃을 줄기와 연결시킨다.

씨방은 밑씨를 담고 있는데, 이것은 수정이 일어난 후 씨앗으로 발달한다.

고대의 꽃들

대부분의 꽃식물은 외떡잎식물이나 진정쌍떡잎식물 중 하나로 정의되지만, 어떤 식물들은 두 분류군 어디에도 속하지 않는다. 이 식물들은 소위 '원시' 종들(기초 속씨식물)인데, 꽃식물의 5퍼센트도 채 되지 않는다. 지구에서 가장 먼저 꽃을 피운 종들과 가장 가까운 관계에 있는 식물들로, 목련과(Magnoliaceae) 또는 목련군(Magnoliids)이 이에 속한다.

이른 꽃눈
꽃식물에 속하는 대부분의 종들과 달리 목련의 꽃눈은 보호용 꽃받침조각 대신 포엽 안에 둘러싸여 모습을 드러낸다.

원뿔 모양으로 길어진 꽃눈은 왁스질의 두꺼운 화피편으로 덮여 있다.

잎들은 줄기 둘레에 고리 형태로 셋씩 무리 지으며 어긋난다.

바깥쪽 꽃은 꽃받침조각과 꽃잎이 구별되지 않는 화피편이 돌려나며 구성된다.

조상으로부터 전해져 온 꽃

꽃식물은 약 2억 4700만 년 전쯤 최초로 모습을 드러냈다. 꽃가루와 밑씨를 둘 다 만들어 낸 단순한 꽃을 가진 수련 같은 식물들이 그때 등장했다. 점차적으로 이들은 수목류와 목본성 식물들, 초본성 육생 식물들, 수생 식물들로 갈라져 나왔다. 고대의 목본성 식물들은 다른 식물들보다 더 성공적으로 살아남았고, 그 후 수많은 교목과 관목 종류의 과들로 진화했다. 가령 하나의 예로 향신료 식물인 붓순나무(*Illicium anisatum*)를 들 수 있다. 밑씨의 숫자가 줄어들어 별 모양의 열매 속에 합쳐진 이 나무는 이제 목본성 식물로 진화한 첫 번째 분류군 중 하나에 속한다고 여겨진다.

붓순나무속

꽃

가족 유사성
식물학자들은 가장 이른 시기의 꽃들이
태산목(*Magnolia grandiflora*)과 많이 닮았을
것이라고 믿는다. 태산목의 꽃은 나선형으로
배열된 수많은 암수 기관을 가지고 있고,
수정이 되면 원뿔 모양의 골돌과를 만든다.

꽃의 모양

식물학자들은 꽃들을 다양한 방식으로 분류한다. 가령 꽃의 생식 기관이 어떻게 배열되는지, 또는 특정한 기관이 존재하는지에 주목한다. 하지만 꽃의 모양은 가장 유용한 분류 방법 중 하나다. 꽃이 대칭인지 아닌지를 잘 관찰한 다음 꽃잎(꽃부리)의 배열을 살펴보는 것은 가장 좋은 시작점을 제공한다.

꽃부리의 모양

바퀴 모양
리시안테스 란톤네티(*Lycianthes rantonnetii*)

왕관 모양
수선화 '제트파이어'(*Narcissus* 'Jetfire')

대칭

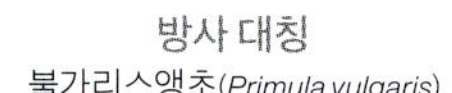

방사 대칭
불가리스앵초(*Primula vulgaris*)

장미 모양
향인가목(*Rosa rubiginosa*)

십자가 모양
뻐꾹냉이(*Cardamine pratensis*)

좌우 대칭
팔레놉시스속 종류(*Phalaenopsis sp.*)

종 모양
네소코돈 마우리티아누스
(*Nesocodon mauritianus*)

단지 모양
클레마티스 비오르나(*Clematis viorna*)

깔때기 모양
둥근잎나팔꽃(*Ipomoea purpurea*)

관 모양
이포몹시스 아그레가타(*Ipomopsis aggregata*)

고배 모양
사막장미(*Adenium obesum*)

나비 모양
연리초속 종류(*Lathyrus* sp.)

투구 모양
아코니툼 나펠루스(*Aconitum napellus*)

슬리퍼 모양
프라그미페디움속 종류(*Phragmipedium* sp.)

거가 있는 모양
매발톱속 종류(*Aquilegia* sp.)

입술 모양
브릴란타이시아 라미움(*Brillantaisia lamium*)

가면 모양
금어초(*Antirrhinum majus*)

여러해살이 초본류

장대한 참나무부터 소박한 제라늄에 이르기까지 매년 꽃이 피고 씨앗을 맺는 식물을 식물학적으로 페레니얼(perennial, 여러해살이 식물)이라고 하지만 원예학에서는 주로 목본류가 아닌 식물을 일컫는다. 여러해살이 초본류(herbaceous perennial) 또는 다년초(숙근초)는 작약처럼 줄기가 부드럽고 가을, 겨울에 줄기가 완전히 죽어 없어지는 식물을 말한다. 그에 반해 헬레보루스 같은 식물은 상록성 여러해살이 초본류다.

페레그리나작약(*Paeonia peregrina*)

꽃의 발달

꽃식물은 번식할 준비가 되면 언제든지 꽃을 만들어 낸다. 생활 주기는 종에 따라 몇 주에서 몇 년까지 다양하다. 한해살이 식물은 1년 이내에 싹이 트고, 꽃이 피고, 번식하고, 죽는다. 두해살이 식물은 씨앗으로부터 성장하는 데 한 계절을 보내고, 겨울 동안 휴면한 다음, 이듬해 봄에 꽃이 피므로 대략 2년 동안 산다. 여러해살이 식물은 매년 꽃이 피며 3년 이상 생존한다. 여러해살이 목본류에 속하는 나무들 중 일부는 수백 년 동안 살아갈 수 있다.

니겔라 꽃의 삶
니겔라 파필로사 '아프리칸 브라이드'(*Nigella papillosa* 'African Bride')와 같은 한해살이 식물은 발아하고 씨앗을 맺고 죽기까지 단 한 번의 성장기를 갖는다. 이 식물은 뿌리, 줄기, 또는 잎의 어느 부분도 남기지 않고, 오직 씨앗으로만 생존한다.

다알리아 '데이비드 하워드'
(*Dahlia* 'David Howard')

에키놉스 바나티쿠스 '태플로 블루'
(*Echinops bannaticus* 'Taplow Blue')

일조 시간

햇빛 노출에 의해 유발되는 유전적 변화는 잎들로 하여금 플로리겐(florigen)이라고 하는 꽃 호르몬을 만들어 내도록 한다. 이것은 식물에게 언제 꽃을 피울지를 '말해' 준다. 식물은 낮 동안 햇빛을 받는 시간, 즉 일장에 반응해 적절한 양의 플로리겐을 만드는데, 어떤 종들은 다른 종들보다 더 많은 일장이 필요하다.

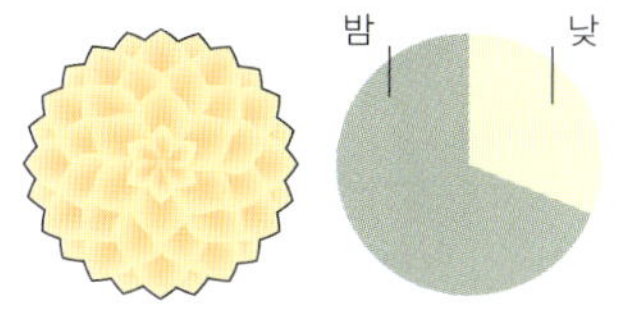

8시간의 햇빛

단일 식물은 8~10시간의 햇빛과, 14~16시간의 어둠이 필요하다. 어둠이 잠깐이라도 중단되면 꽃이 피지 않는다. (예: 포인세티아, 다알리아, 일부 콩 종류)

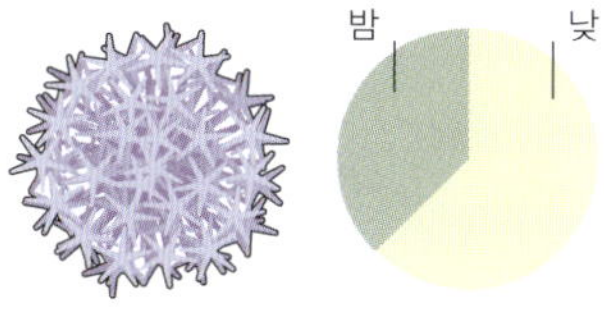

14시간의 햇빛

장일 식물은 14~16시간의 지속적인 햇빛과, 8~10시간의 어둠이 필요하다. 햇빛이 어둠보다 더 중요하다. (예: 절굿대, 상추, 무 종류)

낮의 길이와 무관

중일 식물은 대부분 꽃 피는 시기가 탄력적이며, 지속적인 햇빛에 5~24시간 노출이 되면 꽃이 핀다. (예: 해바라기, 토마토, 일부 완두콩 종류)

꽃과 계절

전 세계적으로 식물들은 변화하는 계절에 반응한다. 북반구에 살든지 남반구에 살든지 상관없이 대부분의 식물들은 봄과 여름 동안 싹이 트고, 자라서, 번식한다. 날씨가 따뜻한 이 시기에는 꽃가루 매개자들이 풍부하다. 식물들은 겨울 준비로 성장이 더뎌지는 늦여름과 가을에 씨앗을 방출한다. 이러한 반응들이 계절에 따른 온도 변화에 대한 부분적 대응이기는 하지만, 가장 결정적인 요인은 광주기 현상으로 알려진, 변화하는 햇빛의 양이다. 오직 적도 부근의 식물들만이 1년 내내 똑같은 낮과 밤의 길이를 경험한다.

로사 카니나 (*Rosa canina*)

개화 시기

식물들은 꽃을 피우기 위해 서로 다른 햇빛의 길이가 필요하고, 연중 서로 다른 시기에 개화한다. 가령 절굿대 꽃은 한여름에 피어나는 반면 다알리아는 연중 훨씬 늦은 시기가 되기 전에는 개화되지 않는다. 어떤 장미들은 이른 봄에만 꽃이 피는가 하면, 대부분의 재배 품종 장미들은 여름 내내 꽃이 피기도 한다.

"당신이 기억해야 하는 것은 일 년 내내
펼쳐지는 아름다운 풍경들이다."

중국 속담

화미조, 1857년
새와 꽃을 그린 화조화는 청대
화가 금원(金元)의 존경 받는
다양한 기량 중의 하나였다.
수묵과 채색으로 표현된 이 작품은
산분꽃나무속(Viburnum) 나무에 핀 꽃
가운데 앉아 있는 화미조(畫眉鳥) 또는
흰눈썹웃음지빠귀가 특징이다.

중국의 그림들

비단과 종이에 수묵과 채색으로 획을 그어 표현한 중국의 꽃 그림은 서예와 공통점이 아주 많았다. 어릴 때부터 붓글씨의 예술에 대한 교육을 받았던 학자들은 그림을 그릴 때 서예와 같은 붓놀림을 사용했다. 꽃 그림은 '소리 없는 시'로, 시는 '소리가 있는 그림'으로 여겨졌고, 시간이 지남에 따라 둘은 자연의 노래를 표현하는 미술 작품으로 융합되었다.

꽃과 시
우아한 곡선으로 표현된 목련 꽃은 『열매와 꽃들의 앨범(Album of Fruit and Flowers)』에 시와 함께 수록된 12개의 수묵 채색화 가운데 하나다. 청대 활동했던 화가 진홍수(陳洪綬, 1598~1652년)의 작품이다. 일찍 꽃이 피는 목련은 중국에서 '봄을 맞이하는 꽃'으로 여겨진다. 전설에 따르면 한때 오직 황제만이 이 나무를 기를 수 있었다.

꽃 그림에 대한 생각들
명대의 화가 진순(陳淳, 1483~1544년)은 고대 시, 산문, 서예에 능했고, 이 풍부한 지식을 자신의 그림들에 접목시켰다. 그는 봄철 자연스럽게 어우러진 복사꽃과 대추나무를 표현한 이 작품에서처럼, 꽃 그림을 '생각의 기록'으로 간주했다.

중국의 꽃 그림은 기원후 1세기경 인도에서 중국으로 도입된, 꽃으로 장식된 탱화에서 유래했다. 이 미술 양식은 당대(618~907년)에 절정을 이루었고 수 세기 동안 지속되었다.

전통적인 중국 회화와 서예에서 중요한 '네 가지 보물'은 벼루, 먹, 붓, 종이다. 또한 화가들은 그림을 그릴 때 네 가지 기본적인 기법을 조합해 사용한다. 윤곽선을 그린 다음 그 안에 채색하는 기법, 윤곽선 없이 한 붓에 표현하는 기법, 선으로만 표현하는 기법, 대상의 정수를 간략하게 응축해 표현하는 기법이 있다. 붓의 어떤 부분이 사용되었는지, 종이나 비단에 가해지는 힘에 따라 섬세한 붓끝은 무궁무진한 운필법을 만들어 낼 수 있다.

식물 소재는 중국 문화에 전반적으로 퍼진 상징주의와 화가의 관점에서 뚜렷한 특징을 가지고 있다. 새와 꽃을 그린 화조화(花鳥畵)는 자연과 조화를 내세우는 도교 사상과 연관된 특별한 장르로, 특정한 새와 꽃이 상징주의와 짝을 이룬다. 예를 들어 두루미와 소나무는 둘 다 장수를 의미한다.

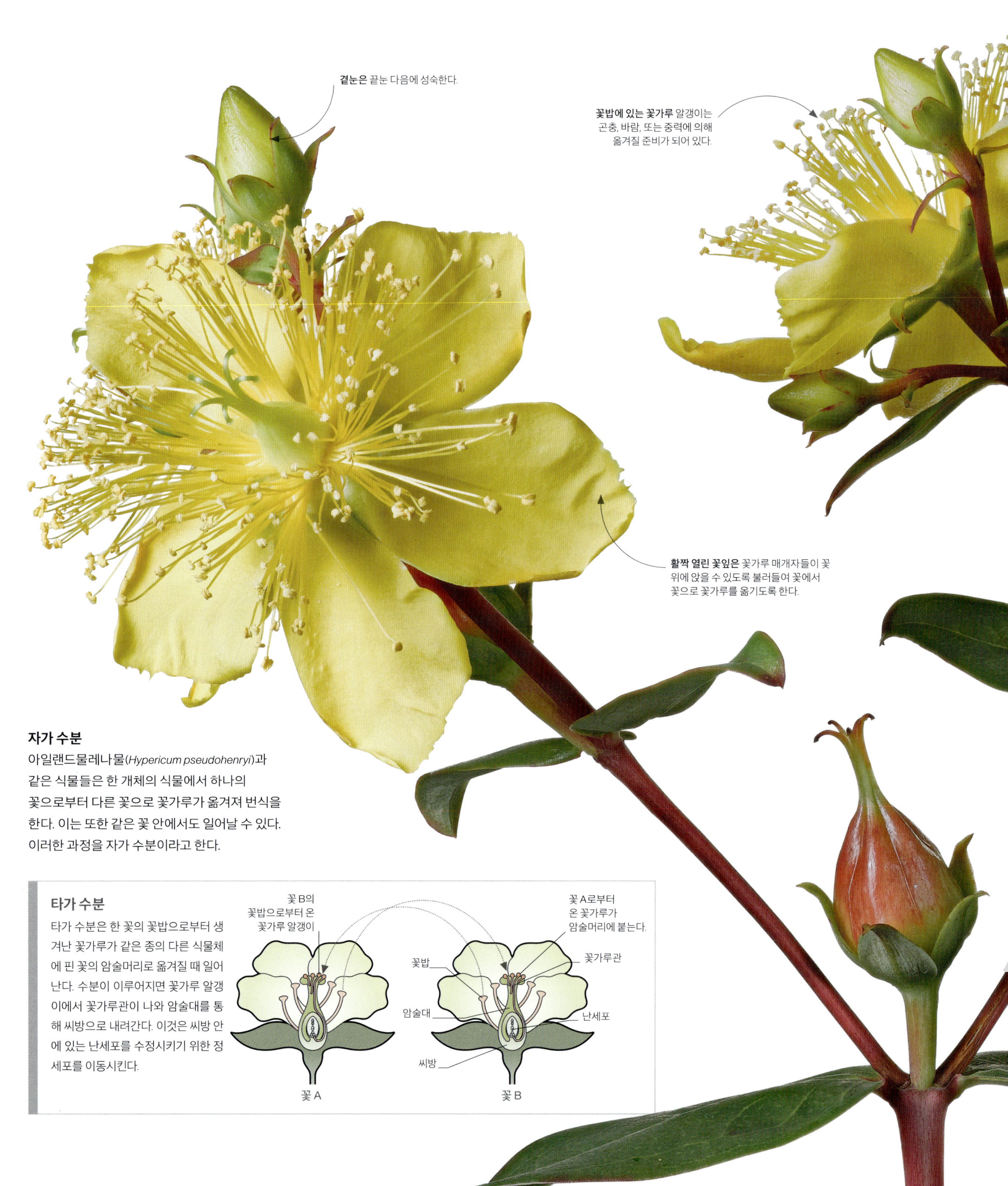

자가 수분

아일랜드물레나물(*Hypericum pseudohenryi*)과 같은 식물들은 한 개체의 식물에서 하나의 꽃으로부터 다른 꽃으로 꽃가루가 옮겨져 번식을 한다. 이는 또한 같은 꽃 안에서도 일어날 수 있다. 이러한 과정을 자가 수분이라고 한다.

타가 수분

타가 수분은 한 꽃의 꽃밥으로부터 생겨난 꽃가루가 같은 종의 다른 식물체에 핀 꽃의 암술머리로 옮겨질 때 일어난다. 수분이 이루어지면 꽃가루 알갱이에서 꽃가루관이 나와 암술대를 통해 씨방으로 내려간다. 이것은 씨방 안에 있는 난세포를 수정시키기 위한 정세포를 이동시킨다.

꽃의 수정

꽃의 형성은 식물들이 씨앗을 생산하고 그들의 유전자를 전달할 준비가 되었다는 것을 보여 준다. 수정은 정자를 지닌 꽃가루가 자성 생식 기관 또는 암술로 옮겨질 때 일어난다. 암술에서는 정자가 자성 생식 세포(밑씨)와 결합해 씨앗이 만들어진다.

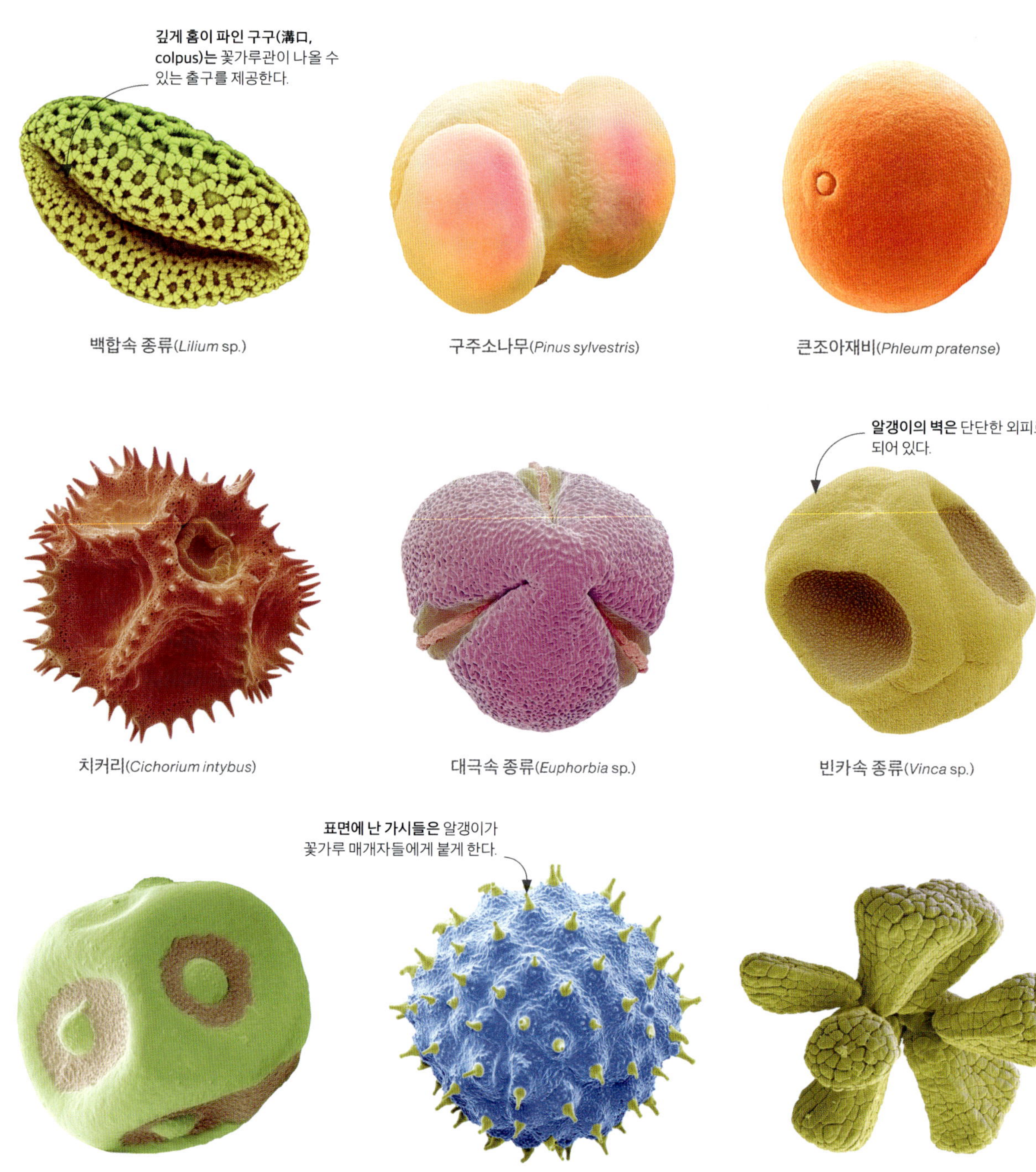

꽃가루 알갱이

우리 눈에는 먼지처럼 보이지만, 꽃가루 알갱이는 모양, 크기, 질감이 매우 다양하다. 주사형 전자 현미경으로 보면 다른 모양들 사이에 구형, 삼각형, 타원형, 실 모양, 원반 모양 들이 보인다. 알갱이 표면은 부드럽거나, 끈적이거나, 가시가 나 있거나, 줄무늬가 있거나, 그물망처럼 되어 있어나, 홈이 있거나, 구멍 또는 고랑 자국이 있을 수 있다.

풍부한 꽃가루
꿀벌은 이 선인장 같은 꽃으로 한 번 채집을 다닐 때마다 다리 주머니에 약 15밀리그램의 꽃가루를 채울 수 있다.

공간의 제약

히비스커스 스키조페탈루스(*Hibiscus schizopetalus*)와
같은 식물의 꽃들은 서로 멀리 떨어져 있다. 가지 끝에
펜던트처럼 매달려 있는 꽃들은 쉽게 새나 곤충 같은
꽃가루 매개자들의 눈에 띈다.

장주화와 단주화

앵초류는 자가 수분의 가능성을 줄이기 위해 서로 양립할 수 없는 두 가지 유형의 꽃을 만들어 내는 특징이 있다. 장주화 안에 있는 암술머리는 꽃 중심부 화통의 맨 위쪽에 위치해 있지만, 단주화 안에서는 화통의 안쪽에 위치한다. 장주화와 단주화 사이에서 일어나는 수분은, 단주화와 단주화 또는 장주화와 장주화 사이에서 일어나는 수분보다 수정될 가능성이 더 높다.

다양성의 장려

많은 식물 종들이 그들 자신의 꽃보다는 다른 식물체로부터 수분하는 것을 더 좋아하도록 진화했다. 왜냐하면 타가 수분은 결과적으로 대개 질병에 더 잘 견디는 더 강한 씨앗과 더 건강한 식물체를 만들어 내기 때문이다. 한 식물이 자가 수분의 기회를 줄이고 타가 수분의 가능성을 높일 수 있는 한 가지 방법은 이 그림 속 히비스커스 스키조페탈루스(Hibiscus schizopetalus)처럼 자신의 꽃에 있는 생식 기관들을 가능한 한 서로 멀리 떨어져 있도록 하는 것이다.

선명한 색깔의 커다란 꽃잎들은 호박벌 같은 꽃가루 매개자들을 유혹한다.
날개 달린 구조는 벌이 오른쪽, 그 다음에는 왼쪽 꿀샘을 찾아 꽃의 중심부로 깊이 들어가도록 밀어 준다.
타원형으로 생긴 2장의 커다란 소엽이 날개 달린 줄기에 붙어 있다.

꽃가루 관리

꽃의 모양은 식물이 꽃가루를 내보내고 받아들이는 방식에 영향을 미칠 수 있다. 어떤 식물들은 자기 스스로 수분을 하기 어렵거나 불가능하도록 진화했다. 완두콩의 꽃과 같은 비대칭 꽃들은 오직 가장 강한 곤충들한테만 접근을 허용한다. 일단 안쪽으로 들어가면 내부 구조는 꽃가루가 반드시 두 가지 분리된 단계를 거쳐 받아들여지고 내보내지도록 해 자가 수분을 피한다.

2단계 수분

숙근스위트피(*Lathyrus latifolius*)는 2개의 꿀샘을 가지고 있다. 벌이 꽃 안쪽으로 밀고 들어오면 꽃잎은 먼저 벌을 오른쪽으로, 그 다음에는 왼쪽으로 인도해서 암술대에 도달하도록 하는데, 꽃가루는 암술머리 밑에 있는 브러시 모양의 털이 많은 암술대에 자리를 잡고 있다. 먼저 암술머리가 벌과 접촉해 다른 꽃으로부터 온 꽃가루를 수집한다. 벌이 다른 쪽으로 움직이면 브러시 모양의 암술대가 벌을 다시 쓰다듬어 이번에는 자신의 꽃가루를 벌에게 옮겨 다른 식물로 운반하게 한다.

一種　千葉鋸歯あり　此茶色淡紫辺の物

一種
草弁鋸歯
あつて紫色
淡紫辺の
物

벚꽃이 핀 후지산
1805년경 호쿠사이가 그린 다색 목판화는 벚꽃과 안개 사이로 눈 덮인 후지산 정상이 보이는 봄을 그려 내고 있다. 수리모노(刷物)라고 불리는 고급 판화로 제작된 이 작품은 두꺼운 종이 위에 구리와 은가루 같은 금속 안료를 사용했다.

일본 목판화

수 세기에 걸쳐 일본 미술의 주축을 이루었던 목판화는 19세기에 최고의 인기를 구가했다. 판화는 수성 잉크를 사용해 색채, 윤기, 투명도를 높였고, 선명하면서도 간소화된 형태, 섬세한 색깔은 일본의 풍경과 자생 식물들을 담기에 완벽한 수단이었다.

국화
호쿠사이는 풍경화가로서 전성기를 누리고 있을 때 꽃으로 관심을 돌렸고 커다란 꽃들(Large Flowers)을 그린 열 편의 양식화된 목판화 연작 「호쿠사이 화조화집(北斎 花鳥畵集)」을 제작했다. 더 큰 작품의 일부를 발췌한 이 그림은 한 송이 국화의 수많은 꽃잎들을 아주 자세히 그려 내고 있다.

본초도보
식물학자 이와사키 츠네마사는 시골 지역에서 식물과 씨앗을 수집해 자신의 정원에서 길렀다. 그래서 그들의 아주 세부적인 것까지 작품들 속에 기록할 수 있었다. 양귀비 꽃을 그린 이 생기 넘치는 목판화는 그의 역작 『본초도보』에서 발췌한 것이다. 처음 4권은 1828년에 인쇄되었고, 92권에 이르는 전체 완성본은 1921년에 최종적으로 인쇄되었다.

마지막 막부의 권력이 쇠하고 여행에 대한 제한이 풀리자 일본 식물학자들은 서양의 과학적 방법에 이끌렸다. 젊은 쇼군으로 자연 세계에 대한 열정을 가지고 있었던 이와사키 츠네마사(岩崎常正, 1786~1842년)는 네덜란드 동인도 회사로부터 파견된 독일 과학자 필리프 프란츠 폰 지볼트(Philipp Franz von Siebold)와 많은 시간을 보냈다. 때때로 카넨(灌園)으로 알려져 있기도 한 이와사키는 시골 지역을 다니며 식물 표본을 채집하여 그림을 그리고, 채색하고, 이름을 지어 그의 서사적인 작품 『본초도보(本草圖譜)』에 수록했다. 이 책은 2,000종의 식물을 다룬 식물 도감이다. 아마도 에도 시대에 가장 유명한 화가는 가츠시카 호쿠사이(葛飾北斎, 1760~1849)일 것이다. 그는 젊은 도제 시절 우키요에(浮世絵, 부유하는 세상의 그림)라고 알려진 목판화를 배웠고 점점 모든 장르의 그림과 판화에서 두각을 나타냈다. 만년에 그는 이렇게 썼다. "일흔셋의 나이에 나는 새와 짐승, 곤충, 물고기의 구조, 식물이 자라는 방식을 이해하기 시작했다. 내가 만약 계속 노력한다면 여든여섯이 될 때까지는 그들을 더 잘 이해할 수 있게 되리라는 것을 확신한다. 그래서 아흔 살이 되면 나는 그들의 본질을 꿰뚫어 볼 것이다."

> **❝식물 세밀화는 가능한 모든 기교와 정확성을 가지고 그려야 한다. 그렇지 않다면 과연 어떻게 서로 아주 닮은 식물들을 차별화할 수 있을까?❞**
>
> **이와사키 츠네마사, 『본초도보』 서문 중에서**

수그루와 암그루

아주 작은 단성화는 보통 양성화보다 더 작지만 더 빨리 자라는 경향이 있다. 유럽호랑가시나무(*Ilex aquifolium*) 수그루는 꽃밥을 가진 수많은 수꽃들을 생산함으로써 암그루에게 꽃가루를 운반해 줄 곤충들을 끌어들일 기회를 늘린다. 열매는 오직 암그루에서만 달린다.

유럽호랑가시나무(*Ilex aquifolium*)의 암꽃

유럽호랑가시나무 암그루에 달린 열매들

단성화 식물

동물 세계에서 번식에 관한 한 수컷과 암컷은 보통 따로 떨어져 독립적인 것이 일반적이다. 하지만 식물 세계에서는 하나의 식물이 오직 한 가지 성을 가진 꽃을 피우는 경우 여러 가지 어려움에 직면하게 된다. 수많은 나무들이 속해 있는 암수딴그루 식물들은 자가 수분을 피할 수 있는 반면, 종종 상당히 멀리 떨어져 있는 수꽃에서 암꽃으로 성공적으로 옮겨지는 꽃가루에 전적으로 의존해야만 한다.

불완전한 꽃의 구조

오직 수꽃 혹은 암꽃 생식 기관만을 가진 꽃들을 단성화 혹은 '불완전화'라고 하는데 이들은 자가 불화합성이다. 다시 말해, 이 꽃들은 번식을 위해 자시 스스로 수분을 할 수 없다. 오이나 호박처럼 하나의 식물체가 불완전한 수꽃과 암꽃을 모두 가지고 있으면 암수한그루라고 한다. 하지만 하나의 식물체에 있든 아니면 2개의 독립된 개체에 있든 수꽃 불완전화는 개별적인 수많은 수술들을 가지고 있거나, 또는 중심부에 융합된 꽃밥, 수술 대, 혹은 둘 다로 이루어진 하나의 수술 기관을 가지고 있다.

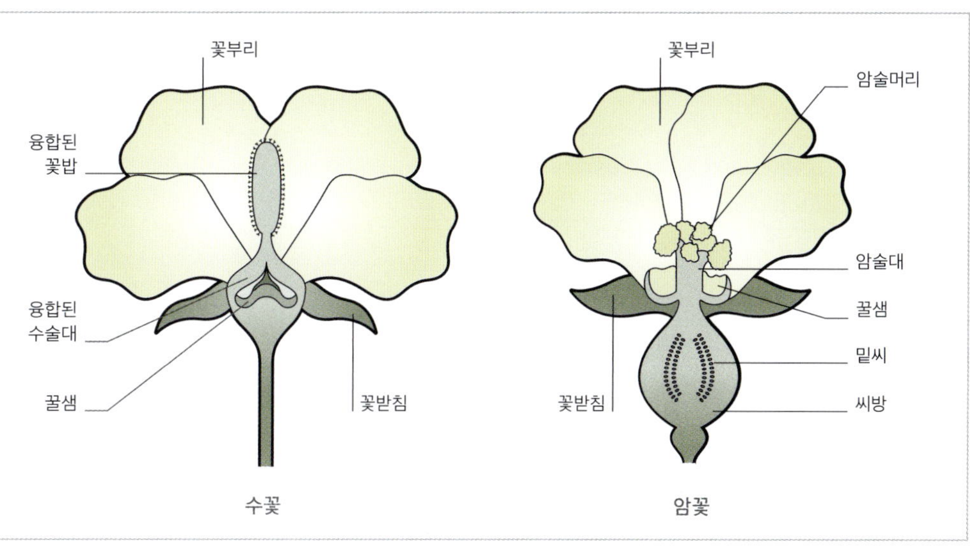

함께할 수 없는
꽃들

많은 종들이 자가 수분을 피하는데, 양성화의 경우 기관들을
신중하게 배치함으로써, 또는 단성화의 경우 독립된 식물체에
각각 수꽃과 암꽃을 피게 함으로써 가능하다. 어떤 꽃차례는
심지어 하나의 구성 단위 안에 암꽃과 수꽃을 모두 갖고
있으면서도 자가 수분을 피하기도 한다. 성숙하는 속도의 지연,
잎이 우거진 방패, 완충 지대는 이러한 식물들이 대체로 타가
수분을 하고 더 건강한 유전적 혼합을 이룰 수 있도록 해 준다.

분리 전략

디펜바키아속 종류(*Dieffenbachia* sp.)와 같은 천남성과의 많은 식물들은 육수 꽃
차례 한가운데 수꽃과 암꽃을 분리시키는 불임 구역을 가지고 있다. 이 꽃들은
완전히 발달하지는 않지만, 임성을 가진 수꽃의 꽃가루가 임성을 가진 암꽃에 도
달하는 것을 방지하는 데 도움이 되는 중요한 역할을 수행한다.

디펜바키아속 종류

타이밍이 전부다

수도드라콘티움 라코우리(*Pseudodracontium lacourii*)와 같은 천남성과(Araceae)의 식물들은 (기둥 모양) 육수 꽃차례를 만들어 낸다. 육수 꽃차례는 수꽃과 암꽃을 둘다 가지고 있고, 맨 위쪽이나 가운데 별도로 불임 꽃들(대개 수꽃)을 가지고 있다. 아래쪽에 위치한 암꽃은 칼집 모양의 불염포로 감싸여 있고, 수꽃은 암꽃이 딱정벌레에 의해 이미 수분이 되었을 때에만 꽃가루를 방출한다.

타이탄 아룸

수마트라의 열대 우림에서 자라는 이 거대한 식물은 가지를 치지 않은 꽃차례 가운데 전 세계에서 가장 큰 꽃이라는 기록을 보유하고 있다. 꽃차례의 엄청난 크기만큼이나 냄새도 강력하다. 썩은 고기와 비슷한 냄새가 나서 이 식물은 '시체 식물(corpse plant)', '썩은 고기 꽃(carrion flower)' 같은 별명들을 가지고 있다.

아모르포팔루스 티타눔(*Amorphophallus titanum*)이라는 학명을 가진 타이탄 아룸(titan arum)의 겉모습은 속임수다. 키가 3미터나 되는 꽃은 사실 육수 꽃차례라고 불리는데 주름이 많이 져 있는 불염포로 둘러싸여 있다. 꽃 자체는 안쪽 깊숙이, 육수 꽃차례의 밑부분에 위치하고 있다.

타이탄 아룸은 꽃차례만 놀라운 게 아니다. 이 식물은 스스로 열을 발산하기도 한다. 꽃차례가 자라면서, 뿌리줄기라고 불리는 거대한 땅속 기관에 저장된 에너지가 꽃을 섭씨 32도 정도로 따뜻하게 하는 데 사용된다. 무게가 50킬로그램 이상 나가는 뿌리줄기는 식물 세계에서 가장 크다고 알려져 있다. 이렇게 열을 만들어 내는 것은 빽빽한 열대 우림 전체에 걸쳐 꽃가루 매개자들을 불러들이기 위한 악취를 퍼뜨리는 데 도움이 된다고 여겨진다.

본질적으로 타이탄 아룸의 수분이 이루어지는 것은 이 식물의 계략에 달려 있다. 썩은 고기 냄새는 먹을 거리를 찾고 짝짓기를 하며 알을 놓을 장소를 찾는 쉬파리와 송장벌레를 끌어들인다. 하지만 그들은 이러한 보상들 가운데 아무것도 찾을 수 없고, 대신에 꽃가루를 흠뻑 뒤집어 쓴다. 운이 좋다면, 그들은 다음날 저녁 이러한 속임수에 다시 한 번 빠지게 되고 다른 타이탄 아룸의 꽃을 수분시킨다.

꽃차례는 24~36시간 동안 지속된 후 무너져 버린다. 꽃을 생산하기까지 너무나 많은 노력이 필요하기 때문에 각각의 식물은 3~10년에 한 번씩만 꽃을 피울 수 있다. 꽃이 피지 않을 때, 타이탄 아룸은 높이가 대략 4.5미터에 이르는 하나의 거대한 잎으로 존재한다. 타이탄 아룸은 매우 인상적이지만, 이 식물의 서식지에 대한 산림 파괴가 지금과 같은 속도로 계속된다면 머지않아 멸종 위기에 처할 위험에 빠지게 된다.

아주 거대한 꽃

타이탄 아룸의 꽃들은 빽빽하게 무리를 지어 배열이 되는데, 수꽃은 위쪽(하얀색), 암꽃은 아래쪽(붉은색)에 위치한다. 타이탄 아룸의 전체적인 구조는 굴뚝과 같은 기능을 한다. 악취가 진동하는 냄새를 위쪽 공기 기둥으로 보내 넓은 지역에 걸쳐 퍼져 나가도록 한다.

속이 비어 있는 다육질의 육수 꽃차례는 땅속에서 생산된 열을 유지한다.

주름진 불염포는 육수 꽃차례의 밑부분에서 꽃들을 감싸며 보호한다.

고기 냄새의 매력
아주 작은 수백 송이의 꽃들은 타이탄 아룸의 거대한 꽃잎 같은 불염포 뒤에 가려져 있다. 진홍색 불염포는 썩어 가는 고기의 모습을 모방한 것으로 여겨진다.

숙녀 먼저
아마존빅토리아수련은 비교적 짧은 삶을 산다. 이 식물은
황혼 무렵 꽃이 열리며 열을 내어 파인애플 향기를 내뿜는다.
시클로세팔라속(*Cyclocephala*)의 애기뿔소똥구리들은 이
향기를 거부하지 못해 꽃 속으로 들어간다. 그런 다음 꽃잎은
애기뿔소똥구리들 위로 닫히고 다음날 저녁까지 그들을 가두어 둔다.

성을 바꾸는 꽃들

대부분의 꽃식물들은 하나의 꽃에 암수 기관을 둘 다 가지고 있는 암수한몸의 꽃을 피운다.
이들 분리된 생식 기관은 대개 꽃이 피는 기간 동안 서로 함께 성숙한다. 하지만 어떤 암수한몸
식물은 생식 기관들이 서로 독립적으로 뚜렷이 다른 단계에 성숙하는데, 이 시기에 꽃들은
사실상 암꽃에서 수꽃으로(암꽃선숙) 또는 수꽃에서 암꽃으로(수꽃선숙) 성을 바꾼다. 꽃 안에 갇힌
애기뿔소똥구리에 의해 수분이 되는 아마존빅토리아수련(*Victoria amazonica*)은 수꽃 기관이
성숙하기 전에 암꽃 기관이 먼저 성숙하는 꽃을 가지고 있다.

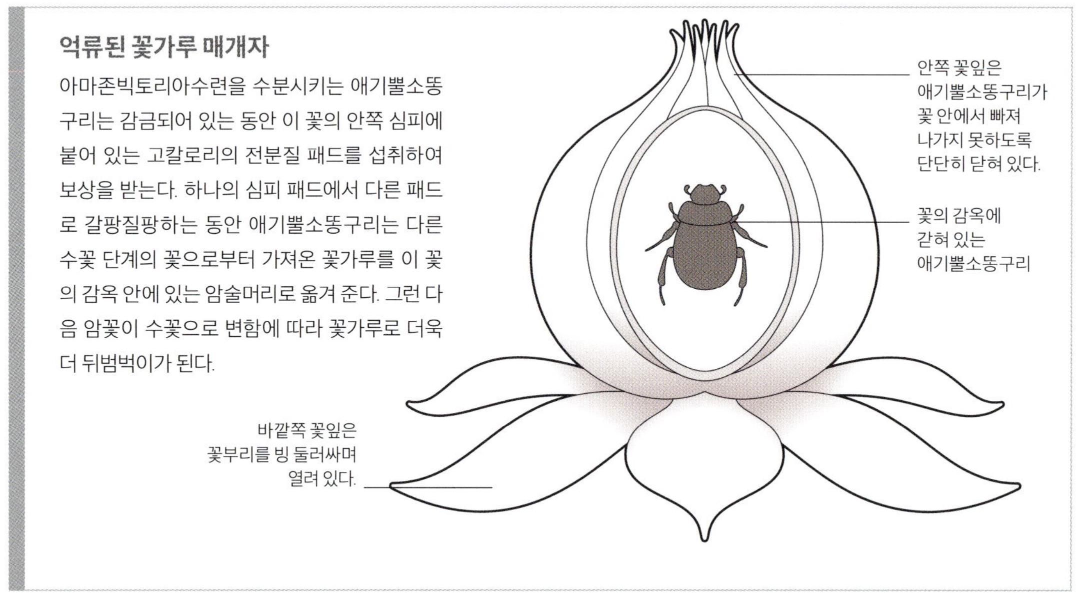

억류된 꽃가루 매개자
아마존빅토리아수련을 수분시키는 애기뿔소똥
구리는 감금되어 있는 동안 이 꽃의 안쪽 심피에
붙어 있는 고칼로리의 전분질 패드를 섭취하여
보상을 받는다. 하나의 심피 패드에서 다른 패드
로 갈팡질팡하는 동안 애기뿔소똥구리는 다른
수꽃 단계의 꽃으로부터 가져온 꽃가루를 이 꽃
의 감옥 안에 있는 암술머리로 옮겨 준다. 그런 다
음 암꽃이 수꽃으로 변함에 따라 꽃가루로 더욱
더 뒤범벅이가 된다.

진행 중인 변화
하얀색에서 분홍빛이 도는 보라색으로
변하는 것은 빅토리아수련의 꽃이 수꽃
단계로 접어든다는 것을 나타낸다. 꽃
안에 갇힌 모든 애기뿔소똥구리들은 낮
동안 빅토리아수련의 성숙하는 꽃밥에서
떨어지는 꽃가루로 뒤덮인다. 둘째 날
저녁 꽃이 열리면 애기뿔소똥구리들은 더
많은 다른 암꽃들을 찾아 날아가 버린다.
그 후 꽃은 임무를 완수하고 수면 아래로
가라앉는다.

장구채산마늘
장구채산마늘(*Allium sphaerocephalon*)은 둥근 모양 혹은 달걀 모양의 산형 꽃차례가 특징이다. 산형 꽃차례에서 꽃줄기 또는 화경은 끝부분이 더 넓고 둥그렇다. 화경은 수많은 꽃들을 위한 '플랫폼' 역할을 하는데 하나하나의 꽃에 달린 꽃자루 혹은 소화경은 모두 같은 길이로 되어 있다.

꽃차례

가장 화려한 꽃 전시는 대부분 무수한 꽃들이 하나의 줄기에 달리는 꽃차례를 가진 식물들에서 볼 수 있다. 관상용 부추속(*Allium sp.*) 식물들의 경우 특히 그렇다. 멀리서 보면 양파와 같은 수선화과 식물들은 하나의 커다란 꽃을 인상적으로 보여 주지만, 가까이서 보면 각각의 '꽃'은 무수히 많은 작은 낱꽃들로 이루어져 있다. 만약 하나의 꽃차례 안의 낱꽃들이 며칠 혹은 몇 주에 걸쳐 서로 다른 시간대에 피어나고, 각각의 낱꽃들이 같은 식물에 핀 이웃하는 꽃들을 수정시킬 수 있는 꽃가루를 만들어 낸다면, 자가 수분의 기회는 어마어마하다.

꽃들의 성대한 잔치
수많은 꽃들을 피워 내는 꽃차례는 좁은 공간 속에 꿀과 꽃가루를 가진 여러 원천들이 잔뜩 채워져 있다. 덕분에 꽃가루 매개자들은 꽃에서 꽃으로 이동하는 데 사용하는 에너지를 줄이고 맘껏 향연을 즐길 수 있다. 꽃들은 보통 서로 다른 속도로 성숙하여 꽃가루 매개자들이 되돌아오도록 적극 장려한다. 이 전략은 같은 꽃차례 안에서 일어나는 자가 수분과, 서로 다른 식물체 사이의 타가 수분을 모두 촉진시킨다.

보통 맨 위쪽의 꽃들이 가장 먼저 피어난다.
시간이 갈수록 꽃들은 꿀 생산량을 늘려
곤충들이 더 많이 방문하도록 한다.

꽃차례 유형

꽃차례는 중심이 되는 꽃줄기(peduncle)와 옆으로 난 꽃자루(pedicel) 주변으로 꽃들이 어떻게 배열되는지에 따라 정의된다. 꽃차례는 유한 꽃차례 또는 무한 꽃차례가 될 수 있다. 유한 꽃차례의 꽃줄기의 끝은 하나의 꽃으로 끝나는 반면, 무한 꽃차례는 영양아로 끝난다. 유한 꽃차례에서는 일단 끝부분에 꽃눈이 형성되면 그 방향으로의 성장이 멈춘다. 이와 대조적으로, 무한 꽃차례는 하나의 꽃차례가 여러 단계에 걸쳐 발달하는 과정에서 계속해서 자라며 꽃을 피운다. 여기 여러 가지 유형의 사례들 중 일부를 소개한다.

유한 꽃차례

단정 꽃차례
튤립속 종류(*Tulipa* sp.)

무한 꽃차례

총상 꽃차례
제비고깔속 종류(*Delphinium* sp.)

원추 꽃차례
카시아 피스툴라(*Cassia fistula*)

밀추 꽃차례
수수꽃다리속 종류(*Syringa* sp.)

복산방 꽃차례
수국속 종류(*Hydrangea* sp.)

산형 꽃차례
나도산마늘(*Allium ursinum*)

복산형 꽃차례
산당근(*Daucus carota*)

일반적으로 정단에 피는 꽃이 곁가지에 피는 꽃보다 먼저 개화한다.

꽃들이 중심점으로터 단순한 취산 꽃차례를 이루며 자란다.

취산 꽃차례
패랭이꽃(*Dianthus chinensis*)

두 번째로 갈라지는 가지가 단순한 취산 꽃차례로 구성된다.

복취산 꽃차례
애기미나리아재비(*Ranunculus acris*)

꽃자루가 양쪽으로 어긋나며 지그재그로 꽃이 핀다.

전갈상 취산 꽃차례
붓꽃속 종류(*Iris sp.*)

꽃자루를 가지고 있지 않은 꽃들이 꽃줄기에 바로 붙어 있다.

수상 꽃차례
병솔나무속 종류(*Callistemon sp.*)

대개 수꽃들이 무리를 지으며 기다랗게 늘어져 있다.

미상 꽃차례
유럽오리나무(*Alnus glutinosa*)

아주 작은 수꽃들과 암꽃들로 이루어진 다육질의 꽃대

꽃잎같이 생긴 넓은 포엽인 불염포가 꽃대를 감싼다.

육수 꽃차례
안투리움속 종류(*Anthurium sp.*)

빽빽하게 밀집한 **낱꽃들이** 꽃줄기의 끝에 직접 붙어 있다.

두상 꽃차례
민들레속 종류(*Taraxacum sp.*)

꽃자루가 없는 낱꽃들이 디스크 모양의 두상 꽃차례 위에 빽빽하게 밀집되어 있다.

두상 꽃차례
에키나시아(*Echinacea purpurea*)

꽃차례가 돌려나기로 배열된다.

윤상 꽃차례
스타키스 팔루스트리스(*Stachys palustris*)

설상화와 관상화

국화과(Asteraceae)는 꽃식물 가운데 가장 큰 과를 이루는 분류군 중 하나다. 이 식물들은 특유의 꽃 구조를 가지고 있는데, 분명히 '하나'로 보이는 각각의 꽃은 사실 설상화와 관상화로 알려진 아주 작은 꽃들로 이루어져 있다. 민들레 같은 꽃은 꽃잎처럼 생긴 설상화로 이루어져 있고, 엉겅퀴 같은 꽃은 관 모양의 관상화만 가지고 있다. 에키나시아 같은 꽃은 설상화와 관상화를 둘 다 가지고 있다.

꽃의 구조

꽃잎(설상편)은 매우 다르지만 설상화와 관상화는 둘다 원기둥 모양의 융합된 꽃밥, 전형적인 꽃에서 볼 수 있는 꽃받침조각 또는 꽃받침을 대체한 털 모양의 관모를 가지고 있다. 관모는 씨앗을 퍼뜨리는 데 도움이 된다.

무수히 피어나는 꽃들

에키나시아 꽃의 성숙한 관상화는 둥그런 중심부를 형성하기 위해 확장된다. 분홍빛이
도는 타원형의 설상화는 납작해지며 관상화로부터 멀리 뒤쪽으로 구부러진다.
설상화는 불임일 수도 있지만 꽃가루 매개자들을 끌어들이는 데 도움이 된다. 관 모양의
꽃부리는 주홍색으로 붉어진다. 점점 더 색이 짙어지면서 마침내 관상화가 개화하면 그
안에 꽃가루로 덮인 암술대가 노출되는데 끝은 두 갈래로 갈라져 있다. 각각의 암술대는
끝이 뾰족한 다섯 갈래의 테두리로 둘러싸여 있다.

Helianthus sp.

해바라기

해바라기는 태양을 닮은 밝은 노랑의 꽃뿐 아니라 영양가가 높은 씨앗을 얻기 위해 적어도 기원전 2600년 전부터 재배되어 왔다. 원래 아메리카 대륙이 원산지인 해바라기는 그 후 전 세계로 퍼져 나갔다.

해바라기는 하늘을 가로지르는 태양을 따라 움직이는 습성으로 유명하다. 일반적인 믿음과 달리 이러한 굴광성은 식물들이 성장하고 있을 때만 일어난다. 잎과 꽃눈은 모두 생명을 주는 빛을 최대한 많이 받기 위해 태양이 움직이는 길을 좇는다. 꽃이 일단 개화하면, 이러한 일일 운동은 중단되고 꽃은 일반적으로 동쪽 방향으로 고정된다. 이렇게 함으로써 해바라기는 해가 지평선 위로 떠오르자마자 태양열을 받을 수 있게 되고, 이는 꽃가루 매개자들의 방문을 증가시킬 뿐 아니라 씨앗이 더 빨리 익을 수 있도록 해 준다. 하나의 꽃처럼 보이는 것은 사실 아주 작은 수많은 꽃들로 이루어진 꽃차례다. 꽃차례의 꽃들은 바깥으로부터 안쪽으로 성숙하면서, 개화 기간 전체에 걸쳐 꽃가루 매개자들에게 많은 기회를 제공한다.

해바라기속(*Helianthus*)에는 약 70종이 있는데, 대부분 한해살이 또는 두해살이 식물이다. 가장 일반적으로 볼 수 있는 해바라기 종류는 헬리안투스 안누스(*Helianthus annuus*)라는 학명을 가지고 있다. 이 종은 수세기 동안 선택적으로 재배되어 왔는데, 뻣뻣한 털로 덮인 기다란 줄기 위에 엄청나게 큰 하나의 꽃차례가 달린다. 야생 해바라기는 아주 다르게 생겼다. 줄기가 많이 갈라져 나오며, 각각의 줄기 끝에는 훨씬 더 작은 꽃차례가 달린다.

어떤 해바라기들은 타감 작용을 일으킨다. 그들은 화학적 칵테일을 만들어 다른 식물의 성장을 방해한다. 이 해바라기들은 주변 식물들에게 독성물질을 내뿜어 그들이 처한 경쟁을 제한하고 자신들의 씨앗 생산량을 증가시킨다.

노란색의 커다란 꽃차례

꽃차례 중심부에 있는 꽃들은 관상화라고 불리며 각각 하나의 씨앗을 생산한다. 사진에서 대부분의 관상화들은 아직 개화하지 않았다. 식물체가 더 많은 씨앗들을 만들어 낼수록 다음해 자손을 가질 가능성이 더 높아진다.

가짜 꽃잎
해바라기의 밝은 노란색 '꽃잎'은 사실 설상화라고 불리는 불임성 꽃이다. 이 꽃들은 단지 꽃차례의 중심부에 있는 관상화를 수정시킬 꽃가루 매개자들을 유혹하기 위해서 존재한다.

봄의 미상 꽃차례

풍매화 가운데 더 주목할 만한 꽃들은
터키개암나무(*Corylus colurna*) 또는 아베레우스
알바(*Avereus alba*) 같은 나무들이 만들어 내는
미상 꽃차례. 대부분의 미상 꽃차례는 수꽃들로
형성된다. 가장 미미한 바람에도 꽃가루들이
구름처럼 날려 암꽃들을 수정시킨다.

반짝이는 씨앗들

낚시귀리(*Chasmanthium latifolium*)는 키가 크고 무리를
형성하며 자라는 벼과 식물로, 원래 북아메리카 중부와
동부 내륙에 있는 숲 지대와 수로변에서 자란다. 이 식물은
대롱대롱 매달리는 꽃차례를 만들어 내는데, 이는 대부분의
풍매화 식물에서 전형적으로 볼 수 있다. 낚시귀리는 때때로
'스팽글 그래스(spangle grass)'로 불리는데, 왜냐하면 귀리
같은 열매들이 햇빛에 반짝거리기 때문이다.

풍매화

쉽게 간과하기 일쑤인 대부분의 풍매화는 바람을 이용해 꽃가루를 이동시킨다. 그래서 그들은 화려한 꽃잎으로 관심을 끌 필요가 전혀 없다. 벼과 식물과 개암나무속 종류에서 볼 수 있는 미상 꽃차례와 같이 바람에 의해 수분이 되는 많은 식물들은 특별한 포엽 안에 꽃을 감춰 생식 기관을 보호하고, 단지 수정이 일어날 정도의 시간 동안만 꽃을 노출시킨다.

기회를 잡다
봄부터 가을까지 우니올라 파니쿨라타(*Uniola paniculata*)의 수꽃과 암꽃은 초록색의 수상 꽃차례에서 피어난다. 낱꽃은 이른 아침에만 개화한 뒤 재빠르게 닫힌다.

벼과 식물의 꽃 속으로

벼과 식물의 낱꽃은 꽃잎 대신 외화영과 내화영으로 알려진 특화된 포엽을 가지고 있다. 이들은 밑부분에 있는 인피가 부풀어오르며 꽃이 피게 되면 서로 떨어진다. 꽃밥과 암술머리는 바람에 꽃가루 알갱이를 날려 보내고 받아들이기 위해 꽃 밖으로 더 크게 자란다.

바람을 붙잡다

센크루스 롱기세투스(*Cenchrus longisetus*)는 밀과 비슷하며 솜털로 뒤덮인 다발 모양 때문에 페더탑(feathertop)이라는 보통명을 가지고 있다. 하지만 구름처럼 피어나는 꽃은 꽤 볼 만하다. 꽃가루를 방출하는 기다란 꽃밥뿐 아니라 암술머리의 깃털 같은 구조 덕택에 이 식물은 지나가는 미풍으로부터 꽃가루 알갱이를 붙잡아 다른 벼과 식물의 꽃으로부터 수정을 일으킬 기회를 극대화한다.

벼과 식물의 꽃

지구상에서 세 번째로 큰 식물군을 이루고 있음에도 불구하고 벼과
식물들이 꽃과 함께 연상되는 일은 드물다. 그 이유는 부분적으로 꽃의
크기 때문인데, 가령 낮게 자라는 종에서 피어나는 개별적인 꽃은 보통
너무 작아서 맨눈으로는 인지하기 어렵다. 또한 구조에 따른 이유도 있다.
벼과 식물의 꽃은 풍매화이기 때문에 화사한 색깔의 꽃보다는 보통 기다란
줄기에 다발을 이루는 솜털이 많은 꽃을 피우며, 수분과 씨앗 분산을
공기의 흐름에 의존한다.

꽃의 분수
센크루스 오리엔탈리스(*Cenchrus
orientalis*)는 꽃이 피는 동안 기다란
병솔 모양으로 생긴 윗부분이, 짧고
뻣뻣한 털들로 덮인다. 1미터가 넘는
줄기를 타고 피어나는 꽃차례는
바람에 최대한으로 노출되기 딱
좋은 위치다.

꽃에서 이삭까지
색깔의 미묘한 변화는
토끼꼬리풀(*Lagurus ovatus*)이 씨앗을
맺으려고 한다는 걸 보여 준다. 이 지중해
식물의 꽃 무리는 연두색에 노란색 꽃밥이
점점이 나 있다. 꽃이 핀 다음 꽃밥은
사라지고 이삭은 담황색으로 변한다.

중요한 관계
특정한 서식지에서 파충류들은 아주 중요한 꽃가루
매개자 역할을 한다. 도마뱀붙이의 일종으로, 모리셔스에
사는 화려한 장식의 데이게코(day gecko)는 폴리스키아스
마라이시아나(*Polyscias maraisiana*)의 꽃에 있는 꿀을 핥아
먹고, 멸종 위기에 처한 이 식물의 수분이 이루어지도록 해
준다.

종 모양의 꽃은 아래쪽으로
늘어져 있어, 오직 능숙하게 잘
기어오르는 동물만이 달콤한
보상을 맛볼 수 있다.

네소코돈 마우리티아누스
(*Nesocodon mauritianus*)

꽃과 꿀

꿀은 식물의 궁극적인 배필이다. 꿀샘에서 생산되는 달콤하고 끈적이는 액체는 다양한 꽃가루
매개자들을 유혹한다. 꿀샘은 줄기와 잎, 눈에도 있긴 하지만, 꿀샘과 가장 밀접하게 연관된 것은
꽃이다. 꿀은 수분에 대한 보상을 제공한다. 자당, 포도당, 과당과 같은 당분은 미량의 아미노산을
비롯한 다른 물질들과 함께 꿀을 이루는 주요 성분이다. 종류와 양, 심지어 색깔까지 꽃이 만들어
내는 꿀은 식물의 종마다 다르다. 그 꽃을 수분시키는 동물들의 입맛을 만족시키기 위해서다.

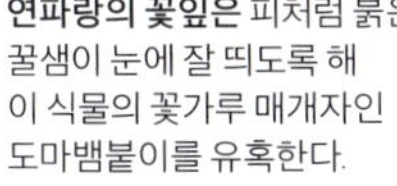

연파랑의 꽃잎은 피처럼 붉은
꿀샘이 눈에 잘 띄도록 해
이 식물의 꽃가루 매개자인
도마뱀붙이를 유혹한다.

범상치 않은 색깔

대부분의 꿀은 색깔이 없고, 수분 매개자를
유혹하는 향기에 의존하지만 네소코돈
마우리티아누스는 예외다. 번식 가능성을
높이기 위해 이 식물은 선홍색 꿀샘으로부터
진한 붉은색 액체를 방출한다. 바위가 많은
서식지에 사는 이 희귀한 꽃을 수분시키는
화려한 장식의 데이게코에게 붉은색은 아주
매혹적인 색깔이다.

꽃의 꿀샘

꽃 안에서 꿀샘이 가장 일반적으로 자리하
는 세 곳은 씨방의 밑부분, 수술(특히 수술대)
의 밑부분, 꽃잎의 밑부분이다. 이들 위치
는 모두 꽃가루 매개자들이 꿀에 접근하기
위해 꽃의 생식 기관을 밀고 지나갈 수밖에
없는 곳으로, 수분을 촉진하기 위한 디자인
의 결과이다. 하지만 꿀이 흐르는 샘은 씨
방, 꽃밥, 수술, 암술, 암술머리, 꽃잎 조직과
같이 다른 부분에 위치할 수도 있다.

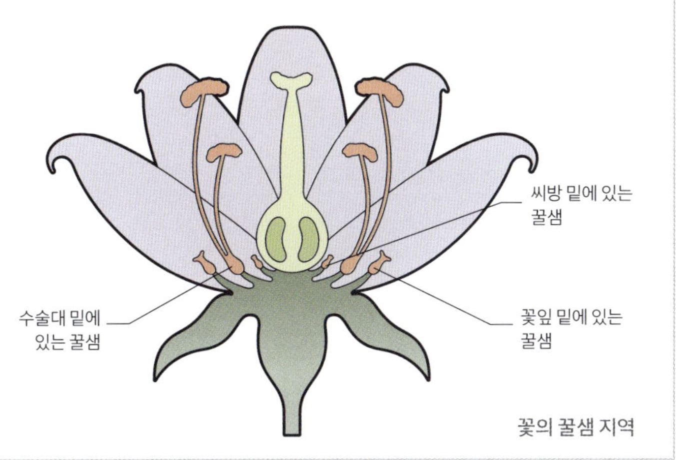

헬레보루스 꽃
(*Helleborus*)

특화된 꿀샘
금매발톱꽃(*Aquilegia chrysantha*)의 꿀샘은 고도로
특화되어 있다. 꽃뿔의 끝에 위치한 방 안에 감춰진
꿀샘은 대롱이 긴 특별한 박각시나방 종만이 접근할
수 있다. 헬레보루스속 꽃의 꿀샘은 긴 주둥이를 가진
호박벌만이 이용할 수 있는 원뿔 안에 위치한다.

꿀샘

꿀샘의 위치는 어떤 꽃가루 매개자가 이용하는
냐에 따라 다양하다. 가을에 개화하는 송악속
(*Hedera*) 종류의 노출된 꿀샘은 주둥이가 짧은
말벌이 좋아하는 꿀이 흘러넘치는 '웅덩이'다.
이른 봄 헬레보루스속(*Helleborus*) 종류의 꿀은
꽃의 중심부 원뿔 모양의 꿀샘에 모이고, 여름
에 꽃이 피는 투구꽃속(*Aconitum*) 종류는 2개
의 커다란 꿀샘들이 꽃의 투구처럼 생긴 부분
안에 감춰져 있다. 둘 다 호박벌을 끌어들인다.

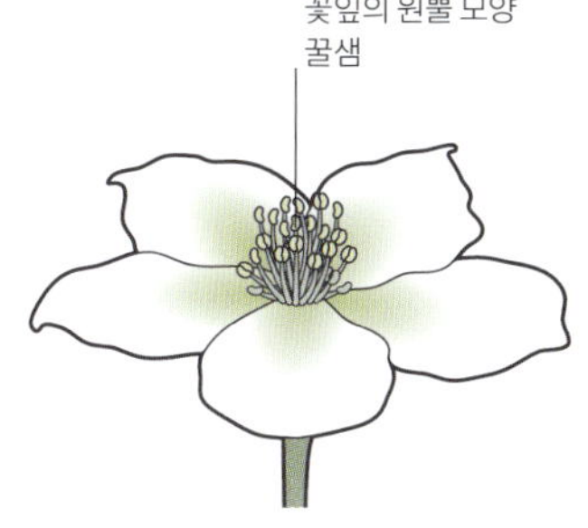
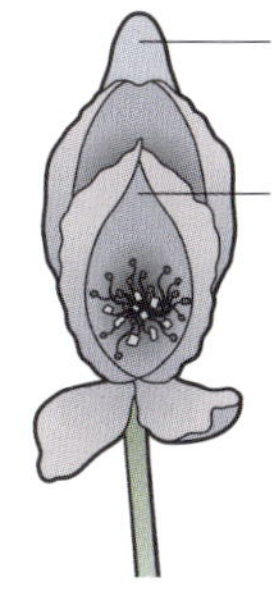

꿀의 저장

꽃식물들이 진화하면서 꿀샘(꿀을 분비하는 샘)은 생식 기관인 꽃 안에 집중이 되었고, 꽃의
색깔과 향기는 꿀의 존재를 광고하기 위해 발달했다. 많은 꿀샘들이 꽃가루 매개자들을
유혹하기 위해 꽃의 표면에 형성되었지만, 어떤 종류는 특정한 동물만 이용할 수 있도록
진화했다.

꽃뿔을 덮고 있는 미세한 모용(털)은
곤충들이 바깥으로부터 꿀을 훔쳐 가지
못하도록 막아 주기도 한다.

길이는 3~7센티미터
정도다.

꽃뿔의 밑부분에는 꿀샘의 방이
위치해 있다. 박각시나방 종류들이
꿀을 먹기 위해 방으로 밀고
들어가면서 꽃을 수분시킨다.

크산토판
박각시나방(*Xanthopan
morganii praedicta*)은
30센티미터에 달하는
주둥이를 가지고 있다.

꽃자루

꿀샘꽃뿔은 20~35
센티미터까지 자란다.

다윈의 나방 예측

마다가스카르에 서식하는 난초인 안그라이쿰
세스퀴페달레(*Angraecum sesquipedale*)의
유난히 긴 꽃뿔을 본 다윈은 이와 똑같이 긴
주둥이를 가진 나방이 이 꽃을 수분시키기
위해 특별히 진화했음에 틀림없다는 결론을
내렸다. 약 130년이 지난 후인 1992년, 다윈의
가설은 입증되었다.

그릇 모양의 꽃들

양귀비 종류와 같이 넓게 퍼지는 꽃들은 날아다니는 곤충들에게 이상적이다. 특히 벌들은 그릇처럼 생긴 각각의 꽃 위로 쉽게 내려앉을 수 있다. 착륙이 쉽고, 꽃의 기관들이 노출되어 있다는 것은 꽃가루 매개자들이 에너지를 덜 소비하게 된다는 것을 의미한다. 이것은 꽃에게도 유익한 일이다. 꽃가루 매개자들이 더 짧은 시간 동안 더 많은 양귀비꽃들을 방문해 수정을 시켜 주기 때문이다.

아이슬란드양귀비
(*Papaver nudicaule*)

방문객들을 위한 디자인

꽃의 색깔과 향기는 의심할 여지없이 꽃가루 매개자들의 주의를 끄는 데 매우 중요한 역할을 하지만, 꽃의 모양 역시 누가 꽃가루 매개자가 될지 결정할 수 있다. 벌새를 제외한 새들은 횃대가 필요한 반면, 벌과 같은 곤충들은 착륙 플랫폼이 필요하다. 이러한 기능을 제공하는 것은 적절한 방문객이 찾아오도록 유도할 뿐 아니라, 어떤 꽃들의 경우 자신들에게 꼭 맞는 꽃가루 매개자들을 적절한 순간에 그들의 생식 기관 속으로 인도할 수 있게 해 준다.

착륙장

착륙장은 여러 형태를 취할 수 있다. 키르시움 리불라레(*Cirsium rivulare*)의 스펀지 같은 돔은 나비와 벌이 꽉 붙잡을 수 있게 되어 있다.

곤충의 요구 들어주기

큰멧돼지풀(*Heracleum mantegazzianum*)의 수액은 사람에겐 치명적이지만 우산 모양의 거대한 꽃들은 나비, 파리, 벌에게 엄청난 양의 꿀과 꽃가루를 제공한다. 이 곤충들은 편히 '앉아' 하나하나의 꽃을 탐색할 수 있다.

종 모양의 꽃은 벌들이 꿀이 많은 쪽으로 터널을 따라 이동할 때 어쩔 수 없이 날개를 접게 만든다.
벌들이 터널의 위쪽으로 이동하며 천장을 문지르게 되면 꽃밥에서 꽃가루가 방출된다.
꿀은 '종'의 좁은 끝 안쪽에 있다.
보호 털은 작은 곤충들이 꽃으로 들어오지 못하도록 한다.

호박벌을 위한 맞춤
디기탈리스는 벌에 특화된 색깔들, 꿀 안내
표시, '착륙 지역' 따위를 두루 갖추어 호박벌을
유혹한다. 꽃들은 아래부터 위로 순차적으로
피고, 꽃밥은 암술머리보다 먼저 성숙한다.

디기탈리스 푸르푸레아

정확하게 계획된 수분

어떤 식물들은 특정한 꽃가루 매개자들에게만 접근을 허용하도록 진화했다. 디기탈리스
푸르푸레아(*Digitalis purpurea*)는 꽃의 모든 것이 단 하나의 곤충, 즉 호박벌을 받아들이기
위해 디자인된 것처럼 보인다. 길쭉하게 감싸진 꽃은 오직 긴 주둥이를 가진 곤충들만이
닿을 수 있는 꿀을 생산하고, 보호 털은 작은 벌들의 출입을 막는다. 호박벌은 이 통 모양의
꽃들을 약탈하고 수분시키기에 딱 맞는 크기와 모양, 무게를 가지고 있다.

쌍방의 이익

호박벌은 씨방 밑에 있는 꿀샘을
찾을 때 어쩔 수 없이 디기탈리스
의 생식 기관 아래에 있게 된다. 꽉
끼는 듯한 통 모양의 꽃은 호박벌
이 꽃밥으로부터, 그리고 바닥에
떨어진 알갱이들로부터 나온 꽃가
루로 뒤덮이게 만든다. 호박벌은
서로 다른 디기탈리스의 꽃들을
오가면서 최대한 많은 꽃가루들을
교환시켜 준다.

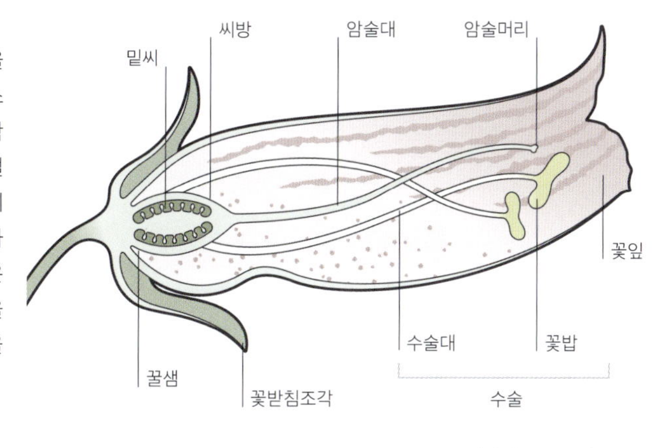

디기탈리스 꽃 속으로

진동 수분

2만여 종의 식물들이 꽃가루 매개자를 불러들이기 위해 고단백의 꽃가루를
미끼로 사용한다. 감자와 토마토를 포함한 이들 대부분은 유전자를 물려
줄 기회를 높이기 위해 오직 특정한 곤충들만 꽃가루에 접근이 가능한 매우
독특한 구조를 가진다. 결국 곤충들은 보상을 얻기 위한 기발한 방법들을
발달시켰다. 예를 들어 진동 수분을 하는 어떤 벌들은 꽃가루 알갱이를 흔들어
떨어뜨리기 위해 꽃에 진동을 전달한다.

디자인에 의한 수분
보리지(*Borago offcinalis*) 꽃은 구멍이
뚫리며 꽃가루가 나오는 꽃밥을 가지고
있다. 꽃밥은 튜브 모양의 구조로,
끝에서 한 번에 아주 적은 양의 꽃가루만
방출된다. 또 다른 적응 방식으로, 털처럼
생긴 모용이 있는데, 이는 자신이 원하는
꽃가루 매개자들만이 꽃에 접근하게
하면서, 원치 않는 방문객들을 떨쳐 내는
데 도움이 되기도 한다.

보리지의 줄기와 잎, 꽃에
나 있는 뻣뻣하고 짧은 털은 초식
동물로부터 식물을 보호한다.

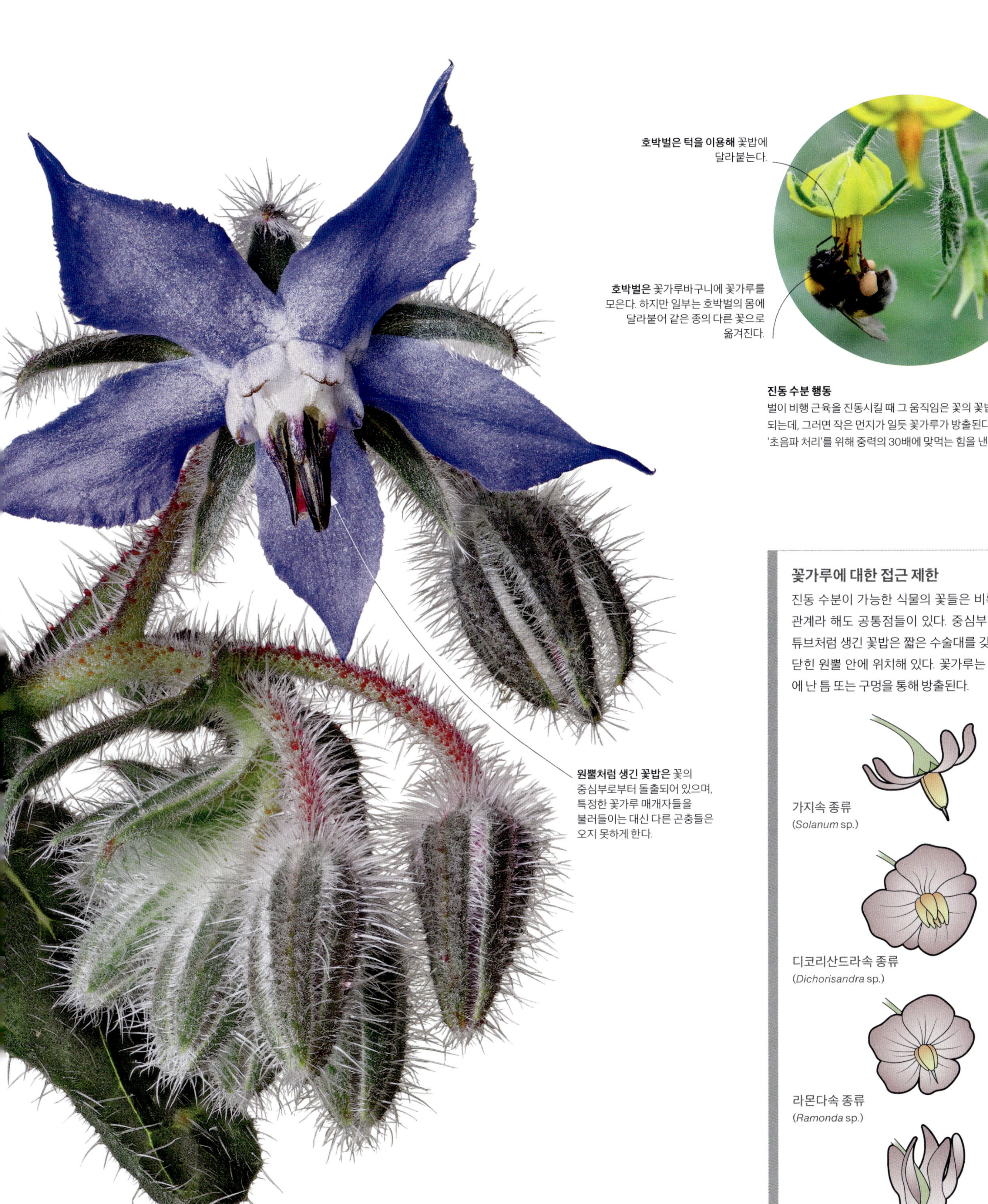

진동 수분 행동
벌이 비행 근육을 진동시킬 때 그 움직임은 꽃의 꽃밥을 흔들게
되는데, 그러면 작은 먼지가 일듯 꽃가루가 방출된다. 벌은 이러한
'초음파 처리'를 위해 중력의 30배에 맞먹는 힘을 낸다.

원뿔처럼 생긴 꽃밥은 꽃의
중심부로부터 돌출되어 있으며,
특정한 꽃가루 매개자들을
불러들이는 대신 다른 곤충들은
오지 못하게 한다.

꽃가루에 대한 접근 제한

진동 수분이 가능한 식물의 꽃들은 비록 먼 친척
관계라 해도 공통점들이 있다. 중심부에 돌출된
튜브처럼 생긴 꽃밥은 짧은 수술대를 갖는데 주로
닫힌 원뿔 안에 위치해 있다. 꽃가루는 튜브의 끝
에 난 틈 또는 구멍을 통해 방출된다.

흰독말풀, 1936년
조지아 오키프(Georgia O'keeffe)는 가장 커다란 꽃 캔버스에
흰독말풀(Jimson weed, *Datura wrightii*)의 꽃을 확대해 그렸다.
이 식물은 미국의 길가나 불모지에서 살아가는 흔한 사막
식물이다. 씨앗의 독성에도 불구하고 오키프는 이 식물을
엄청나게 좋아했고, 에너지와 움직임으로 가득찬 활기 넘치는
구도에 바람개비처럼 자라는 이 꽃들의 습성을 담았다.

조지아 오키프

명화 속 식물들

급진적인 비전

20세기 초 현대 화가들이 그들을 둘러싼 도시의 기계화된 풍경을 반영하기 위한 새로운 기법을 찾았을 때, 자연 세계에 대한 정확하고 사실적인 묘사는 실패했다. 그들의 급진적인 접근 방식은 수 세기 동안 지속된 재현 미술을 거부하고, 추상, 자기 성찰, 원시주의로 회귀에 초점을 맞추었다. 시간이 지날수록, 이 새로운 자유는 화가들로 하여금 자연에 대한 강렬한 반응으로 현대 작품들을 창작하도록 영감을 주었다.

미국의 화가 오키프는 이미 모더니즘 운동을 일찍부터 받아들였으며, 1920~1930년대 창작한 꽃 그림들은 그녀의 가장 상징적인 작품들이 되었다. 거대한 캔버스에 큰 스케일로 확대해 그린 이 그림들은 관점을 잘 활용했는데, 가령 보는 사람들의 시선을 장미꽃의 중심부로 끌어모으거나, 혹은 위쪽으로 치솟은 칸나 꽃을 올려다보게 하는 식이었다.

모더니즘은 프로이트 심리학으로 충만했고, 오키프의 접힌 꽃잎들과 열린 꽃들을 놓고 여성의 성적 표현이라는 부담스러운 해석이 분분했다. 이는 그녀가 의도했던 게 아니었다. 그녀의 의도는 식물의 세부 사항을 자세히 포착하고자 대상을 확대 묘사함으로써, 사람들이 식물의 아름다움이 주는 일상의 기적을 한눈에 목격할 수 있게 하는 것이었다.

플라워 파워(flower power)는 1960년대 히피들의 평화의 상징으로 다시 부상했다. 단순한 모양의 꽃들, 선명한 패턴, 밝은 색상들이 현대 디자인에 자리를 잡았다. 워홀이 「플라워스」라는 제목의 실크 스크린 인쇄물로 남긴 장난기 많은 포스트모던 시리즈는 비록 상업적인 브랜드와 대중 문화를 기반으로 한 그의 작품들에서 벗어난 놀라운 시발점이었지만, 그 시대에 완벽하게 맞아떨어졌다.

포스트모더니스트의 그림
앤디 워홀(Andy Warhol)은 자신의 팝 아트 시리즈 「플라워스(Flowers)」에서 4개의 히비스커스 꽃 사진을 바탕으로 한 실크 스크린 인쇄를 위해 색상 견본들을 가지고 실험했다. 꽃의 색깔들은 풀밭을 배경으로 노란색, 빨간색, 파란색에서 분홍색과 주황색, 혹은 흰색으로 바뀌었다.

겨울 꽃가루 매개자
풍년화의 꿀은 추운 계절 동안 많은 곤충들이 살아가게 한다. 가을부터 봄까지 활동하는 황줄무지개밤나방(*Eupsilia transversa*)은 풍년화에게 중요한 꽃가루 매개자이다.

황줄무지개밤나방은 체온을 높이기 위해 몸을 떨어 영하의 날씨에도 날아다닐 수 있다.

이른 꽃들

자이언트 스노드롭(giant snowdrop, *Galanthus elwesii*)과 같이 내한성이 강한 여러해살이 풀은 건강한 생태계에 아주 중요하다. 왜냐하면 이 식물은 벌들에게 가장 일찍 먹을 거리를 제공하는 식물들 중 하나이기 때문이다. 자이언트 스노드롭은 겨울 추위에 잘 적응하고, 따뜻하고 건조한 날씨가 찾아오면 빠르게 반응하여 여름 동안 휴면에 들어간다. 이 식물은 터키 원산이지만 이제는 북반구 곳곳의 정원에서 어렵지 않게 볼 수 있다.

자이언트 스노드롭

겨울 꽃들

가을과 겨울 동안 꽃가루 매개자들을 끌어들이기 위한 식물들 사이의 경쟁은 감소한다. 대부분의 종들이 꽃을 피운 지 오래되었고 휴면기에 들어가기 때문이다. 하지만 어떤 식물들은 연중 가장 추운 시기에만 꽃을 피운다. 가장 내한성이 강한 식물들 중 하나는 풍년화속 종류(*Hamamelis* sp.)인데, 가늘고 기다란 리본 같은 꽃들은 영하 18도의 낮은 온도에서도 살아남고, 낮 최고 온도가 영하인 때에도 여전히 몇 주 동안 계속 꽃을 유지한다.

이듬해의 열매

북아메리카, 중국, 일본에 자생하는 풍년화속 나무들의 꽃은 종에 따라 9월부터 3~4월까지 피어난다. 수정이 된 꽃들은 열매를 생산하지만, 이들은 성숙하는 데 1년이 걸리고, 보통 올해 꽃이 피는 줄기와는 다른 줄기에 맺힌다. 성숙한 열매에서는 작은 검은색 씨앗들이 튀어나오는데, 9미터에 이르는 거리까지 발사되기도 한다.

보호용 포엽은 각각의 꽃을 감싸고, 꽃잎들이 떨어진 후에도 제자리에 남아 있다.

수분을 시켜주는 나방을 불러들이기 위해 꽃은 은은하면서도 톡 쏘는 향기를 내뿜는다.

각각의 꽃은 약 6센티미터 길이로, 2미터 높이의 줄기로부터 피어난다.
융합된 꽃부리 끝에 꽃밥과 암술머리가 있다.
꽃부리 밑부분에 있는 씨방에 위치한 꿀샘은 자당이 풍부한 꿀을 생산한다.

새들을 위한 꽃

많은 꽃들이 꽃가루 매개자로 새들을 유혹하기 위해 진화했다. 이 꽃들은 향기의 결핍, 특유의 선명한 색깔, 꿀의 종류와 양에 있어 많은 공통점들을 가지고 있다. 부리와 혀가 길고, 공중 정지가 가능한 벌새와 같은 새들은 통 모양의 꽃들을 선호하는 반면, 꿀빨이새, 태양새와 같은 종류는 앉을 수 있는 편리한 발판을 제공하는 꽃들을 찾는다.

벌새는 꽃잎으로부터 분화한 통 모양의 꽃 속으로 부리를 집어넣는다.

초대자만 입장 가능
벌새는 왼쪽 그림 속 로벨리아 투파(*Lobelia tupa*)와 같은 붉은색 꽃에 집중한다. 꽃대 끝에 피어나는 많은 꽃들, 통 모양의 꽃 안에 감춰진 꿀은 특정한 새들만이 이용할 수 있고, 그들만이 이 과정에서 꽃가루를 옮겨 줄 수 있다.

꽃가루 프리젠터가 그레빌레아 꽃을 뒤덮어 헝클어진 모습을 하고 있다.

이동의 극대화
그레빌레아(*Grevillea*) 꽃은 꽃가루 매개자 역할을 하는 새들을 최대한 이용한다. 꿀을 탐색하는 동안 꿀빨이새의 부리와 머리는 꽃가루 프리젠터(pollen presenter)를 문지르게 되는데, 이는 암술대 끝에 위치하며 꽃이 개화하기 전에 그 꽃의 꽃밥으로부터 옮겨진 꽃가루를 지니고 있다.

그레빌레아 '코스탈 선셋'
(*Grevillea* 'Coastal Sunset')

영장류 꽃가루 매개자

부채파초(*Ravenala madagascariensis*)는 꽃가루 매개자로 커다란 포유동물들에게 적응한 것처럼 보인다. 몇몇 여우원숭이 종들은 꽃에 발을 담가 꿀을 찍어 먹거나, 직접 꽃에 있는 꿀을 마시기 위해 질긴 보호용 잎들을 비틀어 떼어 내면서 이 식물들 사이에 꽃가루를 옮겨 준다.

붉은목도리여우원숭이와 알락꼬리여우원숭이

각각의 꽃은 꽃가루
매개자들에게 꿀을 제공하고,
동물들이 섭취하는 동안 꽃가루
알갱이들을 털로 옮긴다.

길이가 3~13센티미터 정도인
꽃대는 순차적으로 피어나는
수백에서 수천 송이에 이르는
꽃들을 지탱한다.

튼튼한 꽃들

방크시아 마르기나타(*Banksia marginata*)의 꽃들은 이 식물의 목질성 씨앗들의 저장소가 될 단단한 꽃대에서 발달한다. 꿀로 가득찬 꽃들의 무더기가 순차적으로 피어나게 되면, 꽃대는 낮에는 새들을, 밤에는 작은 포유동물들을 유혹한다. 꽃가루는 깃털에 달라붙는 것과 똑같이 털로 옮겨지고, 꽃대는 작은 야행성 동물들이 먹이를 찾는 동안 그 몸무게를 지탱한다.

동물들을 위한 꽃

대부분의 식물 종들은 새와 곤충에 의해 수분이 되지만, 포유동물 역시 수분에 있어 중요한 역할을 담당한다. 털로 덮인 꽃가루 매개자들의 다수는 생쥐와 들쥐, 뽀족뒤쥐를 닮은 땃쥐 등 야행성 동물들이다. 달콤하고 에너지가 풍부한 꿀에 이끌린 이들은 꽃에 피해를 주지 않으면서 꽃 위로 기어오를 수 있다. 심지어 케이프회색몽구스와 같은 더 큰 육식 동물들도 꽃에 침입해 수분을 시켜 주는 것이 목격된 바 있다.

쇠주머니쥐
왕성하게 꿀과 꽃가루를 섭취하는 오스트레일리아의
쇠주머니쥐는 다양한 서식지들을 유지하는 데 도움이 된다.
이 작은 유대 동물은 방크시아속(*Banksia*), 유칼립투스속(*Eucalyptus*),
병솔나무속(*Callistemon*) 같은 식물들을 수분시킨다.

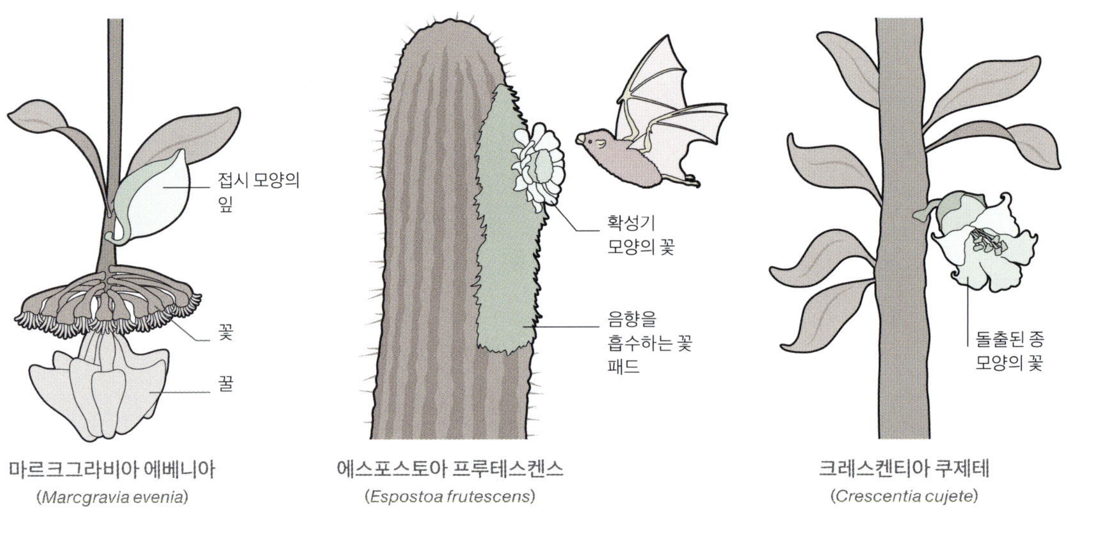

음파 탐지에 적응하기

꿀을 먹는 큰박쥐들은 향기와 시력으로 꽃을 찾지만, 신세계잎코박쥐들은 반향 위치 측정, 즉 꽃을 식별하는 데 도움이 되는 초음파를 내보내는 방법에 의존한다. 그들이 수분시키는 식물들은 박쥐가 보내는 신호를 더 효과적으로 반사시켜 자신들의 위치를 잘 알려 줄 수 있도록 쿠션 혹은 종 모양의 꽃과 같은 특징들을 발달시켰다. 쿠바의 열대 우림에 사는 마르크그라비아 에베니아(*Marcgravia evenia*)는 '위성 접시 안테나' 역할을 하는 잎을 사용해 박쥐들을 꽃으로 안내하고, 에콰도르의 에스포스토아 프루테스켄스(*Espostoa frutescens*)는 꽃 주변의 솜털이 보송보송한 '완충 장치'와 함께 확성기 모양의 꽃이 높은 가청도를 갖게 되었다.

날아다니는 방문객들

새들은 다양한 종류의 식물들을 수분시키지만, 500~1,000종에 이르는 꽃식물(속씨식물)들은, 특히 열대 생태계와 사막에서, 박쥐에 의존해 수분을 한다. 전 세계적으로 적어도 48종의 박쥐와 큰박쥐 종들은 자신들이 먹이를 얻는 꽃식물들과 함께 진화했는데, 각각의 형태가 서로에 맞게 적응했을 정도다.

과일박쥐

꿀을 먹고 사는 더 작은 잎코박쥐들과 달리 큰박쥐들은 먹이를 섭취할 때 착륙할 수 있는 크고 튼튼한 꽃이 필요하다. 아시아에 사는 큰박쥐 종류인 동굴꽃꿀박쥐는 맹그로브 같은 식물들, 바나나와 두리안 같은 중요한 작물들로부터 꿀과 꽃가루를 섭취한다. 박쥐들은 각각의 꽃에 올라감으로써 꽃가루로 덮이게 되고, 이를 통해 꽃가루가 쉽게 옮겨지도록 돕는다.

수도봄박스 엘립티쿰
박쥐는 멕시코와 중앙 아메리카 원산의 수도봄박스
엘립티쿰(*Pseudobombax ellipticum*)이라는 식물의 주요한
꽃가루 매개자이다. 나무에서 피어나는 각각의 꽃은 오직
하룻밤과 다음날 일부 동안만 개화한다. 긴 혀를 가진
박쥐들이 꽃의 정확한 위치를 찾기 쉽도록 이 나무는
꽃이 피기 전에 잎들을 떨어뜨린다.

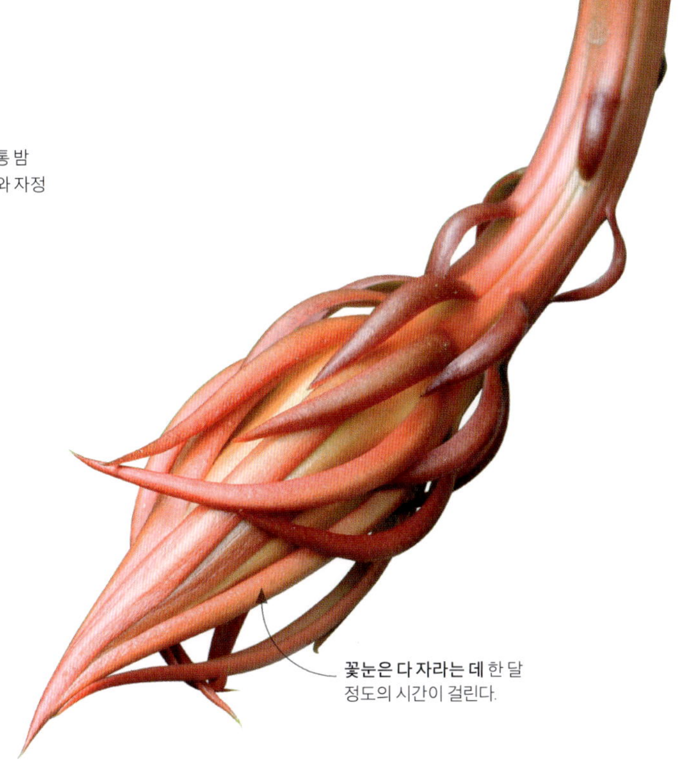

Epiphyllum oxypetalum

월하미인

나무들 사이에서 선인장을 찾는 것이 언뜻 납득이 잘 안 될 수도 있지만,
월하미인이라는 선인장을 만날 수 있는 곳은 바로 열대의 습한 숲속이다. 남부
멕시코와 과테말라 대부분 지역이 원산지인 이 선인장은 취하게 만드는 향기가 하룻밤
내내 지속되는 굉장히 아름다운 꽃을 피운다.

'밤의 여왕(queen of the night)'이라고 불리는 월하미인은 숲의 높은 수관을 삶의 터전으로 삼아 착생 식물로 살아간다. 이 식물의 씨앗이 발아되기 위해 필요한 것은 나무에 난 구멍 또는 가지들 사이 갈라진 곳에 있는 약간의 부엽토가 전부다. 특이한 겉모습에도 불구하고, 이 선인장은 친척 관계에 있는 원주형 선인장들과 해부학상 많은 특징들을 공유한다. 제멋대로 뻗는 기다란 잎처럼 보이는 것은 사실 이 선인장의 중심 줄기다. 이 식물은 다른 큰 나뭇가지에 매달려 삶을 영위하기 때문에, 이렇게 불안정한 표면에 매달리는 데 도움이 되도록 줄기가 납작한

향기로운 꽃

깔때기 모양으로 생긴 꽃의 중심부에는 꽃가루가 잔뜩 달린 수술들의 무더기와 길고 하얀 암술머리가 자리하고 있다. 꽃이 환상적인 향기를 내도록 만드는 화학 물질인 벤질 살리실레이트는 향수 제조 시 향기로운 첨가제로 사용된다.

모양으로 진화했다. 뿌리는 물과 양분을 제공할 뿐만 아니라 나무의 높은 곳에서 굴러떨어지지 않도록 고정시키는 역할을 한다. 월하미인은 가시, 즉 엽침이 없다. 엽침은 너무 많은 햇빛과 초식 동물들의 관심으로부터 선인장들을 지켜 주는 역할을 하지만, 월하미인이 자라는 그늘진 열대의 숲은 이러한 문제들이 그리 크지 않다.

월하미인의 엄청난 꽃은 오직 밤에만 피어난다. 눈부시게 흰색으로, 향기가 아주 강한 꽃은 야행성 박각시나방이 즐겨 찾는다. 나방이 각각의 꽃을 수분시킬 수 있는 기회는 단 한 번뿐이다. 해가 떠오를 때쯤 지름이 17센티미터 정도 되는 꽃들은 이미 시들어 버리기 때문이다. 수분이 이루어지게 되면 꽃은 머지않아 밝은 분홍색의 열매를 맺는다. 새들을 비롯해 나무에 거주하는 다른 동물들은 작고 통통한 열매 속의 부드러운 과육을 즐긴다. 소화 기관을 통과화한 씨앗들은 높은 가지들 위에 쌓이게 되고, 다시 또 새로운 세대가 시작된다.

색깔의 유혹

꽃의 향기와 크기, 모양은 모두 꽃가루 매개자들의 관심을 끄는 데 중요한 역할을
하지만, 색깔은 의심할 여지 없이 식물이 눈에 잘 띄기 위한 가장 중요한 방법들 가운데
하나다. 곤충들과 새들이 선호하는 색깔은 때때로 우리 눈에 이상하게 보일지 모른다.
구조적으로 다른 그들의 눈이 우리와는 다른 색의 스펙트럼을 감지한다는 것을 알기
전까지는 말이다. 벌을 비롯한 다른 많은 곤충들은 자외선을 감지해 꿀이 있는 곳으로
가는 길을 더 쉽게 식별할 수 있다.

맞춤형 색상

식물들은 그들의 꽃가루 매개자들의 시각적 선호도에 부응하기
위해 무지개와 같은 다양한 색깔들을 발달시켰다. 곤충들과 새들
모두 다양한 색깔들을 볼 수 있기는 하지만, 모두가 같은 방식으로
색깔을 감지하는 것은 아니다. 벌들은 보라색에 이끌리는 반면,
어떤 새들은 더 선명한 주황색과 붉은색에 사로잡힌다.

초록색 꽃

과학자들은 다양한 꽃가루 매개 곤충들보다
꽃들이 더 일찍 진화했으며, 초기의 꽃들은
주변 잎과 마찬가지로 초록색이었다고 믿는
다. 식물과 꽃가루 매개자 사이에 관계가 형
성되고, 꽃가루 매개자들 사이의 경쟁이 치
열해지면서, 식물들은 특정한 종들을 끌어
들이기 위한 꽃색을 채택하기 시작했다.

밝은 색깔을 띠는
꽃의 중심은 벌들에게
달콤한 보상을 알린다.

헬레보루스 비리디스(Helleborus viridis)

청자색 꽃은 일부 벌과 나비
종들을 유혹한다.

보라색 꽃은 대부분 벌들이
선호한다.

모든 빛깔의 파란색 꽃은
벌들이 쉽게 발견한다.

짙은 자갈색 꽃은
말벌을 불러들인다.

넥타 가이드

인간의 눈은 반사된 빛을 다양한 색깔로 보게 되지만, 많은 꽃가루 매개자들이 우리와는 상당히 다르게 세상을 바라본다. 특히 벌들은 자외선 스펙트럼을 포함하여 특별한 범위의 파장들을 감지한다. 이 덕분에 벌들은 줄, 점, 다른 무늬와 같이, 인간의 눈에는 보이지 않는 꽃의 특징들을 볼 수 있고, 이것은 꿀이 있는 곳으로 그들을 직접 안내한다. 이러한 '넥타 가이드(nectar guide)'는 꽃이 꽃가루를 퍼뜨리는 일을 벌들이 돕도록 해 주기 때문에, 벌들과 식물들 모두에게 중요하다.

벌의 시각

벌들은 붉은색과 같은 색깔들을 보는 데 필요한 광수용체를 가지고 있지 않지만, 자외선을 구별하는 그들의 능력은 편평해 보이는 표면을 복잡한 패턴으로 변환시킨다. 우리가 보기에 무늬가 없는 노란색 동의나물(*Caltha palustris*)의 경우, 벌에게는 옅은 색깔의 꽃으로 보이는데, 중심부는 대조적으로 어두운 색깔을 띠어 효과적으로 '여기가 착륙 장소'임을 선언한다.

점들을 따라서

털뻐꾹나리(*Tricyrtis hirta*)는 놀라운 반점들을 통해 꿀을 찾는 곤충들에게 자신의 존재를 알린다. 이 점들은 인간의 눈에도 보이지만, 점점 크기가 증가하는 점들은 털뻐꾹나리의 주요 꽃가루 매개자인 호박벌에게 굉장히 매력적으로 보인다. 왜냐하면 호박벌은 선보다는 점으로 이루어진 넥타 가이드를 선호하기 때문이다.

덜 성숙한 초록색 눈
꿀샘은 꽃 안쪽 깊숙이 자리해
벌들이 접근하려면 꽃의 생식
기관들을 지나갈 수밖에 없다.
줄기에 난 샘털(모용)은
원치 않는 방문객이 꿀샘에
접근하지 못하도록 한다.

접시꽃

높이 자라는 총상 꽃차례에 크고 화려한 꽃들이 달리는 접시꽃은 정원 식물로 높이 평가받고 있다. 하지만 대부분 꽃식물의 꽃들과 마찬가지로, 접시꽃은 인간의 눈에는 안 보이고, 자외선(UV) 영역의 스펙트럼을 볼 수 있는 꽃가루 매개자들에게만 보이는 무늬들을 갖고 있다.

60종 이상의 접시꽃속 종류(*Alcea* sp.)는 아욱과(Malvaceae)에 속하며 무궁화 같은 식물과 먼 친척 관계에 있는 식물이다. 여름에 접시꽃은 깔때기 모양의 커다란 꽃을 피운다. 날아오르는 듯 피어나는 이 꽃들이 가드너들에게 시각적으로 주는 매력은, 자외선을 감지할 수 있는 꽃가루 매개자들을 매혹하는 부분과 상당히 다르다. 인간의 눈에는 아무 무늬가 없는 꽃으로 보이지만, 접시꽃의 주요 꽃가루 매개자로서 자외선을 감지하는 벌들의 눈으로 보면, 꽃의 중심부 주변이 커다란 눈알처럼 보인다. 중심부의 이러한 무늬는 자외선을 반사하거나 흡수하는 특별한 색소들에 의해 만들어진다. 벌들뿐만 아니라 나비들을 포함한 많은 곤충들, 심지어 일부 새들과 박쥐들도 자외선을 감지할 수 있다.

넥타 가이드라고 불리는 이러한 무늬들은 접시꽃에만 있는 것이 아니다. 많은 꽃들이 오직 자외선에서만 보이는 무늬들을 가지고 있다. 매우 다양한 무늬들이 있지만 모두 같은 기능을 수행한다. 활주로에 설치된 등처럼 이 무늬들은 꽃 안에 꿀과 꽃가루가 저장된 곳으로 꽃가루 매개자들을 안내한다. 이를 통해 식물과 꽃가루 매개자들은 둘 다 이득을 보게 되는데, 곤충들은 꽃가루와 꿀을 찾는 데 시간을 덜 소비하고, 꽃들은 더 빨리 수분이 되기 때문이다. 사실 곤충들은 넥타 가이드가 없는 돌연변이 꽃들을 피한다. 게거미, 난초사마귀와 같은 일부 곤충들은 자외선으로 보았을 때 넥타 가이드처럼 보이는 무늬를 가진 꽃을 찾아다닌다. 이 영리한 위장술은 곤충 먹이를 꿀샘으로 유혹해 죽게 하는 데 이용되기도 한다.

형광을 내는 접시꽃

자외선 아래에서 접시꽃이 형광을 발하도록 하면 중심부에 눈알 무늬가 드러난다. 이러한 무늬는 꽃가루 매개자들을 꿀이 있는 곳으로 안내할 뿐 아니라, 꽃가루 매개자들이 인간의 눈에는 별 차이가 없어 보이는 꽃들을 구별하는 데 도움을 주기도 한다.

깔때기 모양의 꽃은 지름이 약 10센티미터이며, 흰색, 분홍색, 빨간색, 보라색, 또는 노란색으로 피어난다.

접시꽃은 한꺼번에 피기보다는 순차적으로 피어나 자가 수분을 피한다.

접시꽃
접시꽃(*Alcea rosea*)은 2.5미터 높이까지 자랄 수 있고, 곧게 자라는 줄기를 따라 접시만 한 크기의 꽃들을 피운다. 중국이 원산지로, 매력적인 꽃 때문에 널리 재배되고 있다.

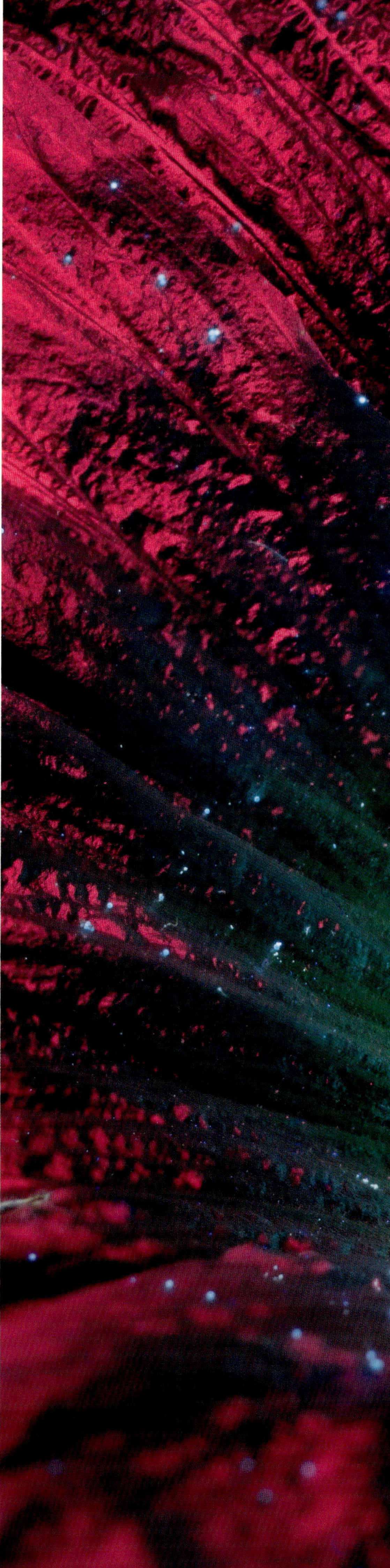

꽃의 산도 테스트
풀모나리아 오피키날리스(*Pulmonaria officinalis*)의 꽃은
분홍색으로 피어 점차 청자색으로 변한다. 이러한 색의 변화는 이
꽃의 산도 수준에 따라 일어나는데, 이는 착색 색소(안토시아닌)에
영향을 미친다. 꽃이 성숙함에 따라 pH가 변하는데, 꿀이 풍부한
갓 피어난 분홍색 꽃은 청자색 꽃들보다 더 산도가 높다.

색깔 신호

꽃들은 특정한 색깔들에 따라 서로 다른 꽃가루 매개자들을 끌어들이는 정도의 차이가
있다고 알려져 있지만, 많은 식물들이 색깔을 사용하는 데 있어 한 걸음 더 나아간다.
더치인동(*Lonicera periclymenum*)과 같은 식물들은 특정 단계, 발달 단계에 따라 각각의
꽃들이 색상을 변화시킨다. 이러한 전략은 적절한 꽃가루 매개자들을 불러들일 뿐
아니라, 꿀 또는 꽃가루가 가장 많이 들어 있는 성숙한 꽃으로 안내할 수도 있다. 그에
대한 보답으로 이 식물은 지나가는 곤충들을 더 많이 끌어들이게 되고, 결과적으로
꽃들이 수정될 가능성도 훨씬 더 높아진다.

미묘한 신호

어떤 꽃들은 미묘한 색깔의 변화를 사
용하여 그들의 상태를 나타낸다. 봄
은방울수선(*Leucojum vernum*)의 꽃에
있는 초록색 반점은 꽃이 성숙해 감에
따라 초록색에서 노란색으로 변화한
다. 아마도 그 꽃에 수분이 이루어졌는
지 여부를 나타내는 것으로 보인다. 이
른 봄에 피는 이 꽃들에 있는 반점들
은 그 시기 벌들이 절실히 필요로 하는
먹이 공급원으로 그들을 불러들인다.

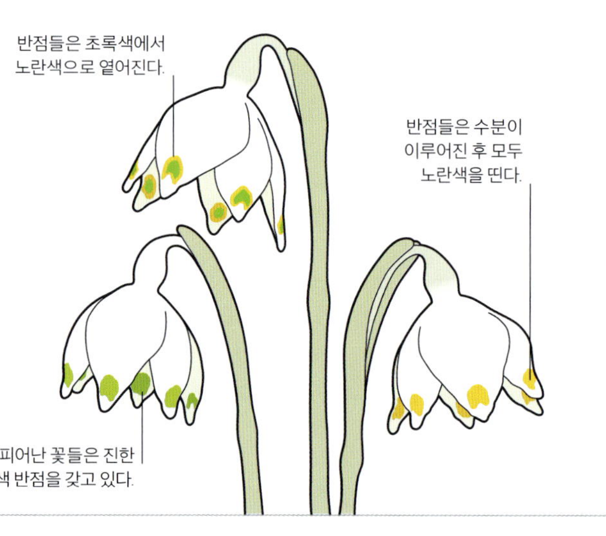

봄은방울수선

색깔로 소통하다

향기와 색깔의 조합은 어떤 인동 꽃들이 방문할 가치가 있는지를 나타낸다. 덜 성숙한 눈은 분홍빛이 도는 붉은색을 띠는 한편, 흰색 꽃은 가장 많은 꽃가루를 제공한다. 수분이 일어난 후에는 꽃이 노란색으로 변하는데 이때도 여전히 벌들에게 꿀을 제공한다.

수분

사라세니아 꽃은 자가 수분을 피하기 위한 구조를 갖고 있다. 이 꽃을 찾는 곤충들은 암술머리로 밀고 들어가 암술대가 있는 방으로 들어가면서 꽃가루를 옮긴다. 꿀을 마시는 동안 그들은 암술대와 꽃밥으로부터 꽃가루를 묻힌 다음 암술머리 사이 틈을 통해 빠져 나간다.

사라세니아 꽃의 구조

꽃받침조각
포엽
밑씨
씨방
수술대
꽃밥
암술머리
우산 모양의 암술대가 꽃가루를 포집한다.
꽃잎

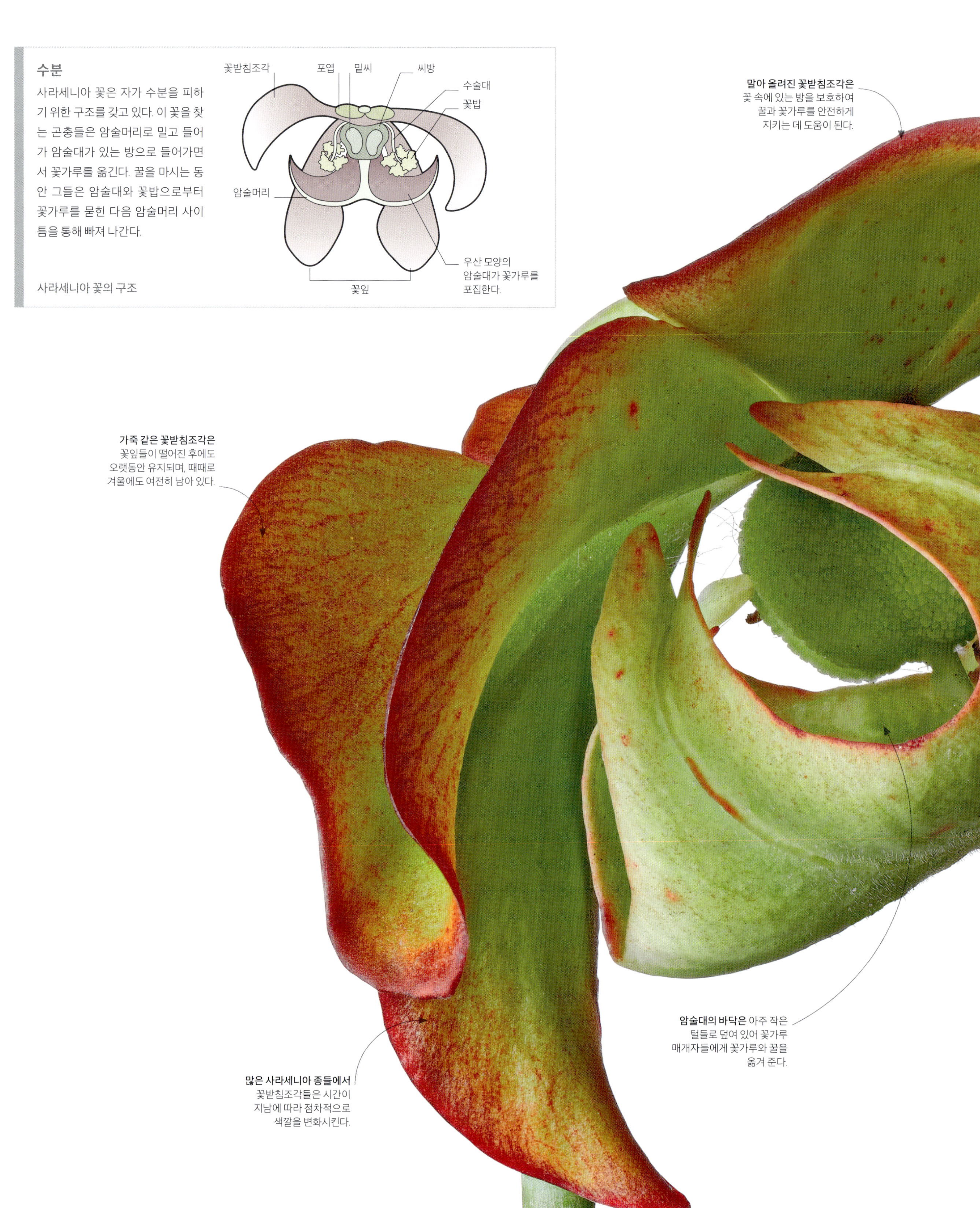

말아 올려진 꽃받침조각은 꽃 속에 있는 방을 보호하여 꿀과 꽃가루를 안전하게 지키는 데 도움이 된다.

가죽 같은 꽃받침조각은 꽃잎들이 떨어진 후에도 오랫동안 유지되며, 때때로 겨울에도 여전히 남아 있다.

암술대의 바닥은 아주 작은 털들로 덮여 있어 꽃가루 매개자들에게 꽃가루와 꿀을 옮겨 준다.

많은 사라세니아 종들에서 꽃받침조각들은 시간이 지남에 따라 점차적으로 색깔을 변화시킨다.

꽃은 우산 모양의 암술대 무게 때문에 거꾸로 매달려 있다.

암술대는 발달하는 씨방 주변으로 말린다.

독특한 암술머리

사라세니아 꽃은 이 식물의 벌레잡이주머니(포충낭)로부터 따로 자라난 줄기에서, 종종 땅에서 가깝게 피어난다. 귀중한 꽃가루 매개자를 삼킬 위험을 줄이기 위해, 이 꽃은 벌레잡이주머니가 여름에 활성화되기 훨씬 전인 봄에 피어난다. 암술머리는 자가 수분을 막기 위해 이상한 모양을 하고 있지만, 덕분에 이 식물은 쉽게 타가 수분을 할 수 있다.

신세계의 포충낭 식물들

사라세니아과(Sarraceniaceae)에 속하는 포충낭 식물들은 달링토니아속(Darlingtonia), 헬리암포라속(Heliamphora), 사라세니아속(Sarracenia)의 세 가지 속 34종으로, 대부분은 심각한 멸종 위기에 처해 있다. 모두 척박한 토양의 습지대에 자라기 때문에, 곤충들을 함정에 빠뜨려 필요한 영양소를 보충하게 되었다.

사라세니아 드루몬디(*Sarracenia drummondii*)

제한된 출입구

포충낭 식물들은 곤충들을 잡아먹기 위해 유인하지만, 번식을 위해 꽃가루 매개자들이 드나들 필요성도 있다. 이를 위해 포충낭 식물들의 꽃들은 치명적인 덫으로부터 물리적으로 따로 떨어져 있다. 이 꽃들은 덫이 활성화되기 전에 꽃이 피기 때문에 공간뿐 아니라 시간적으로도 분리되어 있는 셈이다. 꽃의 독특한 구조는 또한 꽃가루 매개자들이 꽃으로 들어오고 나가는 길을 통제하기도 한다.

향기로운 덫

많은 식물들이 꽃가루 매개자들을 유혹하기 위해 꽃의 향기를 이용한다. 하지만 어떤 식물들은 한 걸음 더 나아가 거부할 수 없는 냄새를 풍겨 곤충들을 꽃으로 불러들인 다음 그 안에 가두어 '강제 수분'이 일어나도록 한다. 그린후드 난초(greenhood orchid)라고 불리는 300종에 이르는 프테로스틸리스속 종류(*Pterostylis* spp.)를 포함한 수많은 난초 식물들이 이 방법을 적용해 타가 수분을 하고 더 폭넓은 유전자 풀에 접근한다.

덫의 메커니즘

각다귀가 그린후드 난초의 입술 꽃잎(순판)을 따라 기어오르기 시작하면, 이 순판이 풀어지며 곤충을 툭 건드려 안쪽으로 밀어넣어 꽃술대 안에 가둔다. (꽃술대는 몇몇 과의 식물에서 볼 수 있는, 융합된 수술과 암술로 이루어진 생식 기관을 뜻한다) 이 기둥 안에 갇히게 되면 곤충은 꽃밥을 간신히 지나가면서 빠져나올 수밖에 없고, 이 과정에서 화분괴라고 하는 꽃가루 덩어리를 등에 붙이게 된다. 곤충은 이것을 다음 난초로 옮겨 꽃을 수분시킨다.

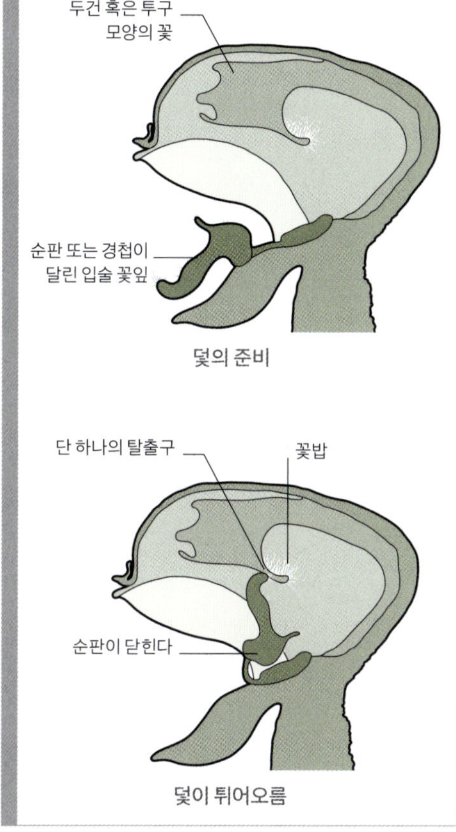

화학적인 유혹

프테로스틸리스속 종류(*Pterostylis* spp.)의 난초는 말레이시아에서 오스트레일리아, 뉴질랜드까지 자생하지만, 프테로스틸리스 테누이카우다(*P. tenuicauda*)는 오직 뉴칼레도니아에서만 자란다. 이 꽃들을 찾는 곤충들 대부분은 수컷 버섯파리(Mycetophilidae)들이다. 이 꽃은 그들을 유혹하기 위해 꽃에서 작은 암컷 버섯파리의 페로몬을 흉내 낸 냄새가 풍긴다고 알려져 있다.

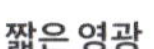

짧은 영광
시체꽃은 꽃가루 매개자들이 더 쉽게 찾을 수
있도록 그렇게 거대한 크기로 진화했을지 모른다.
자신의 모든 장엄함을 과시하기 위해, 시체꽃의
개화는 일주일이 채 지속되지 않을 정도로 짧게
끝나 버린다.

Rafflesia arnoldii

시체꽃

지름 1미터, 무게 11킬로그램의 시체꽃은 단일 꽃으로는 전 세계에서 가장 큰 꽃이다.
커다란 크기에도 불구하고 이 희귀한 꽃은 보통 발견하기 전에 냄새부터 맡게 된다.
수마트라와 보르네오의 다양한 열대 우림 지역이 원산지인 이 식물은 냄새와 겉모습
모두 썩어 가는 고기를 흉내 낸다.

어마어마하게 피어나는 꽃은 라플레시아 아르놀디 (*Rafflesia arnoldii*)에서 볼 수 있는 모든 것이다. 시체꽃이라는 별명을 가진 이 식물은 기생 식물이기 때문에 줄기도 잎도 뿌리도 없다. 이 식물은 숲에서 자라는 덩굴 식물의 줄기 속 양분을 운반하는 관다발 조직에 침투한다. 주로 실 같은 조직으로 이루어져 있는 이 식물은 숙주 식물의 세포 속과 그 주변에 살아가며, 여기서 자신이 필요한 영양소와 수분을 얻는다. 시체꽃은 숙주 식물이 없이는 살 수 없다. 그래서 덩굴 식물의 생육에 심각한 영향을 거의 미치지 않는다.

꽃이 필 시기가 되면, 아주 작은 눈이 덩굴 식물

미스터리 식물
시체꽃의 중심부 구멍 안에는 기능이 불확실한 돌기들이 나 있는 디스크가 있다. 꽃밥과 암술머리는 이 디스크 아래쪽에 있다. 이 식물의 끈적끈적한 꽃가루는 파리의 등에 붙어 마르는데 몇 주에 걸쳐 활력을 유지할 수 있다.

의 줄기에 형성되고 점차적으로 보라색 또는 갈색의 커다란 양배추처럼 부풀어오른다. 꽃눈이 발달하기까지는 1년이 걸리는데, 이 시기 동안엔 방해받는 것에 매우 민감하다. 시체꽃은 수꽃 또는 암꽃으로 피기 때문에, 그들은 번식을 위해 비교적 서로 가까운 곳에서 피어난다. 라플레시아 아르놀디의 주요 꽃가루 매개자는 검정파리다. 썩은 고기에 대한 거짓된 약속에 의해 수꽃으로 유인된 파리는 부드럽고 끈적거리는 꽃가루 얼룩으로 뒤덮인다. 이들이 암꽃을 방문하면, 좁은 틈 속으로 모이고 어쩔 수 없이 암술머리를 스치게 되면서 끈적이는 꽃가루를 옮긴다. 이 식물들이 희귀하다는 것은, 수꽃 식물과 암꽃 식물이 동시에 개화하면서 서로가 비행 거리에 있을 가능성이 희박하다는 것을 의미한다. 즉 유성 생식이 자주 일어나지 않는다.

이 종은 생존을 위해 자연 상태 그대로의 숲에 의존한다. 숲의 파괴는 이 식물을 멸종 위기로 몰아갈 수 있다. 하지만 희귀성과 수수께끼 같은 생활 방식을 가진 이 식물이 야생에 얼마나 서식하고 있는지는 제대로 파악하기 어렵다.

특별한 관계

서로 다른 두 생물체의 관계에서 하나가 다른 하나의 행위로부터
이득을 얻게 되는 상리 공생은, 숲의 뿌리 체계를 부양하는
균류부터 동물에 의한 꽃의 수분까지 식물 세계의 본질적인
부분이다. 시간이 지남에 따라 고도로 특화된 관계들이
진화했고, 그 결과 꽃식물의 기관에 구조적인 변화, 그들에
의존하는 동물들의 행동에 변화가 나타나게 되었다.

극락조화

남아프리카의 극락조화(*Strelitzia
reginae*)는 이국적인 새의 머리를 닮은
꽃을 발달시켰다. 보통 극락조화라는
이름으로 알려진 이 식물은 선명한 색으로
끝이 뾰족한 꽃의 부분들이 새들에 의해
수분이 이루어지도록 특별히 적응했다.

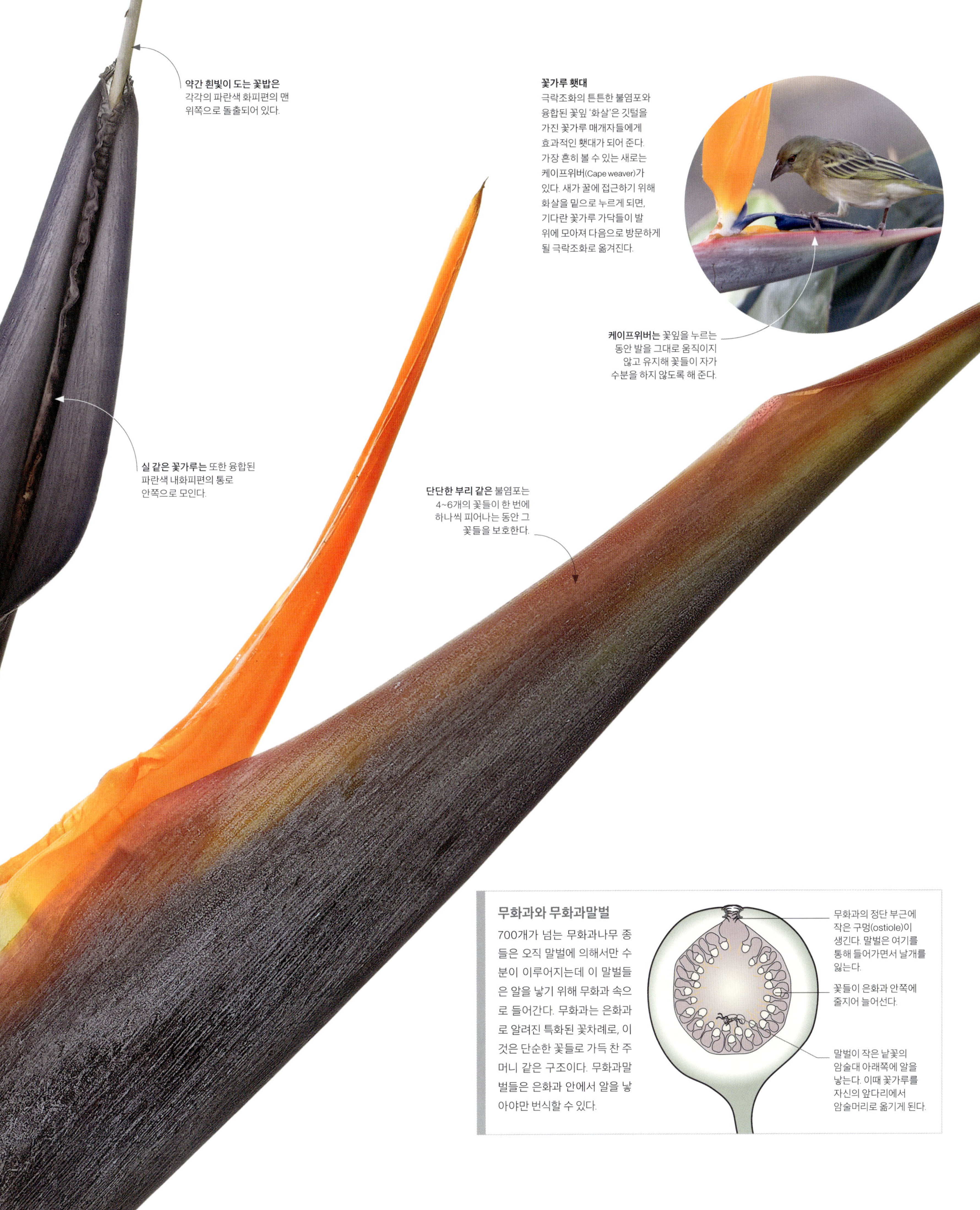

약간 흰빛이 도는 꽃밥은
각각의 파란색 화피편의 맨
위쪽으로 돌출되어 있다.

실 같은 꽃가루는 또한 융합된
파란색 내화피편의 통로로
안쪽으로 모인다.

꽃가루 횃대
극락조화의 튼튼한 불염포와
융합된 꽃잎 '화살'은 깃털을
가진 꽃가루 매개자들에게
효과적인 횃대가 되어 준다.
가장 흔히 볼 수 있는 새로는
케이프위버(Cape weaver)가
있다. 새가 꿀에 접근하기 위해
화살을 밑으로 누르게 되면,
기다란 꽃가루 가닥들이 발
위에 모아져 다음으로 방문하게
될 극락조화로 옮겨진다.

케이프위버는 꽃잎을 누르는
동안 발을 그대로 움직이지
않고 유지해 꽃들이 자가
수분을 하지 않도록 해 준다.

단단한 부리 같은 불염포는
4~6개의 꽃들이 한 번에
하나씩 피어나는 동안 그
꽃들을 보호한다.

무화과와 무화과말벌

700개가 넘는 무화과나무 종
들은 오직 말벌에 의해서만 수
분이 이루어지는데 이 말벌들
은 알을 낳기 위해 무화과 속으
로 들어간다. 무화과는 은화과
로 알려진 특화된 꽃차례로, 이
것은 단순한 꽃들로 가득 찬 주
머니 같은 구조이다. 무화과말
벌들은 은화과 안에서 알을 낳
아야만 번식할 수 있다.

무화과의 정단 부근에
작은 구멍(ostiole)이
생긴다. 말벌은 여기를
통해 들어가면서 날개를
잃는다.

꽃들이 은화과 안쪽에
줄지어 늘어선다.

말벌이 작은 낱꽃의
암술대 아래쪽에 알을
낳는다. 이때 꽃가루를
자신의 앞다리에서
암술머리로 옮기게 된다.

암컷과 수컷을 모두 유혹하기

온시디움속(*Oncidium*) 난초 중 일부는 벌-자외선-초록색(bee-UV-green)이라 불리는 색깔과, 버터플라이 바인(butterfly vine, *Mascagnia macroptera*)의 꽃과 유사한 모양을 채택했다. 기름과 꽃가루를 찾는 암컷 센트리스(*Centris*) 벌 종류를 끌어들이기 위해서다. 하지만 바람에 펄럭일 때 어떤 부분은 천적 곤충을 닮았다. 수컷 벌들이 화가 나서 공격할 때, 그들은 꽃가루로 뒤덮이게 된다.

자연스러운 모방

식물 세계에서 가장 잘 알려진 사기꾼들인 난초는 성적 속임수를 통해 꽃가루
매개자들을 자신의 꽃으로 끌어들인다. 가령 암컷 곤충의 겉모습을 흉내 낸다거나,
짝짓기 준비가 된 암컷과 같은 냄새를 내뿜는 식이다. 아열대 지역에서 자라는
온시디움속(Oncidium) 난초 종류들은 두 가지 방법을 사용한다. 첫째 이 꽃들은 수컷
꽃가루 매개자들을 속여서, 그들이 공격하는 천적 곤충들의 자세를 취함으로써 그들이
꽃에 접근하도록 만든다. 두 번째는 먹이를 찾는 암컷 꽃가루 매개자들을 유혹하기
위해, 그들의 먹을 거리를 제공하는 꽃을 흉내 내는 것이다.

어두운 돌출부는
버터플라이 바인 꽃의
꽃밥을 흉내 내고 있다.

진짜 물건
중앙아메리카와 남아메리카 원산인 버터플라이 바인은 꽃잎의
밑부분에 위치한 분비샘(elaiophores)에서 기름을 생산한다.
센트리스 벌들은 유충에게 먹이기 위해 꽃가루와 함께 기름도
수집한다.

산란 장소의 모방

줄무늬와 반점들이 나 있는 파피오페딜룸 로스킬디아눔(*Paphiopedilum rothschildianum*)은 수많은 장식적인 특징들을 발달시켰다. 이는 또한 곤충들이 그들을 수분시키도록 하는 데 매우 효과적이다. 진딧물 군집처럼 보이는 모용을 가지고 있는 것도 그중 하나인데, 이것은 산란기의 꽃등에들이 그냥 지나칠 수가 없다. 왜냐하면 유충들이 진딧물을 먹고 살기 때문이다.

파피오페딜룸속 교배종들

속이기 위한 디자인

어떤 식물들은 꽃가루 매개자들에게 보상을 주지만, 다른 식물들은 속임수를 써서 달콤한 보상에 대한 거짓된 약속으로 꽃가루 매개자들을 기만한다. 파피오페딜룸속 난초의 경우, 포식자들의 관심을 끄는 진딧물을 모방하는 반점 또는 털에서부터, 보금자리를 찾는 벌들을 끌어들이는 굴처럼 생긴 구멍까지 유혹의 종류는 다양하다. 꽃을 찾아오는 곤충들 대부분은 갇히게 되고 오직 하나의 출구로만 나갈 수 있는데, 이것은 그들이 어쩔 수 없이 생식 기관을 지나가도록 하여 아무런 보상도 없이 꽃을 수분시킨다.

닫힌 꽃의 구조

금낭화속(*Lamprocapnos*) 종류의 꽃부리는 이 식물과 친척 관계에 있는 양귀비과 대다수 식물들의 꽃부리보다 훨씬 더 작다. 또한 눈에 잘 띄지 않으며 색깔이 없기도 하다. 꽃부리는 꽃밥과 암술머리를 완전히 감싸는데, 함께 너무나 빽빽이 채워져 있어 서로 닿을 수도 있다. 이 때문에 꽃가루는 꽃 안에서 쉽게 옮겨져 자가 수분된 씨앗들이 발달하게 된다.

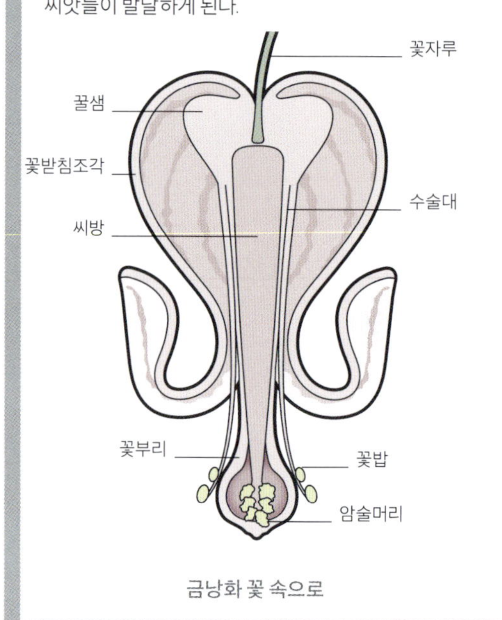

심장 모양의 꽃

금낭화(*Lamprocapnos spectabilis*) 꽃은 수분이 일어나는 데 곤충들의 도움이 있거나 혹은 없다. 꽃은 호박벌을 끌어들이기 위해 꿀을 생산하지만, 통 모양의 꽃부리 안에 수꽃 기관과 암꽃 기관이 아주 가깝게 위치해 있어, 꽃가루 매개자들이 부족할 땐 자가 수분이 가능하다.

자가 수분을 하는 꽃들

식물이 꽃가루 매개자들을 끌어들이기 위해 필요한 색깔과 꿀을 만드는 일은 많은 에너지를 필요로 하는데, 때때로 그것은 꽃이 수정을 하는 데 이득이 된다. 자가 수분은 어려운 조건에서 자라는 식물들이 그러한 환경에서 성공할 수 있도록 도와주는 특성들을 유지하게 해 준다. 이는 또한 작거나 아주 드문 개체군들이 생존해 왔던 이유이기도 하다. 많은 종들에게 자가 수정은 꽃가루 매개자들이 드문 때 가끔씩 효율적으로 사용되는 유용한 '대비책'이다.

대비책
어떤 식물들은 두 종류의 꽃들을 가지고 있다. 봄에
피는 비올라 리비니아나(*Viola riviniana*)의 꽃은 만약
봄에 수정이 되지 않는다 해도, 모든 것을 잃는 것은
아니다. 가을에 이 식물은 흙 높이에서 더 많은 꽃들을
피워 낸다. 이렇게 닫힌(폐화 수정) 꽃들은 바람과
곤충의 활동 없이 자가 수정을 하고 씨앗을 생산한다.

Rosa Centifolia.
Rosier à cent feuilles.
P. J. Redouté
Langlois.

나르키수스 x 오도루스(*Narcissus x odorus*), 1800년경
향기로운 수선화를 매우 정교하게 그린 이 수채화는 오스트리아의 화가 바우어의 작품이다. 그는 큐 왕립 식물원 주재 최초의 식물 세밀화가이자, 국왕 조지 3세의 공식적인 식물 화가이기도 했다.

명화 속 식물들

왕실을 위한 꽃들

18세기 후반과 19세기 초반에 걸친 식물 세밀화의 황금기에는 선도적인 화가들이 유럽 궁중에서 각광을 받았고 그들의 작품들로 국제적 위상을 높였다. 이 수채화 작품들은 인쇄와 동판 조각 기술의 큰 발전에 힘입어 매우 정교하게 복제될 수 있었다.

흔히 '꽃의 라파엘'이라고 불리는, 벨기에의 화가 피에르조제프 르두테(Pierre-Joseph Redouté)는 일생 동안 1,800종의 식물을 묘사한 2,000점의 삽화를 출판했다. 그는 프랑스 귀족 찰스 루이 레리티에 드 브루텔(Charles Louis L'Héritier de Brutelle)과 함께 식물 해부학을 공부했고, 프랑스 루이 16세의 세밀화가였던 제라드 반 스팬돈크(Gerard van Spaendonck)로부터 화훼 예술을 배웠다. 르두테는 마리 앙투아네트 여왕의 첫 번째 궁중 화가이자 개인 교사로 임명되었다. 프랑스 혁명 이후 그는 조제핀 황후의 말메종 성에 유럽에서 가장 훌륭한 정원 중 하나를 만드는 프로젝트에 참여했다. 그녀의 장미 정원에는 200종의 장미 품종들이 자라고 있었고, 대부분 르두테가 세 권의 책으로 남긴 『레 로제(*Les roses*)』에 수록되어 있다. 이 책은 오늘날에도 여전히 오래된 장미 품종들을 동정하는 데 사용되고 있다.

오스트리아의 화가 프란츠 바우어(Franz Bauer)는 1790년 큐 왕립 식물원 최초의 주재 식물 화가로 임명되었다. 바우어는 과학자이자 숙련된 화가였고, 그의 작품들 중에는 식물 해부학의 극히 상세한 습작들도 포함된다.

제이신스 더블, 1800년
플랑드르의 화가 제라드 반 스팬돈크의 작품은 전통적으로 내려온 네덜란드식 정통 꽃 그림에 프랑스식 정교함을 가미했다. 겹꽃 히아신스를 뜻하는 제이신스 더블(Jacinthe Double)이라는 제목의 이 작품은 르두테에 의해 더욱 발전하게 된 점묘 판화 기법을 사용한 24점의 판화들 가운데 하나다.

로사 센티폴리아(*Rosa centifolia*), 1824년경
깨끗하고 달콤한 향기를 가진 하이브리드 장미를 그린, '수백 장의 꽃잎을 가진 장미'가 르두테의 『레 로제』에 점묘 판화로 수록되어 있다(왼쪽). 르두테는 자신의 완벽한 수채화에서 볼 수 있는 색채의 그라데이션을 재현하고, 종이의 '빛'이 그대로 발할 수 있도록 미세한 점들로 표현되는 점묘 판화 동판 인쇄 기법을 완벽하게 다듬었다. 그런 다음 인쇄물은 수작업을 통해 수채화 물감으로 마무리되었다.

> **❝가장 높은 수준에서 변이의 재능을 타고난 꽃들 중에서 아무도 장미에 견줄 수 없다.❞**

클로드 앙투안 토리(Claude Antoine Thory), 서문, 『레 로제』(1817년)

꽃

온도의 변화

많은 꽃들이 온도 변화에 반응하는 세포 속 수액에 의해 열리고 닫힌다. 수액은 세포를 확장, 수축시키는데, 확장하는 세포들은 꽃잎이 열리게 만드는 표면 압력을 생성한다. 튤립 꽃잎의 안쪽과 바깥쪽의 온도 차이는 섭씨 10도에까지 이른다. 햇빛이 꽃을 따뜻하게 함에 따라 꽃잎 안쪽의 표면 온도가 올라가고 세포들이 확장하여 꽃이 열리도록 밀어낸다. 온도가 떨어지면 안쪽 표면의 세포들이 먼저 수축되어 꽃이 다시 닫히도록 잡아당긴다.

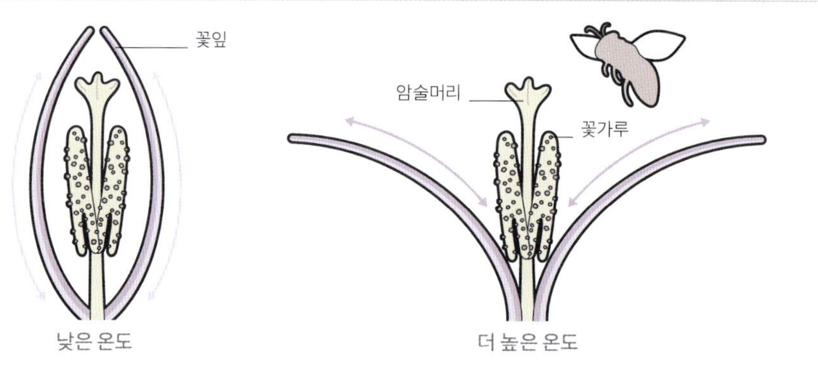

꽃잎이 빛과 열에 반응하여 열리고 닫힌다.

원뿔 모양의 꽃턱에 암술머리가 들어 있다.

엄청난 꽃밥들이 한 꽃당 대략 100만 개에 이르는 꽃가루 알갱이들을 만들어 낸다.

개장 시간

연꽃속 종류(*Nelumbo* sp.)의 꽃은 새벽에 열리고 해 질 무렵 닫히면서 3~4일 동안 개화가 지속된다. 개화 첫날엔 암술머리가 꽃가루를 받을 수 있을 정도로 일부만 열렸다가 완전히 닫힌다. 그 다음 이틀 동안엔 아침에 꽃이 더 활짝 열리고 벌, 파리, 딱정벌레를 끌어들이는 향기를 발산한다.

각각의 연꽃은 18~28장의 꽃잎을 가지고 있다.

야간 폐장

어떤 꽃들은 접촉에 의해, 혹은 빛, 온도, 습도의 변화와 같은 외부 자극에 반응해 꽃이 열리고 닫힌다.
많은 식물 종들이 이러한 요인들에 의해 물리적 반응을 일으키는데, 밤에 닫히는 꽃들은 번식에
관한 사항 역시 고려할지도 모른다. 밤에 꽃을 닫아 둠으로써 비바람으로부터 꽃가루와 생식 기관을
보호하고 야행성 포식자들에 의해 먹히거나 피해를 입을 위험을 줄인다. 그로 인해 낮에 꽃가루
매개자들을 불러들일 가능성이 높아진다.

밤에 닫히는 꽃
밤에 연꽃(*Nelumbo* sp.)이 닫혀 있을 때, 꽃턱 안쪽의
화학적 변화로 열이 발생해 꽃 속의 온도는 섭씨
40도까지 올라간다. 열은 향기를 발산하게 되는데,
이는 다음날 연꽃이 열렸을 때 꿀을 대신해 꽃가루
매개자들을 끌어들이는 데 필요하다.

꽃봉오리의 방어

꽃봉오리는 보통 꽃받침조각에 의해 보호되지만 어떤 식물들은 미세한 털(모용)들을 이용해 방어력을 강화한다. 꽃봉오리 주변의 공기 층을 가두어 비바람으로부터 꽃봉오리를 차단시키고 온도와 수분 함수량을 조절한다. 해충을 더 멀리 쫓아내기 위해 어떤 털들은 건드렸을 때 화학 물질을 방출한다.

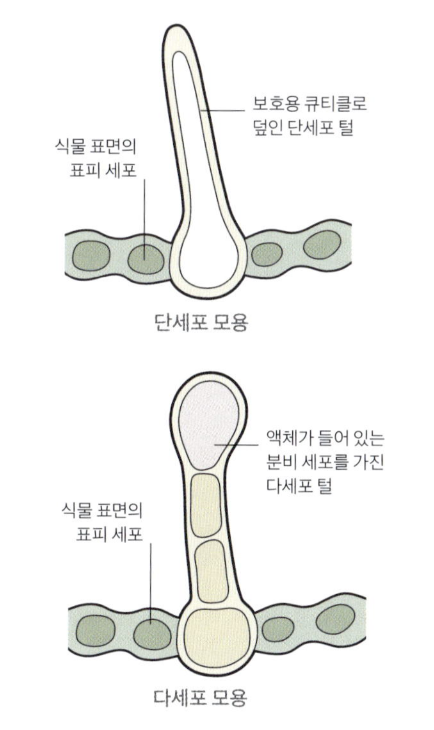

안팎으로 보호하기

향인가목(*Rosa rubiginosa*)은 보통 숲 가장자리의
덤불이나 생울타리 사이에서 아무렇게나 자란다.
해충들이 많기 때문에, 이 식물은 꽃봉오리들을
보호하기 위한 무기가 필요하다. 이러한 방어는
잎들을 보호하고, 로즈힙 안에 있는 씨앗을 감싸는
모용에 의해 이루어진다. 과거에는 로즈힙 안에 있는
털들을 추출해 '가려움 유발 가루'로 사용했을 만큼
모용은 효과적이다.

식물의 털

하나 또는 많은 세포들로 이루어진, 식물의 털 또는 모
용은 표피에서 자란다. 방어용 물질을 분비하는 샘털
은 보통 다세포로 이루어져 있다. 분비물은 모용의 끝
에 있는 샘(분비 기관) 모양의 세포에 저장된다.

뾰족뾰족한 보호책
산토끼꽃 종류의 꽃에 있는 가시들은 사실
자라나는 꽃봉오리들을 보호하는 뻣뻣하고
날카로운 포엽들이다.

단계별 개화

가시로 덮인 포엽에 의해 보호 받는 디프사쿠스 풀로눔(*Dipsacus fullonum*)의 꽃차례는 하나에 약 2,000개의 꽃들이 피어날 수 있다. 꽃은 중간쯤부터 고리를 형성하며 개화하기 시작하는데, 위쪽과 아래쪽 꽃 무리들은 가운데 고리의 꽃들이 지고 몇 주가 지난 후에 피어난다.

무장한 꽃들

생존에 관한 한 식물들은 불리한 상황에 처해 있다. 그들은 포식자들에 의해 위협을 받을 때 다른 곳으로 이동하거나 숨을 수 없다. 많은 식물들이 엽침, 피침, 또는 경침으로 그들의 잎과 줄기를 보호하지만, 산토끼꽃속의 일종인 디프사쿠스 풀로눔(*Dipsacus fullonum*)은 꽃에도 날카로운 방어 수단을 발달시켰다. 이 '방탄복'은 꽃봉오리와 발달하는 씨앗들을 보호하는 한편, 꽃가루 매개자들이 개화된 꽃을 찾아오도록 한다.

다목적 가시

우엉속 종류(*Arctium sp.*)와 같은 꽃식물의 가시 같은 포엽은 이중 목적을 달성한다. 끝부분이 갈고리 모양인 이 포엽들은 잠재적 포식자들로부터 꽃을 보호할 뿐 아니라 지나가는 동물들의 털에 들러붙기도 한다. 꽃이 진 자리에 깔쭉깔쭉하게 남게 되는 이 포엽들은 찍찍이 테이프의 아이디어가 되기도 했으며, 이 식물의 씨앗들을 널리 퍼뜨리는 데 도움이 되기도 한다.

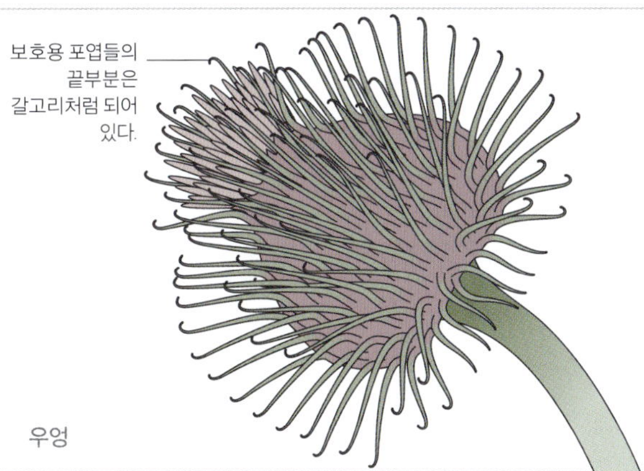

화려한 포엽들

일부 나무들의 잎들에서 볼 수 있는 환상적인 가을 단풍을 제외하고, 식물 세계의 색깔은 꽃과 가장 밀접하게 연관되어 있다. 포엽이라고 불리는, 변형된 보호용 잎은 꽃만큼이나 강렬할 수 있어서, 특히 더운 기후에서 자라는 종들의 경우 종종 꽃의 일부로 오해받기도 한다. 중앙아메리카의 진홍색 포인세티아에서 볼 수 있듯, 포엽은 선명한 색조를 띠는 꽃잎으로 기능할 수도 있고, 그 색깔들은 꽃가루 매개자들이 그냥 지나치기 어렵다.

잘못된 신원 확인

많은 열대 식물 종들의 포엽들은 종종 그들이 보호하는 별 특징 없는 꽃들을 무색하게 만든다. 남아메리카의 헬리코니아 로스트라타(*Heliconia rostrata*)는 눈에 띄게 선명한 진홍색과 노란색 포엽이 특징적인데, 이는 벌새를 유혹하여 포엽이 감싸고 있는 아주 작은 꽃들을 수분시키도록 한다.

각각의 포엽은 독립된 3~18개의 암수한몸 꽃들을 감싸는데, 각각의 꽃은 단 하루 동안만 개화한다.

끝에 있는 포엽은 맨 마지막에 열려 꽃가루 매개자들이 차례차례로 꽃을 찾아오게 한다.

포엽의 갈고리처럼 생긴 끝부분은 바닷가재의 집게발을 닮았다.

그늘을 밝히다
열대의 식물 종들은 그늘 진 곳에서 쉽게 눈에 띄도록
모양뿐 아니라 선명한 포엽들을 이용한다. 페루에서
자라는 루엘리아 카르타케아와 말레이시아의 징기베르
스펙타빌레는 숲 하부에서 꽃을 피우지만, 꽃가루
매개자들을 유혹하기 위해 포엽의 배열을 아주 다르게
하고 있다.

M.V.W.
Gatlinburg
6.15.38

1935년 스미스소니언 협회에서 출간한 책, 『북아메리카의 포충낭 식물들(*North American Pitcher Plants*)』에는 메리 복스 월콧의 수채화 그림들이 수록되었다. 이 작품은 '더치맨스 파이프(Dutchman's Pipe)'라는 영어 이름을 가진 쥐방울덩굴속(*Aristolochia*) 식물 종을 특징적으로 다루고 있다. 네덜란드와 독일 북부에서 한때 흔하게 볼 수 있었던 담배 파이프를 닮은 꽃의 모양에서 그런 이름을 얻게 되었다.

명화 속 식물들

아메리카의 열정가들

19세기 동안 북아메리카의 철도 확장은 모험가들, 박물학자들, 과학자들이 광대한 대륙의 아직 탐험되지 않은 다양한 서식지들을 찾아갈 수 있게 해 주었다. 열렬한 사진가들과 화가들은 풍경과 야생 동식물의 이미지를 담아내기 위해 로키 산맥과 같은 외딴 지역들로 이끌려 갔다. 이들 중 주목할 만한 이들은 놀랄 만한 식물 세밀화 작품들을 남긴 용감한 여류 화가들이었다.

정통 교육

『벽에 기댄 장미들(Roses on a Wall)』(1877년)은 필라델피아의 저명한 화가 조지 코크란 램딘(George Cochran Lambdin)의 작품이다. 꽃을 대상으로 한 정통 회화로 유명한 램딘은 워렌을 문하생으로 둔 적이 있었다고 알려져 있다. 일부 역사가들은 월콧 역시 그에게 가르침을 받았다고 믿고 있다.

필라델피아의 유복한 퀘이커 가에서 태어난 메리 복스 월콧(Mary Vaux Walcott, 1860~1940년)은 1887년 가족 휴가 때 캐나다 로키 산맥을 처음 방문했고, 그 풍광에 사로잡혔다. 그 후 대부분의 여름 휴가 때마다 그곳을 찾아간 그녀는 야외 생활을 한껏 즐기게 되었고, 열정적인 등반가이자 아마추어 박물학자가 되었다. 그녀는 이러한 관심사들을 그림에 대한 자신의 평생의 열정과 결합시키곤 했다.

로키 산맥을 방문 중이었던 월콧은 한 식물학자로부터 아주 희귀한 꽃 그림을 그려 달라는 요청을 받았고, 이를 계기로 계속해서 식물 세밀화를 그리게 되었다. 수년 동안 그녀는 북아메리카의 바위 투성이 지형들을 횡단하며, 중요하고 새로운 야생 식물들을 찾아다녔고, 수백 점에 이르는 수채화 그림들을 그려 냈다. 이들 중 400여 점은 1925~1929년 스미스소니언 협회가 5권 구성의 세트로 출판한 『북아메리카의 야생화(*North American Wildflowers*)』에 복제, 수록되었다. 월콧은 그 책과, 굉장히 매력적이면서도 식물학적으로 정확한 그림들로 많은 찬사를 받았으며, '식물학계의 오듀본(J. J. Audubon, 미국의 조류학자이자 화가 — 옮긴이)'이라 일컬어졌다. 월콧은

탐험들 중 일부를 어릴 적부터의 친구인 메리 셰퍼 워렌(Mary Shaffer Warren, 1861~1939년)과 함께했는데, 워렌은 자신의 모험심과 그림에 대한 재능을 함께 나누었다. 고인이 된 그녀의 박물학자 남편에 의해 영감을 받아 출판된 『캐나다 로키 산맥의 고산 식물(*Alpine Flora of the Canadian Rocky Mountains*)』(1907년)에는 식물과 꽃들을 그린 워렌의 걸출한 수채화 작품들이 많이 포함되었다. 이 선구적인 여성들의 작품들은 새로운 발견의 시대를 보여 주었으며, 북아메리카의 식물상에 대해 거의 알려지지 않았던 진정한 아름다움을 세상에 드러냈다.

> **" 구할 수 있는 가장 훌륭한 표본을 수집해 그려 내고, 관습적인 디자인 없이 자연의 우아함과 식물의 아름다움을 묘사한다. "**
>
> 메리 복스 월콧

꽃 없이 번식하기

수구과와 암구과는 따로 분리된 식물체에서
만들어지기도 하지만, 암수한그루인 경우 타가 수분을
촉진시키기 위해 보통 가지의 높이가 서로 다른 부분에
생겨난다. 아틀라스개잎갈나무(*Cedrus atlantica*)의
경우 수구과는 주로 더 낮은 가지에 달린다. 암구과는
수구과보다 훨씬 더 높은 곳에 달리므로, 이웃하는
나무에서 불어오는 꽃가루를 받아들일 가능성이 더 크다.

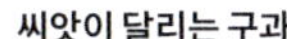

씨앗이 달리는 구과
아틀라스개잎갈나무(*Cedrus atlantica*)의 암구과는
성숙하는 데 2년까지 걸릴 수 있다. 수정 과정 자체는 보통
1년에 걸쳐 이루어지는데, 웅성 꽃가루관이 암구과의 실편
아래로 천천히 내려가 정자를 밑씨로 운반한다. 그 후 몇 달
동안 날개 달린 작은 씨앗들이 실편의 밑면에 발달한다.

구과의 번식

겉씨식물은 소철류, 은행나무, 침엽수 종류를 포함한 고대 식물군으로, 꽃가루와 밑씨를 생산하긴
하지만 꽃을 피우는 식물 종들과 공통점이 거의 없다. 수구과와 암구과에 의해 번식하는데, 훨씬 긴
기간에 걸쳐 씨앗을 만들어 낸다. '겉씨식물'이라는 용어는 문자 그대로 '벌거벗은 씨앗(나출 종자)'을
뜻하며, 암구과의 밑씨를 일컫는다. 이들은 완전히 노출되어 발달하고 보호용 씨방으로 둘러싸여
있지 않다.

수구과와 암구과

대부분의 겉씨식물에서 수구과와 암구과는
서로 다른 구조를 갖고 있다. 수구과는 대개
며칠 동안만 생존한다. 수구과는 암구과에
비해 질감이 더 부드러우며, 더 길쭉하고 날
씬하다. 포린은 중심부 줄기 주변에 나선형
으로 배열되는데, 각각의 포린은 더 아래쪽
공간에 꽃가루주머니를 지니고 있다. 암구
과는 더 넓고 튼튼하며, 밑씨를 생산하는 실
편들이 나선형으로 배열된다. 각각의 실편
에는 하나 이상의 밑씨가 달리고, 수분이 이
루어지면 씨앗으로 발달한다.

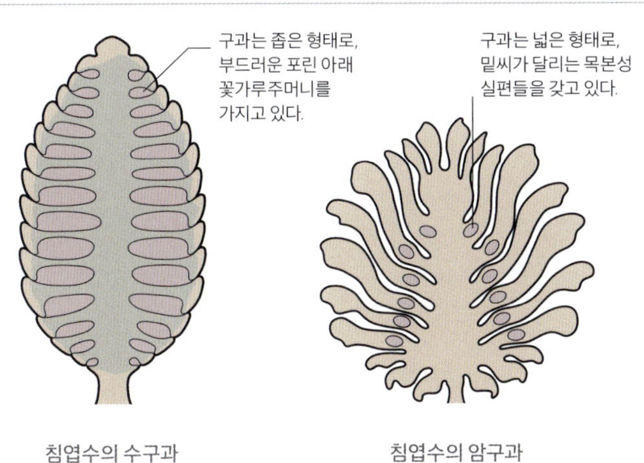

씨앗과 열매

씨앗. 식물의 번식 단위로, 또 하나의 같은
식물이 발달할 수 있다.

열매. 식물의 씨앗들을 둘러싸는 구조로,
대개 달콤하고, 과육이 있으며, 먹을 수 있다.

둘러싸인 씨앗들
속씨식물의 씨앗들은 열매 안에 형성된다.
루나리아 아누아(*Lunaria annua*)는 단각이라
불리는, 디스크 모양의 삭과를 가지고 있는데,
이것은 발달하는 씨앗들을 감싼다.

태좌의 선은 씨앗들이 씨방에
붙어 있던 곳을 나타낸다.

중심부의 격막은 각각의 단각을 씨앗들이
포함된 2개의 심피로 나눈다.

씨앗을 덮고 있는 종피는
방출된 씨앗을 보호해 준다.

씨앗의 구조

구과를 맺든 열매를 맺든, 꽃이 피지 않는 모든 식물(겉씨식물)과 꽃이 피는 식물(속씨식물)은
씨앗에 의해 번식한다. 비록 꽃식물의 둘러싸인 씨앗들과 비교했을 때 침엽수의 노출된
씨앗들이 발달하는 방식은 다르지만, 두 종류의 씨앗들은 모두 기본적으로 외종피,
저장된 양분, 발달하는 배를 갖는 똑같은 구조로 되어 있다.

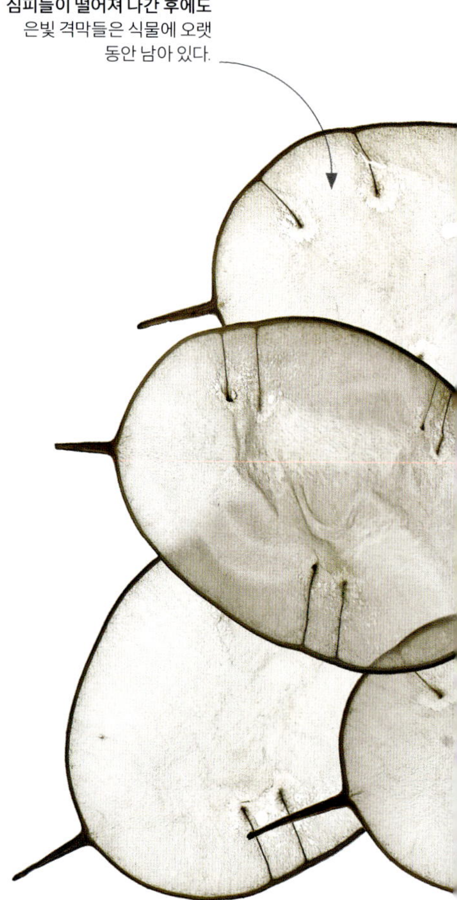

심피들이 떨어져 나간 후에도
은빛 격막들은 식물에 오랫
동안 남아 있다.

씨앗 속으로

모든 씨앗은 떡잎을 가지고 있다. 외떡잎식물은 1장, 다른 대부분의 종자식물은 2장의 떡잎을 가진다. 어떤
떡잎은 외떡잎식물의 배젖과 마찬가지로 식물의 배를 위한 양분을 제공한다. 두 종류의 씨앗들은 모두, 위쪽
줄기와 잎을 위한 싹이 될 상배축, 아래쪽 줄기를 형성하는 배축, 뿌리를 형성하는 유근을 포함하고 있다.

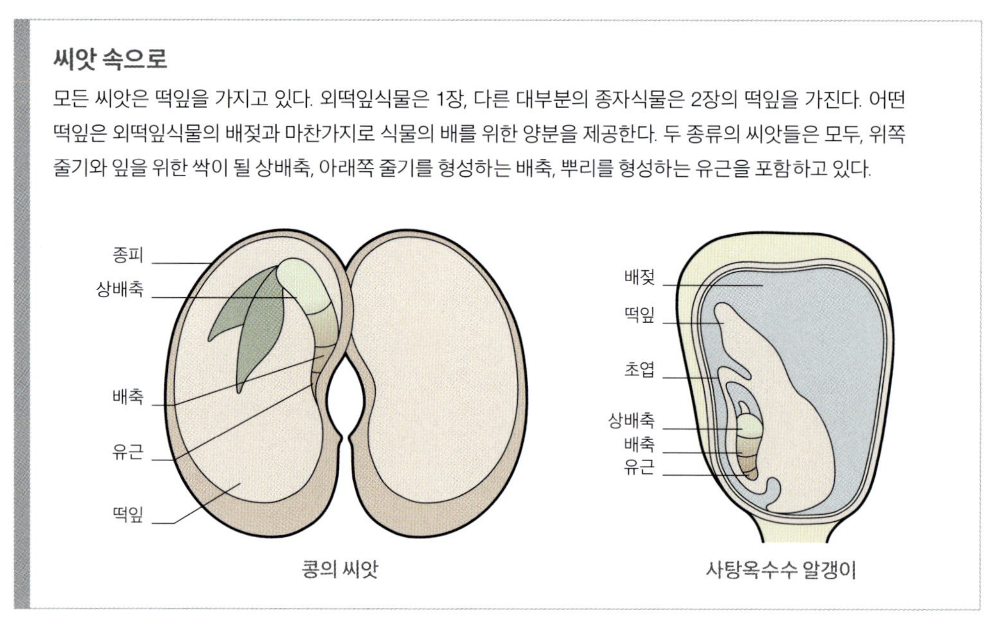

콩의 씨앗

사탕옥수수 알갱이

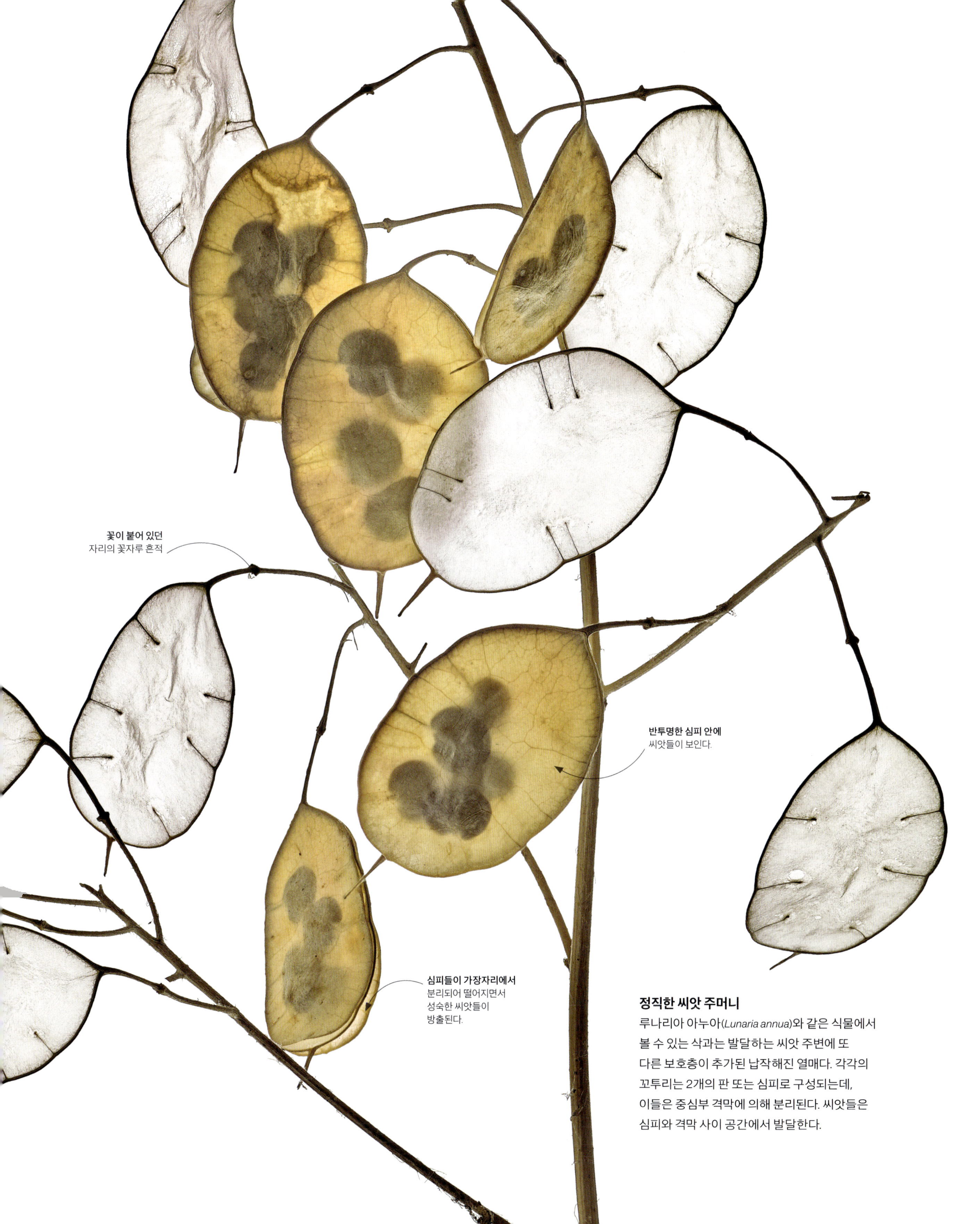

정직한 씨앗 주머니

루나리아 아누아(*Lunaria annua*)와 같은 식물에서
볼 수 있는 삭과는 발달하는 씨앗 주변에 또
다른 보호층이 추가된 납작해진 열매다. 각각의
꼬투리는 2개의 판 또는 심피로 구성되는데,
이들은 중심부 격막에 의해 분리된다. 씨앗들은
심피와 격막 사이 공간에서 발달한다.

노출된 씨앗들

씨방으로 둘러싸이지 않은 채 발달하는, 겉씨식물의 나출 종자들은 환경에 그대로
노출되어 있다. 꽃식물과 마찬가지로, 나출 종자들도 종피를 가지고 있지만, 이들은 열매
대신 구과 안에서 성숙한다. 가장 익숙한 것은 침엽수의 목질화된 구과인데, 구과의
실편들이 성숙하는 씨앗들을 보호한다. 주목과 같은 종류들은 다육질의 주머니 안에서
자라는 하나의 씨앗을 만들어 낸다.

목질성 구과

침엽수의 씨앗이 맺히는 구과는 모양과 크기가 매우
다양하다. 모든 구과들의 크기가 그들이 달리는 나무의
크기에 부합하는 것 같지는 않다. 거삼나무는 나무 높이가
94미터에 이르지만, 구과의 길이는 단지 5~8센티미터에
불과하다.

'쥐 꼬리'처럼 생긴, 3개의
뾰족한 끝을 가진 포엽들이
실편으로부터 돌출되어 있다.

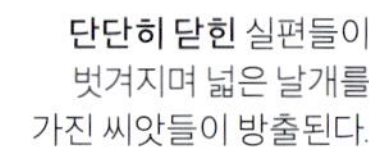

미송
(*Pseudotsuga menziesii*)

단단히 닫힌 실편들이
벗겨지며 넓은 날개를
가진 씨앗들이 방출된다.

아틀라스개잎갈나무
(*Cedrus atlantica*)

거대한 구과는 길이가
24~40센티미터에
이르고 신선할
때 무게가 약
5킬로그램이다.

코울터소나무
(*Pinus coulteri*)

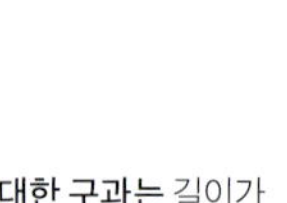

구과는 수십 년 동안 살 수
있으며, 화재, 다람쥐, 또는
딱정벌레에 의해 영향을 받았을
때만 씨앗들이 방출된다.

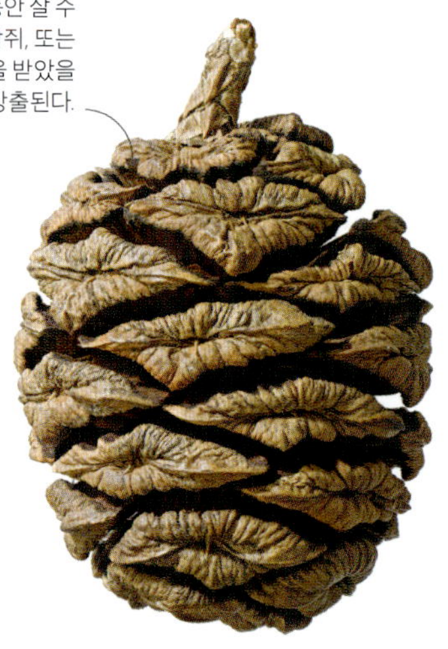

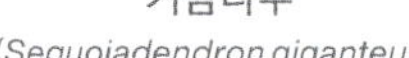

거삼나무
(*Sequoiadendron giganteum*)

특이한 씨앗 구조

어떤 겉씨식물은 구과처럼 생기지 않은 씨앗
구조를 만들어 낸다. 주목속 종류(*Taxus* spp.)와
향나무속 종류(*Juniperus* spp.)는 침엽수이지만,
그들의 씨앗은 가종피라고 불리는 다육질의
주머니 안에서 성숙한다. 은행나무(*Ginkgo
biloba*)는 암수딴그루 식물로, 수그루에는 웅성
꽃가루 구과가 달린다. 씨앗은 암그루의 줄기
끝에서 발달하는데 다육질의 껍질이 썩어
없어지고 난 후 '은행알' 하나당 하나의 씨앗이
드러난다.

장기간의 보호

우리가 생각하는 구과의 구조는 대부분 흔히
'종자 구과'로 알려진 암구과이다. 일반적으로
암구과는 수명이 짧은 수구과보다 더 크고
단단하다. 발달하는 씨앗들을 보호하는 데
사용되는 두꺼운 목질의 실편들 덕택에, 많은
식물 종들의 암구과들은 수정이 일어나고 씨앗을
방출한 후에도 여러 해 동안 그들의 모체 나무에
붙은 채 그대로 남아 있다.

씨앗의 발달

침엽수의 씨앗은 수구과로부터 방출된 꽃가루 알갱이들이 암구과의 실편에 있는 밑씨를 수정시켜 발달한다. 꽃가루는 바람을 타고 암구과로 이동해 주공(micropyle)이라 불리는 작은 구멍을 통해 들어간다. 꽃가루 알갱이는 웅성 배우자가 밑씨 안의 자성 배우자와 결합하기 위해 이동할 수 있도록 관을 형성한다. 밑씨는 일단 수정이 되면 실편에 의해 보호받고 종피에 의해 둘러싸인 배로 발달한다.

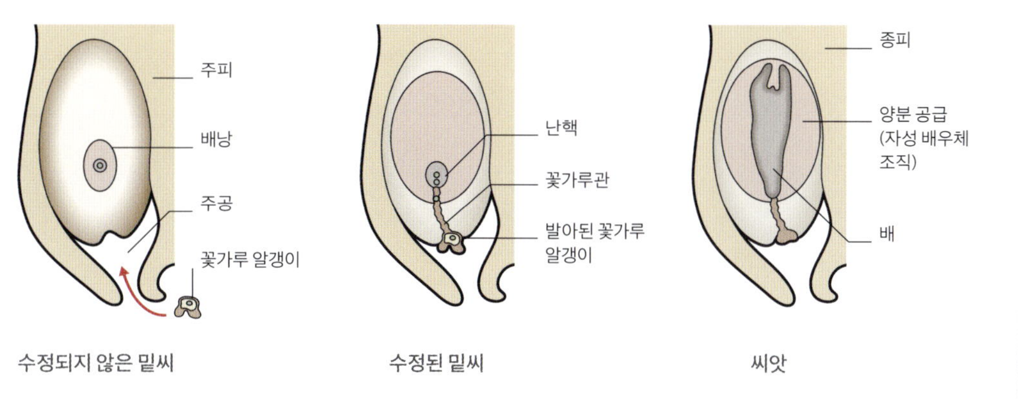

종자 구과 속으로

겉씨식물들은 그들의 생활사에 두 가지 특징적인 단계를 갖는다. 암수 생식기관들이 모두 구과 안에 형성되는데, 각각은 반수체인 생식 세포 또는 배우자를 만들어 낸다. 이것은 각 세포의 핵이 단지 한 벌의 염색체만을 가지고 있다는 것을 의미한다. 수정이 일어나는 동안 암수 배우자들의 결합으로 만들어진 각각의 씨앗은 두 벌의 염색체를 가지고 있는 배수체다. 대부분의 겉씨식물 나무들은 2개의 분리된 반수체 세포들이 융합되어 만들어진 배수체 기관이다.

떨어지지 않은 씨앗이 실편들 사이에 박힌 채 남아 있다.

수정된 밑씨가 실편들 사이에 끼어 씨앗으로 자란다.

내부 구조

아직 열리지 않은 암구과의 절단면을 살펴보면 실편들이 얼마나 단단하게 압착되어 있는지, 발달하는 씨앗들이 얼마나 효과적으로 보호되는지 알 수 있다.

감싸진 씨앗들

감싸진 씨앗들은 씨방 안에서 발달하는데, 씨방은 자라나는 씨앗들을 보호하는 열매 껍질을

형성한다. 이러한 여분의 층은 또한 씨앗을 퍼뜨리는 데 도움을 주는 동물들을 끌어들이기 위한

먹이의 기능을 하기도 한다. 코코넛 씨앗을 둘러싸고 있는 층과 같은 추가적인 피복은 매우

단단할 수 있는 반면, 다른 씨앗들은 너무 연약해 언뜻 보기에는 거의 목적이 없어 보이기도

한다.

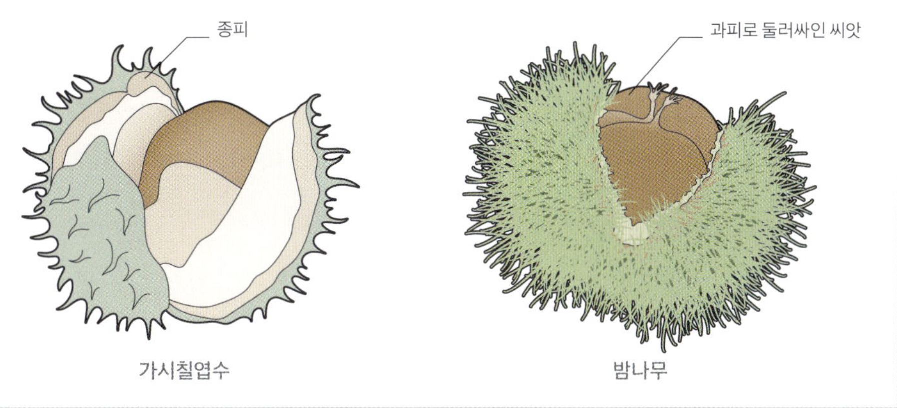

꽈리

꽈리속 종류(*Physalis* sp.)는 눈길을 끄는 종이 같은 껍질을
가지고 있는데, 이는 꽃받침조각들이 융합되고 부풀어올라
베리 같은 하나의 열매를 둘러싸는 꽃받침이다. 꽈리는
내구성이 떨어지는 부분을 다른 방법으로 보충한다. 꽈리
속에 있는 열매는 먹을 수 있지만, 둘러싸는 꽃받침에는
독성이 있다. 이러한 특성은 날씨에 대한 보호 역할과 함께,
효과적인 울타리 기능을 한다.

열매의 종류

꽃에 수분이 일어난 다음, 씨방 안에 있는 밑씨는 씨앗으로 발달한다. 씨방의 벽, 또는 과피가 씨앗을 둘러싸는 보호 층을 형성하여, 열매를 구성한다. 과피가 발달하는 방식에 따라 열매의 종류가 결정된다. 어떤 종류는 다육질로 되어 있어 먹을 수 있는 반면, 다른 종류는 메말라서 대부분 먹을 수 없다. 대부분의 열매들이 가지고 있는 과피는 세 가지 서로 다른 층들로 구별된다: 껍질 또는 외과피, 과육 또는 중과피, 핵 또는 내과피.

꽃에서 열매로
멘지에시딸기나무(*Arbutus menziesii*) 꽃 하나하나의 중심에는 씨방이 있다. 이것은 수정이 되면 단순한 다육질 열매로 발달한다.

구별되는 특징들

딸기처럼 생긴 다육질의 열매를 가진 우네도딸기나무(*Arbutus unedo*)의 열매는 사실 딸기와 다르다. 각각의 열매는 하나의 꽃 안에 있는 씨방으로부터 형성되는 단과이다. 반면에 딸기는 취과로 이루어진다.

과일 나무로 장식된 바닥
이 석류나무 모자이크는 아마도 비잔틴의
황제 헤라클리우스(575~641년)의 통치
시대까지 거슬러 올라갈지 모른다. 이것은
콘스탄티노폴리스 대궁전의 바닥 포장
장식의 일부였다.

명화 속 식물들

고대의 정원

최초의 정원은 중동 지역의 초창기 사회에서 사람들이 자급자족에 대한 필요성으로 집 근처의 작은 토지를 에워싸면서 시작되었다. 시간이 지남에 따라, 정원의 실용적 기능은 주변 환경을 돋보이게 하려는 사람들의 바람으로 대체되었다. 지배 계급이 출현하면서 정원은 여가 시간을 즐기고 지위를 강화하기 위한 수단으로 이용되었다.

고대 세계 전반에 걸친 고고학, 문학, 예술에서 고대 정원과 식물들의 모습을 얼핏 살펴볼 수 있다.

대규모로 정형화된 최초의 정원들은 전설적인 바빌론의 공중 정원이 있었던 고대 메소포타미아의 황제들이 만들었다. 이 정원들은 종종 정교한 관개 시설과 돌 조경을 접목했고, 여기에는 외국 원정으로부터 확보한 나무들과 이국적인 식물들이 일정한 양식에 따라 사용되었다.

고대 이집트 인들은 세속적이고 종교적인 목적 두 가지를 모두 충족시키기 위한 정원을 만들었고, 사원들은 종종 구내에 정원을 가지고 있어 상징적인 허브 종류와 채소, 의식에 사용되는 식물들을 길렀다. 이집트 인들은 또한 축제를 위한 화환과 의학적인 목적으로 사용할 많은 종류의 꽃들을 재배했다.

고대 그리스의 경우에는 가정에서 즐기기 위한 정원은 드물었다. 비교적 단순한 형태의 정원들이 종교와 밀접하게 연관되어 있었고, 그들이 기르는 나무들과 식물들은 특정 신들과 관련이 있었다.

이집트와 페르시아의 영향을 크게 받은 정원 디자인과 원예 기술은 고대 로마에서 고도로 발전하게 되었다. 폼페이의 도시 주택에서부터 로마 황제의 궁전까지 정원은 휴식과 도피, 종종 종교적이면서 상징적인 의미를 담고 있는 예술과 조형물을 특징으로 삼았다.

영원한 정원
로마 인근 리비아 저택의 프레스코화는 로마 아우구스투스 황제의 아내를 위해 만들어졌으며, 자연스러우면서도 환상적인 정원을 묘사하고 있다. 열매와 꽃이 동시에 달리는 교목들과 관목들은 황제의 영광스러운 통치로 비옥하고 '영원한 봄'이 계속되고 있다는 의미를 전달한다.

마르쿠스 툴리우스 키케로(Marcus Tullius Cicero), 바로(Varro)에게, 『친지들에게 보내는 서한(*Ad familiaries*)』 IX, 4

블랙베리 열매

블랙베리와 같은 산딸기속 종류(*Rubus* sp.)의
관목들은 기다란 원추 꽃차례(216쪽 참조)를
만들어 내는데, 이들은 끝부분이 꽃눈으로
끝나는 가지들을 가지고 있다. 줄기 끝에 달린
꽃들은 보통 다른 꽃들보다 먼저 개화하고
성숙하기 때문에, 한 그루의 블랙베리 관목의
어느 한 부분에서도 열매들이 서로 다른
시간대에 발달한다.

블랙베리의 열매는 어떻게 발달할까?

각각의 블랙베리 꽃은 많은 암술들을 가지고 있고, 각 암술의 씨방은 여러 밑씨들을 가지고 있다. 각각의 밑씨는 하나의 작은 열매(소과실)로 둘러싸인 씨앗, 혹은 핵과를 만들어 낼 수 있다. 수정이 이루어지면, 각 꽃의 암술들은 융합해 취과를 형성한다.

꽃의 수정

소과실들의 형성

소과실들의 성숙

다 익은 블랙베리

꽃에서 열매까지

늦봄 또는 초여름에 꽃이 피어나는 것은 열매 형성의 첫 번째 단계를 알린다. 다음 단계는 같은 종의 식물로부터 온 꽃가루 알갱이가 꽃의 암술머리에 내려앉았을 때 일어난다. 이때 암술대를 통해 이동하는 꽃가루관이 만들어진다. 이 '터널'은 꽃가루의 핵이 밑씨로 가득한 씨방에 접근하도록 해준다(184~185쪽 참조). 여기서 꽃가루의 핵은 밑씨의 핵과 결합해 수정이 일어난다. 수정은 그 꽃이 끝났다는 신호다. 하지만 꽃잎이 시들고 떨어지면서, 수정이 된 모든 밑씨들은 씨앗들로 변형되고, 그들을 둘러싼 씨방들은 부풀어 올라 열매로 성숙한다.

액과

하나의 씨방을 가진 하나의 꽃으로부터 만들어진 열매

분할된 과육을 가진 알맹이

단단한 껍질을 가진 분할되지 않은 알맹이

과육이 씨방으로부터 형성되지 않은 가짜 열매로, 씨앗은 수과이다.

장과
타마릴로(*Solanum betaceum*)

감과
레몬(*Citrus x limon*)

호과
뿔참외(*Cucumis metuliferus*)

장미과
해당화(*Rosa rugosa*)

건과

각각 1개의 씨앗을 가지고 있지만, 하나의 씨방 안에 있는 하나의 심피로부터 파생되었다.

열매를 둘러싸는 날개를 가진 수과

2개의 심피를 가진 꽃으로부터 파생된 한 쌍의 수과

씨방 전체로부터 파생된 하나의 씨앗이 달린 열매

국과
민들레속 종류(*Taraxacum* sp.)

수과
딸기(*Fragaria x ananassa*)

단일 시과
글라브라느릅나무(*Ulmus glabra*)

이중 시과
신나무(*Acer tataricum* subsp. *ginnala*)

열매 해부학

본질적으로 열매의 분류는 몇 안 되는 특성들에 근거하는데, 그중 가장 중요한 것 중 하나가 바로 질감이다. 다육성의 열매들은 동물에게 섭취되어 분산되는 한편, 메마른 열매들은 바람, 중력, 또는 동물의 털에 의존하여 퍼뜨려진다. 열매, 이상적으로는 그 열매가 비롯된 꽃의 형태를 조사하면 모든 것을 명백히 알아낼 수 있지만, 식물학적인 분류는 여전히 놀라운 결과를 보여 줄 수 있다. 예를 들어 오이는 장과의 한 종류로 분류되는 반면, 딸기는 장과가 아니다.

씨앗들을 홀뿌리기 위해 파열하면서 열리는 분리과

삭과(regma)
세열유럽쥐손이
(*Erodium cicutarium*)

이과
(*Malus* x *domestica*)

핵과
복숭아(*Prunus persica*)

취과
라즈베리(*Rubus idaeus*)

집합과
오세이지오렌지(*Maclura pomifera*)

견과
터키개암나무
(*Corylus colurna*)

영과
옥수수(*Zea mays*)

협과
스위트피(*Lathyrus odoratus*)

골돌과
금매발톱꽃(*Aquilegia chrysantha*)

삭과(capsule)
로도피알라 비피다
(*Rhodophiala bifida*)

공개 삭과
양귀비(*Papaver somniferum*)

단각과
루나리아속 종류(*Lunaria sp.*)

분리과
트라키스페르뭄 암미
(*Trachyspermum ammi*)

바나나

바나나의 길쭉하고 날씬한 열매는 사실 장과의 일종이다. 상점에서 구입한 바나나에는 씨앗들이 없지만, 야생의 열매들은 이빨에 금이 갈 정도로 단단한 씨앗들로 가득하다. 68종에 이르는 바나나 종류들은 모두 바나나속에 속해 있고, 열대 동양구와 오스트레일리아에 걸쳐 자생한다.

바나나속(*Musa*) 종류는 2미터를 넘기기 힘든 아주 작은 무사 벨루티나(*Musa velutina*)에서부터 보통 20미터까지 자라는 거대한 무사 인겐스(*Musa ingens*)까지 키가 매우 다양하다. 겉모습과 달리 바나나는 나무가 아니다. 바나나는 목재를 만들어 내지 않으며 나무 줄기처럼 보이는 것은 사실 그들의 기다란 열대 잎들이 밑부분에서 빽빽하게 밀집해 단단해진 것이다. 사실 바나나는 지구상에서 가장 큰 초본성 식물이다.

바나나는 꽃이 피는 형태에 따라 위쪽을 향하는 것과 아래로 늘어지는 두 가지 종류로 나뉠 수 있다. 위쪽으로 향하는 형태는 꽃들이 하늘을 향하고, 주로 새들에 의해 수분이 된다. 아래로 향하는 형태는 꽃들이 땅을 향하고, 대부분 박쥐들에 의해 수분이 일어난다. 두 가지 형태 모두 꽃들은 수상 꽃차례에 달리며, 각각의 꽃 무더기는 보통 화려하고 커다란 포엽에 의해 보호받는다. 야생에서 바나나는 수분이 일어날 때만 열매를 만들어 낸다. 열매는 처음에 초록 빛깔로 달리지만 익어 가면서 색깔이 변한다. 모든 바나나가 노란색으로 익는 것은 아니다. 어떤 종들은 밝은 분홍색 열매를 생산한다. 동물들이 너무 일찍 바나나 열매를 따 먹게 되면 씨앗들은 아직 활력을 갖지 못할 수도 있다. 따라서 안쪽에 있는 씨앗들이 준비되었을 때만 색깔의 변화가 일어나고, 이로써 동물들에게 열매가 먹기 적당하다는 신호를 보낸다. 연구에 따르면 어떤 바나나 종류들은 익었을 때 자외선 아래에서 형광빛을 낸다는 것이 밝혀졌다. 이것은 잘 익은 열매들을 더 쉽게 찾기 위해 자외선을 감지할 수 있는 동물들에게 도움이 된다.

꽃과 열매

바나나 꽃들은 보통 노란색 혹은 크림색을 띠고 통 모양으로 생겼다. 새들과 박쥐들은 야생 바나나들에게 중요한 꽃가루 매개자들이다. 재배용 바나나들은 수분을 하지 않고도 열매를 생산하기 때문에 모두 씨앗을 가지고 있지 않다.

바나나 줄기 하나(바나나는 한 개체당 하나의 줄기를 갖는다.)는 200개에 이르는 열매들을 생산할 수 있다.

바나나 다발
바나나가 처음 재배된 시기는 7,000년 이상을 거슬러 올라간다. 오늘날 전 세계적으로 재배되는 바나나들은 모두 단 두 종류의 바나나 종들의 후손들이다. 무사 아쿠미나타(*Musa acuminata*)와 무사 발비시아나(*Musa balbisiana*)가 그들이다. 바나나 농사에는 일반적으로 몇몇 바나나 품종들의 복제 식물들만 사용되기 때문에, 이 바나나들은 야생 바나나들보다 질병에 훨씬 더 취약하다.

바싹 마른 노란색 꽃차례는 씨앗들이 방출된 후에도 작은 수상화들을 유지한다.

산포를 위한 장비
보우텔로우아 그라킬리스(*Bouteloua gracilis*)는 씨앗들이 익어 가면서 꽃대가 구부러져 작은 수상화들이 열린다. 이 때문에 이 식물은 '속눈썹 그라스'라는 별명을 갖게 되었다. 각각의 씨앗은 3개의 뻣뻣한 까끄라기들을 가지고 있는데 이는 털이나, 의복, 또는 깃털에 매달릴 수 있다.

씨앗 산포

씨앗과 포자는 식물 세계의 여행자들이다. 어떤 종류 또는 어떤 크기이든 간에 씨앗은 단 하나의 중요한 임무를 가지고 있다. 새로운 식물 개체를 만들어 내는 데 필요한 유전 물질을 실어 나르는 것이다. 어떤 종들의 경우 이것은 모체 식물로부터 기름진 땅 위로 씨앗을 떨어뜨리는 것만큼 간단하다. 다른 식물들에게 이것은 바람, 물, 새, 곤충, 동물, 인간 등 이용 가능한 수단은 무엇이든 얻어 타고 가야 함을 의미한다. 심지어 동물들에 의해 섭취되어, 그들이 태어난 식물체로부터 수 킬로미터까지 떨어진 곳에서 배설되기도 한다.

다중 산포 전략

약 30센티미터 높이의 꽃대를 만들어 내는 보우텔로우아 그라킬리스(*Bouteloua gracilis*)는 씨앗들을 퍼뜨릴 많은 기회들을 가지고 있다. 씨앗들은 지나가는 바람을 타고 수 미터 멀리 날아가기도 하고, 일부는 떨어진 곳에서 발아하게 된다. 그들은 또한 초식 동물들에게 먹힌 다음 배설된 곳에서 자란다. 씨앗들은 동물의 털이나 새의 깃털에 달라붙어 모체 식물로부터 더욱더 멀리 떨어져 여행하기도 한다.

테이크아웃 광고
디아넬라 타스마니카(*Dianella tasmanica*)의
선명한 색깔을 가진 열매들은 땅 또는 하늘에서
눈에 띄기 쉬워 새들에게 아주 매력적이다.
기다란 줄기 끝에 매달린 탄수화물 함량이 높은
열매들은 또한 새들이 날아가면서 따 먹기 쉽다.

각각의 열매에는 5개의
검은색 씨앗들이 들어 있는데,
이 씨앗들은 새의 소화 기관을
그대로 통과한다.

빨강, 보라와 같이 강렬한
색깔들은 야생 새들을 유혹하는
것으로 알려져 있다.

발아력 높이기
새의 배설물로 퍼뜨려진 유럽당마가목(*Sorbus
aucuparia*) 씨앗들은 소화되지 않은 씨앗들에 비해
더 빨리 발아한다. 이것은 아마도 소화 과정에서
일부 화학 물질들이 제거되었기 때문일지도
모른다.

줄기 끝에 달린 하나의
열매는 쉽게 딸 수 있다.

섭취에 의한 산포

어떤 식물 종들은 넓은 지역에 걸쳐 그들의 씨앗들을 퍼뜨리는 데 다른 식물들보다 훨씬 더

성공적이다. 식물들이 이것을 이루기 위한 가장 효과적인 방법들 중 하나는 바로 새의 먹이가 되는

것이다. 다른 많은 동물들 역시 배설물을 통해 씨앗들을 퍼뜨리지만, 하늘을 나는 새들은 훨씬

더 넓은 영토에 이를 수 있다. 새들이 최근 섭취한 식사로부터 나온 씨앗들은 모체 식물체가 있던

곳으로부터 멀리 떨어진 곳에 배설될 가능성이 높다.

디아넬라 타스마니카
(*Dianella tasmanica*)

새들을 위한 빨간색과 검은색

새들은 다른 어떤 색깔보다도 빨간색과 검은색
열매와 씨앗들을 훨씬 더 많이 섭취한다. 이것은
새들의 잘 발달된 색각 능력 때문이기도 하고,
이러한 열매들과 씨앗들에 들어 있는 영양 성분
때문이기도 하다. 또는 그들이 특정한 서식지에
집중하기 때문일지도 모른다. 이유야 어떻든 간에,
이 그림 속에서 볼 수 있는 접시꽃목련 '러스티카
루브라'(*Magnolia* x *soulangeana* 'Rustica Rubra')의
경우처럼 빨간색 씨앗들은 새들이 가장 선호하는
메뉴 중 하나다.

극락조화
(*Strelitzia reginae*)

여인초
(*Ravenala madagascariensis*)

주황색 가종피는 원숭이들의 이목을 끄는 한편, 검은색 씨앗은 새들을 끌어들인다.

색깔과 씨앗 산포

포유류와 조류는 둘 다 씨앗들을 섭취하고 배설물을 통해 혹은 멀리 숨겨 놓음으로써 씨앗들을 분산시킨다. 하지만 이들의 색깔 선호도는 다양하다. 전 세계적인 연구에 따르면 새들은 빨간색과 검은색 씨앗들을 선호하는 한편, 포유류는 주로 주황색, 노란색, 갈색 씨앗들을 먹는다. 특정한 동물들이 어떤 특정한 색깔만을 보거나 선호하는 것에 대해, 식물들은 자칫 생기 없어 보일 수 있는 씨앗에 어떤 때는 단지 선명한 (털로 덮인) 가종피를 더함으로써 이 같은 상황에 적응하기도 한다.

굉장히 매력적인 파란색 가종피는 여인초의 파란색 씨앗들을 장식하고 여우원숭이들을 불러들인다. 여우원숭이는 오직 파란색과 초록색만 볼 수 있다.

다채로운 씨앗들

열매가 여러 색깔들을 띠는 것과 마찬가지로, 씨앗들도 수많은 색깔들을 나타낸다. 보호용 종피의 색깔은 순수한 검은색에서부터 화려한 빨간색, 주황색, 파란색까지 다양하다. 대개의 식물 종들의 경우 어두운 색깔보다는 밝은 색깔의 씨앗들이 더 많은 수분을 포함하고 있다고 알려져 있지만, 왜 일부 씨앗들이 그토록 선명한 색소들을 가지게 되었는지는 여전히 밝혀지지 않고 있다. 하지만 어떤 동물들은 그러한 특정 색깔들을 더 선호하는 것처럼 보인다는 것은 확실하다.

유독성의 리신 씨앗

모든 종피가 가지고 있는 주요 기능은 보호인데, 어떤 경우엔 섭취되는 것으로부터 보호하는 역할을 한다. 유독성의 씨앗들은 지구상 가장 치명적인 물질들을 지니고 있다. 아주까리(*Ricinus communis*)에서 발견되는 리신은 매우 독성이 높아서 단지 네 알의 콩처럼 생긴 씨앗만으로도 한 사람을 죽음에 이르게 하기에 충분하다. 아주까리 씨앗의 색깔은 흰색에서부터 얼룩덜룩한 빨간색과 검은색까지 다양해서 많은 동물들과 새들이 그것을 삼켜 죽게 된다.

얼룩덜룩한 색깔은 먹을 수 있는 리마콩과 비슷하다.

스펀지처럼 자라 나온 종침은 당분으로 가득해서 개미들을 끌어들인다.

아주까리

a. Malus oxymela acida, Saurer Holtzapfel. b. Malus sylvestris fructu rubro minore, Pomme sovvage, Holtzapfel. c. Malus sylvestris fructu rotundo viridi, grüne Holtzapfel. d. Malus Persica flore pleno. e. Malus Persica Sti Laurentii dicta. f. Malus Persica minor, Pesche petit, Pfirsig. g. Malus Persica major molle carne, Pfirsigapfel. h. Malus Persica magna, Bootzner Pfirsig.

예술과 과학

18세기는 종종 식물화의 황금기로 불리는데, 식물 화가 에레트의 삽화들은 예술과 과학의 위대한 만남을 선보인다. 에레트는 동식물에 대한 명명법과 분류법에 대한 칼 린네의 획기적인 접근법을, 식물 세밀화의 분명하고, 정확하며, 아름다운 양식과 접목시켰다.

역대 가장 영향력 있는 식물 삽화가 중 하나인, 독일 태생의 게오르크 디오니시우스 에레트(Georg Dionysius Ehret, 1708~1770년)는 가드너인 아버지를 통해 자연에 대해 배웠다. 그는 그림에 대한 재능, 세부적인 것을 보는 눈, 점점 늘어 가는 식물에 대한 지식으로 식물 세밀화 작품들을 그리기 시작했고, 곧 세계적으로 이름 난 과학자들과 영향력 있는 후원자들의 주목을 끌게 되었다. 에레트는 처음으로 스웨덴의 유명한 식물학자이자 분류학자였던 칼 린네(Carl Linnaeus)와 『호르투스 클리포르티아누스(Hortus Cliffortianus)』(1738년)의 삽화 작업을 함께했다. 그 책은 동인도 회사의 통치가였던 조지 클리퍼드(George Clifford)의 사유지에서 볼 수 있는 희귀한 식물들을 소개한 분류 도감이었다. 린네의 지도 하에

에레트는 식물의 모든 기관들을 아름다우면서도 과학적으로 정확하게, 그리고 아주 상세한 삽화로 기록했다. 이것은 식물 삽화에 있어 린네식 스타일로 알려지게 되었다.

에레트는 계속해서 당대 중요한 식물학 관련 출판물 대부분의 삽화들을 그려 냈고, 큐 왕립 식물원을 포함한 기관들과 수집가들을 위해 수많은 삽화들을 창작했다.

파인애플
에레트의 작품에는 전 세계 식물들에 대한 연필, 잉크, 수채화 습작들이 포함되었다. 오른쪽 파인애플(Ananas sativus) 그림도 그중 하나로, 영국에서 가장 오래된 식물원 가운데 하나인 첼시 피직 가든(Chelsea Physic Garden)에서 연구를 진행할 목적으로 최근 런던에 도착했다.

사과나무속 열매와 꽃에 대한 세부 사항
사과나무와 복사나무의 꽃과 열매를 그린 이 삽화들은 수작업으로 채색된 메조틴트 판화 작품들이다. 에레트는 네덜란드 인 약제상 요한 빌헬름 바인만(Johann Wilhelm Weinmann)의 의뢰를 받아 『파이탄토자 이코노그라피아(Phytanthoza iconographia)』라는 화보의 삽화 작업을 진행했다. 하지만 바인만이 비용을 너무 적게 지급하는 바람에 절반 정도의 삽화들밖에 완성하지 못했다.

> " 게오르크 디오니시우스 에레트의 천재성은 18세기 중반 보태니컬 아트에 지대한 영향을 미쳤다. "

윌프리드 블런트(Wilfrid Blunt), 『식물 삽화의 기법(The Art of Botanical Illustration)』(1950년)

유니콘의 열매

히치하이킹으로 씨앗을 퍼뜨리는 가장 큰 종류 중 일부는 '악마의 발톱'으로 알려진 식물에 의해 만들어진다. 하지만 뾰족한 꼬투리는 바로 모습을 드러내지는 않는다. 이비셀라 루테아(*Ibicella lutea*)의 목질화된 씨앗은 뿔처럼 생긴 커다란 열매 안에서 형성되어 '유니콘 식물'이라고 불리기도 한다.

이비셀라 루테아의 씨앗 주머니

동물 배달원

너무 붐비는 것을 피하기 위해 식물들은 가능한 한 넓은 지역에 걸쳐 씨앗들을 퍼뜨려야만 한다. 어떤 식물들은 바람과 물을 이용하고, 다른 식물들은 씨앗 뭉치를 '터뜨려' 씨앗들을 방출한다. 많은 식물들이 자신들의 환경에 함께 살아가는 동물들을 이용해 씨앗들을 퍼뜨린다. 갈고리, 미늘, 고통스러운 가시들로 뒤덮인 '달라붙는' 씨앗 주머니들이 동물들의 가죽과 발굽에 꼭 붙게 되는데, 종종 수 킬로미터 떨어진 곳에서 그 씨앗 주머니를 문질러 벗겨 내거나 으깨거나, 혹은 찢어서 열었을 때만 씨앗들이 방출된다.

우엉속 종류의 씨앗 뭉치
(*Arctium* sp.)

갈고리 식물의 씨앗 뭉치
(*Harpagophytum procumbens*)

히치하이커 씨앗들

달라붙는 씨앗들은 환경에 따라 모양들이 다르다. 유럽과
아시아 원산인 우엉속 종류(*Arctium* sp.)의 작고 까칠까칠한 씨앗
뭉치에서 볼 수 있는 갈고리 모양의 유연한 포는 지나가는 모든
동물들에 편승한다. '아프리카 악마의 발톱(African devil's claw)'
또는 '갈고리 식물(grapple plant)'이라고 불리는 하르파고파이툼
프로쿰벤스(*Harpagophytum procumbens*)의 날카로운 목질성
가시들은 커다란 동물들의 발굽을 파고든다.

발톱을 가진 씨앗 주머니

남아메리카에 사는 식물, 악마의 발톱(*Ibicella lutea*)은
약 150개의 무시무시하게 생긴 씨앗 주머니들을
만들어 낸다. 각각은 길이가 약 21센티미터까지
자라는데, 기다랗게 휘어지며 끝이 아주 날카로운,
미늘로 덮인 '발톱' 2개를 가지고 있다. 손상되지 않은
씨앗 주머니의 몸체 역시 가시들로 뒤덮여 있다.

날개를 가진 씨앗들

씨앗들이 부모 식물로부터 충분히 멀리 떨어지도록 하는 것은 나무들에게 아주 중요하다.
단풍나무, 플라타너스단풍을 비롯한 일부 종들은 씨앗이 날개처럼 확장된 부분을 갖도록
진화하여 바람을 타고 훨씬 더 멀리 여행하는 것이 가능하다. 시과라고 불리는, 날개 달린
모든 씨앗들은 활공, 회전, 또는 부양 등을 통해 공중에서 기회를 잡는다.

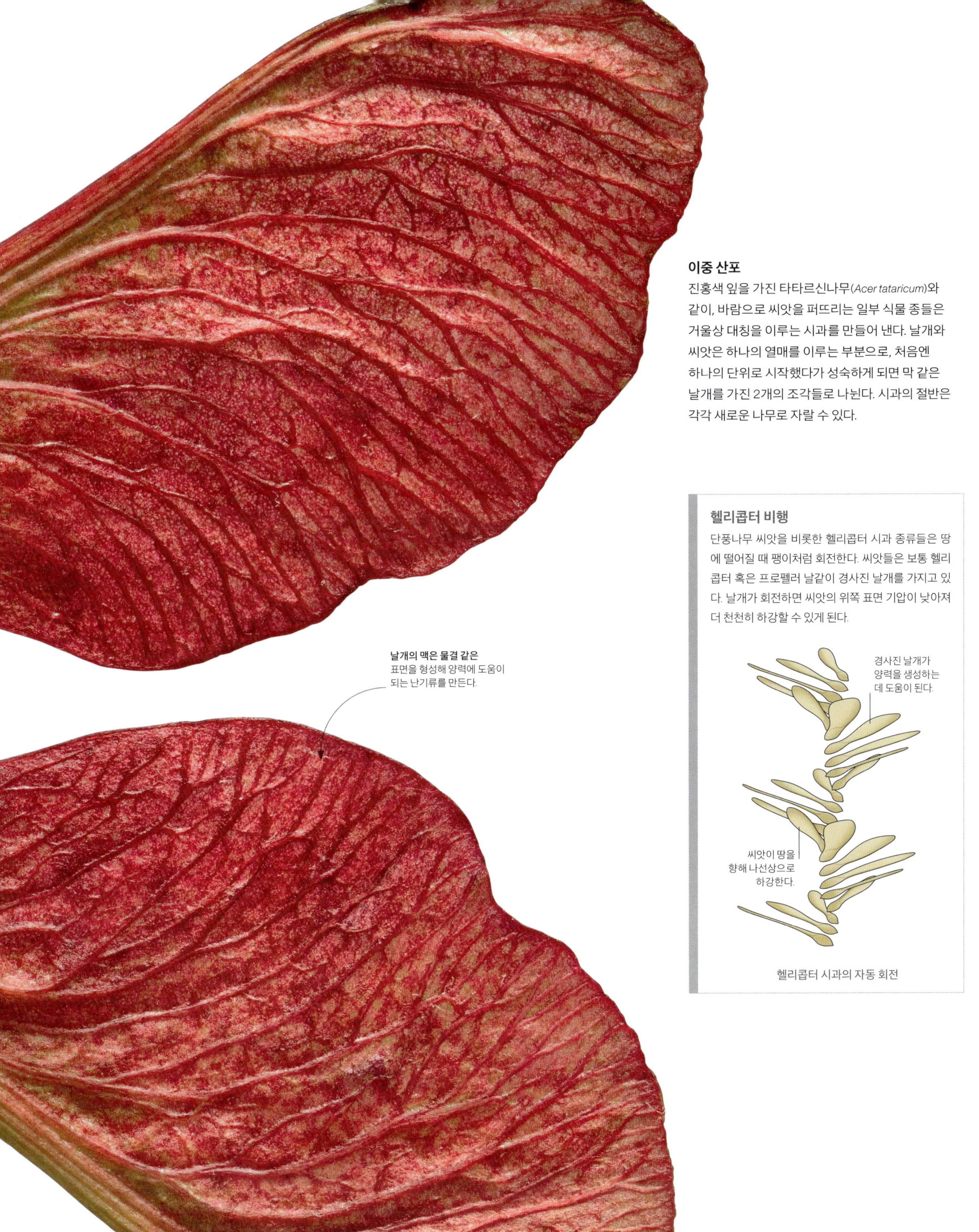

이중 산포

진홍색 잎을 가진 타타르신나무(*Acer tataricum*)와 같이, 바람으로 씨앗을 퍼뜨리는 일부 식물 종들은 거울상 대칭을 이루는 시과를 만들어 낸다. 날개와 씨앗은 하나의 열매를 이루는 부분으로, 처음엔 하나의 단위로 시작했다가 성숙하게 되면 막 같은 날개를 가진 2개의 조각들로 나뉜다. 시과의 절반은 각각 새로운 나무로 자랄 수 있다.

헬리콥터 비행

단풍나무 씨앗을 비롯한 헬리콥터 시과 종류들은 땅에 떨어질 때 팽이처럼 회전한다. 씨앗들은 보통 헬리콥터 혹은 프로펠러 날같이 경사진 날개를 가지고 있다. 날개가 회전하면 씨앗의 위쪽 표면 기압이 낮아져 더 천천히 하강할 수 있게 된다.

헬리콥터 시과의 자동 회전

Taraxacum sp.

민들레

민들레의 영어 이름인 댄더라이언(dandelion)은 '사자의 이빨'을 뜻하는 프랑스 어 '당데리온(dent-de-lion)'에서 유래했다. 잎 가장자리가 들쭉날쭉한 데서 그러한 이름을 갖게 되었다. 민들레는 뭉게뭉게 피어 오르는 씨앗 뭉치로 어린이들에게 사랑을 받지만, 잔디밭을 망쳐 놓아 가드너들에게는 괄시를 받는 식물이다. 대부분의 민들레 종류는 유라시아가 원산지이지만, 인간의 도움으로 널리 퍼져 나가게 되어, 오늘날 이 식물 여행자들은 전 세계 거의 모든 온대와 아열대 지방에서 발견된다.

민들레는 민들레속(*Taraxacum*)에 속한 60여 종을 일컫는 포괄적인 이름이다. 가장 일반적으로 볼 수 있는 종류는 서양민들레(*Taraxacum officinale*)이다. 적응력 강한 이 식물의 성공의 열쇠는 바로 번식 전략이다. 민들레 종류는 봄에 가장 일찍 꽃 피는 식물들 가운데 포함되어, 꽃들이 아주 드문 시기 곤충들에게 중요한 먹이 공급원이 되어 주고, 이를 통해 수분을 보장 받는다. 이들은 봄에 꽃이 피고 나면, 종종 가을에 다시 꽃을 피운다. 하지만 결정적으로 민들레는 수분이 이루어지지 않아도 씨앗들을 맺을 수 있다. 이 경우, 씨앗들은 모체 식물과 동일한 개체로

자라는데, 이것을 무수정 생식(apomixis)이라고 한다. 각각의 씨앗 뭉치는 170개에 이르는 씨앗들을 갖게 되며, 하나의 식물 개체에서는 총 2,000개 이상의 씨앗들이 만들어질 수 있어, 그중 하나 이상이 성체 식물로 자랄 가능성이 매우 높다.

깃털 같은 가벼운 낙하산을 가진 민들레 씨앗들은 공중에 떠다니며 여행하기 알맞다. 대부분은 모체 식물과 아주 가까운 땅에 떨어지지만, 일부는 바람에 날리거나 따뜻한 공기의 상승 기류를 타고 멀리 떨어진 곳으로 이동한다.

깃털 같은 낙하산

각각의 민들레 씨앗에 붙어 있는 자루에는 방사상으로 난 깃털 같은 수술대들이 원반 모양을 이루며 낙하산 구조를 형성하고 있다.

일찍 피는 꽃

민들레 꽃은 사실 수많은 개별적인 꽃들이 합쳐진 것이다.

구 모양의 씨앗 뭉치는 다 익게 되면 분해되어 각각 하나의 씨앗을 가진 열매들로 떨어져 나간다.

숫자의 힘

체꽃 종류의 작은 꽃들은 함께 모여 핀 쿠션 같은 꽃 뭉치를 이룬다. 꽃들이 곤충들에 의해 수분이 되면, 꽃잎들이 떨어지고 종이 같은 열매들로 이루어진 구 모양의 씨앗 뭉치가 모습을 드러낸다.

낙하산을 가진 씨앗들

많은 식물들이 그들의 씨앗들을 퍼뜨리기 위해 바람을 이용한다. 나무들이 극히 드물고 서로 멀리 떨어져 있는 초원과 평원과 같이 개방된 환경에서는 씨앗들이 멀리까지 이동할 수 있기 때문에 많은 식물들이 바람을 이용한다. 바람에 날리는 씨앗들은 위로 뜰 수 있는 양력을 얻기 위해 돛, 또는 체꽃의 경우처럼 낙하산을 필요로 한다. 풍매 식물들은 종종 높은 곳에서 꽃을 피워 씨앗들이 형성되었을 때 바람을 탈 수 있도록 한다.

뾰족한 까끄라기(짧고 뻣뻣한 털)들이 땅 위에 자라는 식물들을 붙잡으면 모체 식물로부터 멀리 떠나온 씨앗의 여정이 끝이 난다.

종이 같은 포엽들이 각각의 열매를 둘러싸고, 양력을 제공해 바람을 탈 수 있도록 도와준다.

종이 달

체꽃의 일종인 스카비오사 스텔라타(*Scabiosa stellata*)의 꽃차례는 수많은 작은 꽃들로 이루어져 있는데, 각각의 꽃은 하나의 씨앗을 만든다. 씨앗은 가시처럼 생긴 5개의 짧고 뻣뻣한 털(까끄라기)을 가지고 있으며, '낙하산'을 형성하는 종이 같은 포엽으로 둘러싸여 있다. 바람이 낙하산을 날려보내면, 까끄라기들로 땅에 착지한다.

완벽한 패키지

각각의 씨앗은 하나 이상의 떡잎 안에 자리잡고 있는 어린 뿌리(유근)와 줄기(배축)를 완비한 배아 상태의 식물을 포함하고 있다. 이들은 씨앗이 발아되었을 때 식물에게 필요한 양분을 지니고 있다.

종피는 배를 보호한다.

체꽃의 씨앗

각자의 길을 찾아서

어떤 꽃들은 단 하나의 열매를 맺지만, 클레마티스
인테그리폴리아(*Clematis integrifolia*)와 같은 꽃들은
각각 하나의 씨앗을 가진 무수히 많은 열매들 혹은
수과들을 생산한다. 이는 많은 열매들이 다양한
방향으로 퍼져 나가 식물의 영역을 확장시킬 수 있기
때문에 이 식물에게 유리한 장점이다. 각각의 수과는
털로 덮인 꼬리를 가지고 있어 바람에 쉽게 떠다닌다.

비단 같은 씨앗들

바람에 의해 이동하는 씨앗들은 특별한 적응이 필요하다. 어떤 씨앗들은 비단 같은 털을 이용하는데, 가령 목화속(*Gossypium*)과 사시나무속(*Populus*)의 경우 열매 속에는 씨앗들과 함께 방출되는 털이 가득하다. 또 다른 식물들의 경우 씨앗의 털들이 정교한 날개 또는 낙하산으로 발달한다. 털은 씨앗들이 마침내 발아할 수 있는 땅에 내려앉을 때 표면에 잘 붙게 하는 데 도움이 된다.

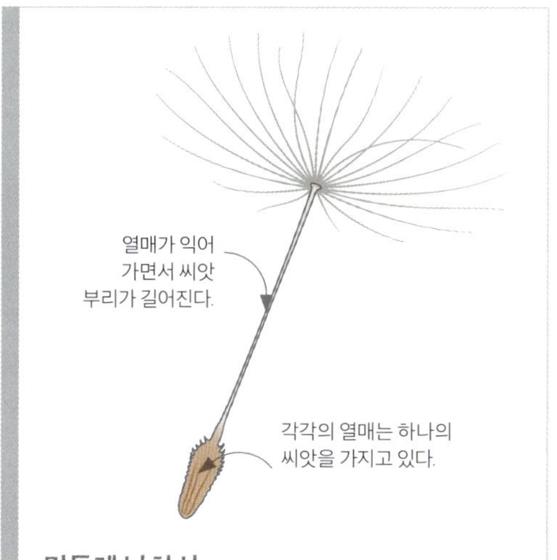

민들레 낙하산

민들레 '씨앗'은 사실 국과의 일종으로 하나의 씨앗을 가진 열매이다. 각각의 국과는 꽃받침으로부터 발달한 털 다발을 가지고 있다. 부리(beak)라고 하는 자루가 털과 국과를 이어 주어 낙하산을 형성한다.

털이 많은 수과의 꼬리는 꽃에 있던 암술대와 암술머리로부터 발달한다.

수많은 수과들은 중심부 꽃턱에 붙어 있다가 다 익으면 떨어져 나간다.

심피들의 무리

클레마티스 꽃의 중심에는 수많은 심피들이 있다. 각각의 심피는 하나의 씨앗을 만든다. 이들은 수과로 발달하는데 다 자라면 수과들의 무리는 쪼개어진다.

기다란 줄기는 씨앗 뭉치를 높은 곳에 위치하도록 잡아 주어 바람을 타고 열매들이 날아갈 가능성이 더 높다.

Asclepias syriaca

시리아관백미꽃

북아메리카 동부 대부분 지역에 걸쳐 발견되는 시리아관백미꽃은 아마도 제왕나비의 애벌레들을 위한 먹이 공급원으로 가장 잘 알려져 있다. 한때 시리아관백미꽃은 상업적인 규모로 널리 재배되었고, 이 식물의 '실크(silk)'는 베개, 매트리스, 심지어 구명구 속을 채우는 재료로 수확되었다.

금관화속(*Asclepias*)에 속하는 시리아관백미꽃은 우산 모양의 꽃차례를 형성한다. 달콤한 향기가 나고, 연분홍색에서 거의 보라색에 가까운 색깔을 띠는 각각의 꽃들은 뒤로 젖혀진 5장의 꽃잎과 꿀로 채워진 5개의 두건으로 구성된다. 엄청난 양의 꽃가루로 꽃가루 매개자들을 뒤집어 씌우는 꽃들과 달리 시리아관백미꽃은 화분괴라고 하는 끈적이는 주머니로 꽃가루를 포장한다. 화분괴는 각각의 두건 양편에 위치한 암술머리 틈(*stigmatic slit*)이라고 불리는 홈에 들어 있다. 꿀을 먹기 위해 찾아온 곤충이 꽃의 매끄러운 표면을 붙잡기 위해 발버둥치다가 우연히 하나 혹은 두 다리가 그 틈 속으로 미끄러져 들어간다. 화분괴는 곤충의 다리에 붙게 되고, 곤충이 근처 시리아관백미꽃의 꿀을 탐닉할 때 다른 꽃으로 이동한다. 이러한 수분 전략은 더 큰 곤충들에게 유리하다. 하지만 일부 벌들을 비롯한 더 작은 곤충들은 틈에 빠져 버리거나 탈출하려고 몸부림치다가 다리를 잃는다. 수분이 일어난 후 형성되는 열매는 초록색의 아주 작은 눈으로 시작했다가 점차

씨앗들로 가득찬 커다란 골돌과(*follicle*)로 부풀어 오른다. 골돌과 속에 있는 각각의 납작한 갈색 씨앗은 코마(*coma*)라고 불리는 실크 털 뭉치로 장식이 되어 있다.

시리아관백미꽃의 유액은 초식성 포유동물을 멀리하기 위한 독성 물질을 함유하고 있다. 이러한 유독성에도 불구하고 시리아관백미꽃은 다양한 곤충들에게 잎과 꿀의 형태로 충분한 먹이를 제공한다. 이 꽃의 독성 방어 물질에 적응한 제왕나비도 여기 포함된다. 제왕나비 개체수가 급락하는 것은 시리아관백미꽃의 서식지가 파괴되고 제초제 사용이 증가하여 이 꽃들이 쇠퇴하고 있는 것과 부분적으로 관련이 있다. 나비 개체수의 회복 가능성은 이 식물의 성쇠 여부에 달려 있다.

실크로 덮인 씨앗들

시리아관백미꽃의 실크는 아웃도어 의류의 단열재, 자동차의 음향 충진재, 유출된 기름 흡수제 등 새로운 용도로 사용되어 상업적 재배의 부흥기가 도래할지도 모른다.

시리아관백미꽃의 골돌과
씨앗 주머니 또는 골돌과는 약 8~10센티미터 길이로, 부드러운 가시와 짧은 솜털로 덮여 있다. 골돌과가 다 익으면 측면을 따라 갈라져 씨앗들이 방출된다.

씨앗은 어떻게 발아할까?

대부분의 씨앗들은 성장을 시작하기 위해 배와 저장된 양분(배젖)을 지니고 있다. 발아가 시작되면 먼저 뿌리가 나타나 싹을 고정시키고, 그 다음 잎이 나온다. 콩과 같은 대부분의 꽃식물의 경우 한 쌍의 떡잎이 먼저 모습을 드러내는데, 이들은 씨앗으로부터 운반된 양분을 가지고 있다. 외떡잎식물들은 단지 하나의 떡잎을 가지고 있는데, 떡잎은 씨앗 안에 남아 있을 수 있다.

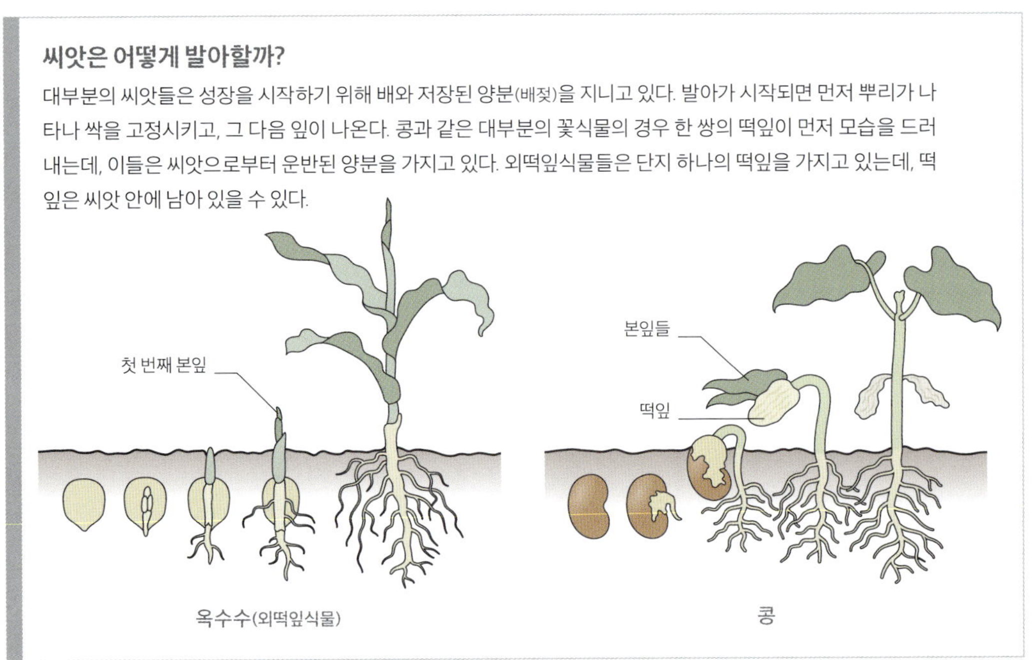

흩날리는 씨앗

리갈나리(*Lilium regale*)의 종이 같은 삭과 열매 속에는 날개 달린 수많은 씨앗들이 들어 있다. 열매가 마르면 갈라져 열리며 씨앗들이 쏟아져 나온다. 리갈나리가 자생하는 중국 서부의 자연 서식지에서는 깍아지른 듯한 계곡으로 휘몰아치는 강한 겨울 바람이 이를 돕는다.

나리의 삭과에는 3개의 방이 있는데, 각각의 방에는 동그랗게 생긴 동전 같은 씨앗들이 들어 있다.

꼬투리와 삭과

우리가 먹는 과일들은 아마도 과육이 많은 열매들이 가장 잘 알려져 있지만, 마른 열매들도 드물지 않다. 이런 종류의 열매에는 꼬투리, 삭과, 수과, 골돌과, 분리과가 포함되는데, 이들은 씨앗들을 방출하기 위해 갈라져 열리거나(열과), 닫힌 상태로 씨앗을 안에 감싼 채 분산된다(폐과). 건과는 동물들을 유혹하는 즙이 많은 껍질이 없기 때문에 다른 방법들에 의존하여 씨앗들을 퍼뜨린다. 바람을 이용하는 방법이 널리 사용되지만, 씨앗들은 동물의 털에 매달리거나 땅에 떨어지는 방법도 사용할 수 있다.

나리 열매의 봉합선 또는 트인
부분으로부터 두 줄로 배열된
씨앗들이 모습을 드러낸다.

삭과는 늦여름에 마르면서
오그라들며 벌어진다.

건습 운동

삭과 종류들은 종종 수분을 잃거나 건조하면 모양이
변하면서 터지게 된다. 이들은 조직이 젖거나 마르게
되면 뒤틀리는데, 이 과정을 건습 운동이라고 한다.
세열유럽쥐손이(*Erodium cicutarium*)와 같은 일부 식
물들은 건습 운동을 하는 꼬리 같은 구조(까끄라기)를
가지고 있어, 축축해지면 비틀리며 씨앗을 부분적으
로 땅속에 묻는다. 건습 운동을 하는 열매들은 보통
여러 부분들로 분리가 된다. 마르게 되면 이 부분들
의 모양이 변해 열매가 갈라지거나 터지며 열리게 된
다. 이렇게 터지는 것은 건과만이 아니다. 과육을 가
진 일부 열매들도 물이 차고 압력이 가해지다가 갑자
기 쪼개지며 그와 함께 씨앗들이 터져 나온다.

세열유럽쥐손이 씨앗

각각의 씨앗은 분과로
불리는 주머니 안에
둘러싸여 있다.

목질화된 부리는 열매가
쪼개진 후 5개의 까끄라기를
함께 붙잡고 있다.

파열하는 씨 꼬투리

많은 건과들이 바람 또는 떠돌아다니는 동물들을 수동적으로 기다리는 반면,
어떤 식물들은 스스로 자신들의 씨앗을 퍼뜨릴 책임을 도맡는다. 폭발하는
열매들은 모체로부터 씨앗들을 멀리 발사해 씨앗들이 보다 덜 붐비는 서식지에
안착할 수 있도록 한다. 여러 식물 종들이 다양한 파열 장치들을 발달시켰는데,
대부분은 씨앗들이 튕겨 나오도록 하기 위해 열매 안에 쌓인 압력을 이용한다.

씨앗 새총

쥐손이풀속(*Geranium*)에 속하는 피뿌리쥐손이(*Geranium
sanguineum*)와 같은 식물들은 보통 학의 부리(bill) 같은
열매를 가지고 있어 '크레인스빌(cranesbill)'이라고도
불린다. 삭과(regma, 300쪽 참조)라고 불리는 이 열매는
목질화된 부리 주변으로 배열된 5개의 씨앗들을 가지고
있다. 각각의 씨앗은 기다란 까끄라기에 붙어 있는
덮개 속에 들어 있고, 5개의 까끄라기는 모두 부리 끝에
융합되어 있다. 열매가 마르면서 까끄라기는 뒤틀리게 되고
열매를 분열시켜 씨앗을 멀리 내던진다.

건조함은 까끄라기 안의 세포벽을
뒤틀리게 해 바깥쪽으로
구부러지게 만든다.

적극적인 운반원
파열하는 열매는 씨앗들을 단지 제한된 거리만큼
흩뿌릴 수 있다. 하지만 어떤 식물들은 씨앗들을
퍼뜨리는 반경을 넓히기 위해 부차적인 방법을
이용한다. 제비꽃속(Viola)과 골담초속(Cytisus)
씨앗들은 엘라이오솜(elaiosome)이라는 작은 양분
패키지를 가지고 있어 개미들이 그 씨앗들을 들고
멀리 이동시키도록 한다.

까끄라기가 마르면 바깥쪽으로
구부러져 분과를 열매로부터 멀리
떼어놓는다.

어떤 제비꽃 종류의 삭과는
천천히 갈라지며 한 번에
하나씩 씨앗들을 튕겨 낸다.

팬지(Viola sp.)

양골담초의 꼬투리가 햇빛에
마를 때 그늘진 쪽은 덜 마르게
되어 꼬투리가 비틀리며
산산조각이 난다.

양골담초
(Cytisus scoparius)

각각의 삭과는 5개의 부분들을
가지고 있는데, 각각 꽃의
심피로부터 발달한 것이다.

블랙 커민

펜넬 플라워(fennel flower), 니겔라(nigella), 블랙 커민(black cumin), 블랙 캐러웨이(black caraway), 로만 코리안더(roman coriander) 등 다양한 이름으로 알려져 있다. 고대 인류 문명과 연관이 있는 이 식물은 약 3,600년 동안 재배되어 왔다. 씨앗은 빵이나 난에 뿌려 먹는 향신료로 쓰이고, 허브 오일을 생산하는 데 사용된다.

인간과 함께 살아온 블랙 커민의 역사는 야생에서 이 식물의 기원을 알아내기 어렵게 만든다. 어떤 자료는 이 식물이 지중해 유럽에서 전해졌다고 하는 반면, 다른 문헌은 아시아 또는 북아프리카를 인용한다. 야생의 블랙 커민은 여전히 터키 남부, 시리아, 이라크 북부에서 발견되므로, 중동 지역을 원산지로 볼 수도 있다.

키가 60센티미터 정도 자라는 블랙 커민은 내한성이 강한 한해살이풀로 다양한 토양 종류에서 살아 남는다. 니겔라 사티바(*Nigella sativa*)라는 학명을 가진 블랙 커민은 실제 커민(*Cuminum cyminum*), 펜넬(*Foeniculum vulgare*), 캐러웨이(*Carum carvi*), 또는 코리안더(*Coriandrum sativum*)와 상관이 없다. 이 식물들은 모두 산형과에 속하지만, 블랙 커민은 사실 미나리아재빗과에 속하며, 관상용 꽃으로 인기가 많은 니겔라 다마스케나(*Nigella damascena*)와 아주 가까운 관계에 있다. 다른 한해살이풀처럼 블랙 커민은 모든 에너지를 꽃과 씨앗을 만드는 데 쓴다. 가장 먼저 눈에 띄는 것은 바로 섬세한 꽃들이다. 자연 상태의 꽃가루 매개자들에 대해서는 아직 알려져 있지 않지만 벌들이 어딘가에서 그 역할을 수행하는 것으로 보인다. 수분이 이루어진 후 열매는 커다란 주머니들로 부풀어오르는데, 각각은 수많은 검은색 씨앗들이 들어 있는 여러 개의 골돌과들로 이루어져 있다.

블랙 커민의 톡 쏘는 맛을 지닌 아주 작은 씨앗들은 새들이 좋아할 뿐더러, 인도와 중동 지역에서 향신료로 널리 사용되기도 한다. 고대 세계에서 이 식물의 씨앗과 오일은 다양한 질병의 치료에 쓰였고, 오늘날에도 여전히 약초 치료법에 사용된다.

블랙 커민의 열매

작은 조롱박처럼 생긴 씨앗은 최대 7개의 골돌과로 이루어진 주머니 안에서 발달한다. 각각의 끝에는 암술대로부터 형성된 부분이 길게 돌출되어 있다. 씨앗들은 열매가 말라 골돌과들이 파열될 때 방출된다.

심하게 갈라진 수많은 포엽들은 변형된 잎들로, 보통 니겔라 다마스케나 꽃들을 지탱해 준다.

암술대

재배 품종들은 더 많은 꽃잎들을 가지고 있는데, 야생종은 5~10장의 꽃잎들을 가진다.

재배된 꽃
니겔라 다마스케나는 정원 식물로 인기가 많은 한해살이풀이다. 정원에 사용하는 품종들의 꽃은 보통 반 겹꽃으로 진한 파란색(왼쪽 그림)이지만, 야생의 니겔라 다마스케나꽃은 더 옅은 색이며 홑꽃으로 핀다.

가열 처리

방크시아속(*Banksia*) 종류 일부에서 볼 수 있는 이상하게 생긴 목질화된 씨앗 뭉치는 여러해 동안 씨앗들을 간직하고 있다가, 자연적으로 발생한 화재나 인공적인 가열 처리로 골돌과들이 딱 하고 터졌을 때만 씨앗들을 내보낸다. 그림 속에서 입술 모양의 골돌과들이 열리며 씨앗들이 방출되고 있다.

씨앗과 화재

다 익은 씨앗들은 보통 모체 식물로부터 자발적으로 분리된다. 하지만 어떤 식물 종들, 특히 가혹한 환경에서 살아가는 식물들은 환경적으로 극심한 사건을 겪은 후에야 그들의 씨앗들을 내보낸다. 화재는 흔히 침엽수림에서 이와 같은 사건을 유발하는 계기가 되지만, 오스트레일리아의 방크시아 같은 많은 교목과 관목들도 화재를 필요로 한다. 야생에서 일어난 불은 보통 더 어린 나무들을 죽게 만들지만, 그 열로 인해 이 식물들의 구과를 닮은 열매들이 열리고, 수 개월 또는 여러 해에 걸쳐 성숙한 씨앗들이 떨어진다.

화재로 인한 도움

방크시아의 씨앗들은 밖으로 나오기 위해 화재를 필요로 하지만, 그들은 또한 화재가 일어난 환경에서 살아남는다. 화재는 땅 위에 모든 것을 태워 버려 다른 식물들과 경쟁도 사라진다. 떨어진 씨앗들은 화재 후 남아 있는 부드러운 재 속으로 쉽게 파묻히고 이것은 뜨거운 햇빛으로부터 그들을 보호하는 데 도움이 된다.

방크시아 씨앗들의 무리

목질화를 통한 보호

어떤 방크시아 종류의 씨앗 뭉치들은 목질화된 '털실'로 둘러싸인 것처럼 보인다. 이것은 생식 기관들의 잔재들이 말라 여전히 씨앗 뭉치에 붙어 있는 것이다. 이러한 털북숭이 보호벽은 그 안에 있는 씨앗들을 새들과 곤충들로부터 보호하는 데 도움이 된다.

꽃자루는 연꽃 씨앗(연자)들이
들어 있는 연방의 무게로 인해
구부러진다.

무거운 방출

물에서 살아가는 연꽃(*Nelumbo nucifera*)의 꽃은 취과를 생산한다. 이것은 여러 개의 방을 가진, 지름이 대략 7~12센티미터 되는 특별한 씨앗 뭉치(꽃턱)인 연방으로 성숙한다. 많은 씨앗들이 익어 가면서 연방은 가라앉는다. 결국 줄기가 무게를 못 이겨 구부러지고 씨앗들은 물속으로 떨어진다.

각각의 **씨앗** 또는 연자는 지름이 약 1센티미터 정도다.

말라 가는 연방이 쪼그라들면서 씨앗이 들어 있는 방은 확장된다.

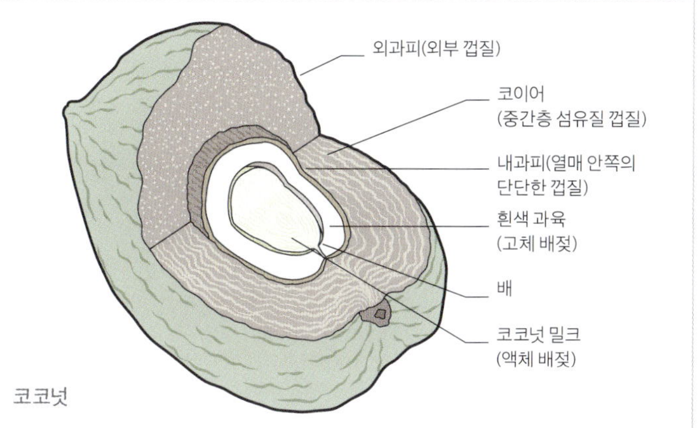

뜰 수 있도록 설계된 씨앗

코코넛은 털이 많은 두꺼운 섬유질(코이어) 사이의 공기 주머니들로 인해 물 위에 뜰 수 있다. 이러한 겉껍질은 보호용 외과피와 단단한 내과피 사이에 끼여 있다. 코코넛 '과육'은 씨앗이 발아할 때 공급하기 위한 양분을 저장하고 있는 조직(배젖)이고, 코코넛 '밀크'는 씨앗에 지속적으로 수분을 공급한다. 바닷물에서 약 4,800킬로미터 를 여행한 후에도 코코넛은 여전히 싹을 틔울 수 있다.

물속 산포

물은 많은 씨앗들을 이동시키는데, 이 과정을 수매 분산(hydrochory)이라고 한다. 의심할 여지 없이 연꽃과 같은 습지 식물들은 씨앗을 연못, 강, 시냇물에 떨어뜨리지만, 실잔대와 자작나무와 같은 식물 종들의 씨앗들도 역시 이 방법을 이용한다. 하지만 이렇게 민물에서 이루어지는 짧은 유람선 여행은 코코넛과 같은 열대 씨앗들의 장대한 대양 항해에 비하면 미약하다.

보호 코팅

오랜 기간 동안 물과 접촉하는 씨앗들이 살아남기 위해서는 강건한 종피가 필요하다. 연꽃 씨앗(연자)의 종피는 돌처럼 단단해서 물이 거의 스며들기 어렵고, 이것은 씨앗들이 분해되지 않도록 방지하는 데 도움이 된다.

여러 방들을 가진 연방은 색깔이 바뀌는데, 마르면 갈색으로 변한다.

땅콩만 한 크기의 연꽃 씨앗들은 1,000년 이상이 지난 후에 발아하기도 했다.

이국적인 열매
이 다색 석판화는 파파야(*Carica papaya*) 식물의 일부를 보여 준다. 이 그림은 베르트 홀라 반 누텐의 『자바 섬의 꽃, 열매, 그리고 잎들(*Fleurs, Fruits et Feuillages de l'île de Java*)』(1863~1864년)에 수록되었다.

명화 속 식물들

세상을 채색하다

18~19세기 식물학의 황금기는 표본을 찾는 전 세계적인 탐색에 참여했던 탐험가와 삽화가의 위업을 특징으로 꼽을 수 있었다. 여성들이 과학적 발견으로부터 전반적으로 배제되었음에도 불구하고 일부 용감무쌍한 여성들은 자신들의 정교한 그림들 속에 기록하고자 했던 새로운 식물들을 찾는 탐험 길에 가까스로 오를 수 있었다.

육두구의 잎, 꽃, 열매
1871~1872년의 첫 번째 주요 탐사 기간에 노스가 자메이카 블루마운틴의 산기슭에 머무는 동안 그린 이 그림은 요리 향신료로 흔히 쓰이는 식물의 생장 습성을 보여 준다. 육두구(nutmeg, *Myristica fragrans*)의 꽃, 잎, 열매와 함께 벌새(*Mellisuga minima*)와 나비(*Papilio polydamas*)도 그려져 있다.

메리언 노스(Marianne North, 1830~1890년)는 빅토리아 시대의 주목할 만한 생물학자이자 화가였다. 그녀는 1871년 41세의 나이로 세계를 여행하며 그림 속에 식물상을 기록하기 시작했다. 풍경과 식물, 새, 동물을 묘사한 832점의 작품들을 모은 그녀의 화랑이 런던 큐가든에 마련되어, 컬러 사진술이 출현하기 전 빅토리아 시대 대중에게 이국적인 식물 표본들의 자연 서식지에 대한 통찰력을 제공했다. 노스가 13년간 모든 대륙을 횡단하며 여행할 수 있었던 것은 가족들의 도움과 재력 덕분이었지만, 용기와 에너지는 모두 그녀 자신의 것이었다.

비슷한 시기, 벨기에 태생의 베르트 홀라 반 누텐(Berthe Hoola van Nooten, 1817~1892년)은 남편 사후 바타비아(자카르타의 옛 이름)에서 무일푼 신세가 되었는데, 다색 석판화로 자바의 식물상을 그린 작품들을 팔아 살아갈 수 있었다. 그녀의 출판물 『자바의 열매와 꽃들』은 네덜란드 여왕의 후원을 받았다.

1세기 후, 마거릿 미(Margaret Mee, 1909~1988년)가 아마존 열대 우림에서 30년에 걸친 연구와 그림을 시작했다. 그녀는 여러 새로운 표본들을 기록했고, 그중 일부는 그녀의 이름으로 명명되었다. 그녀는 열대 우림을 배경으로 식물들의 그림을 그렸다.

> ❝ 나는 열대 국가들을 여행하며 자연의 풍성하고 화려한 현장에서 그곳 특유의 초목들을 그리는 것을 오랫동안 꿈꿔 왔다. ❞
>
> 메리언 노스, 『행복한 삶의 기억(*Recollections of a Happy Life*)』(1892년)

자연스러운 배경
노스는 자메이카의 자연 속에서 우뚝 솟은 아키(ackee, *Blighia sapida*)의 갓 익은 열매들을 그렸다. 서아프리카의 이 식물을 자메이카로 도입한 윌리엄 블라이(William Bligh)의 이름을 따서 명명되었다.

백업 플랜
디플라지움 프롤리페룸은 또한 포자로도 번식할 수도
있다. 포자는 각각의 잎 뒷면에 가는 잎맥을 따라 위치한
포자낭군이라는 구조에서 만들어진다.

자연 복제

어떤 식물들은 새로운 후손들을 만들어 내기 위해 한 가지 이상의 방법을 갖도록 진화했다. 예를 들어 양치류는 포자에 의해 번식하지만 많은 종류들이 주아(bulblet)를 통해 스스로 복제 식물들을 만든다. 주아는 잎들이 중심 줄기 혹은 엽축과 만나는 지점에 자라는 작은 이차 비늘줄기로, 모체 식물로부터 떨어지거나, 양치잎이 아래로 처져 땅에 닿게 되면 뿌리를 형성해 새로운 식물체로 자란다. 이 새로운 개체들은 모체와 동일한 복제 식물들이다.

마더 펀

주아를 형성하는 양치류를 '마더 펀(mother fern)'이라고 한다. 아프리카에 자라는 디플라지움 프롤리페룸(*Diplazium proliferum*)은 1미터 가까이 자라는 잎의 길이를 따라 새끼 식물들을 만들어 쉽게 번식하는 것으로 유명하다. 새끼 식물들이 발달하면, 중심 줄기의 잎들은 시들어 갈색으로 변한다.

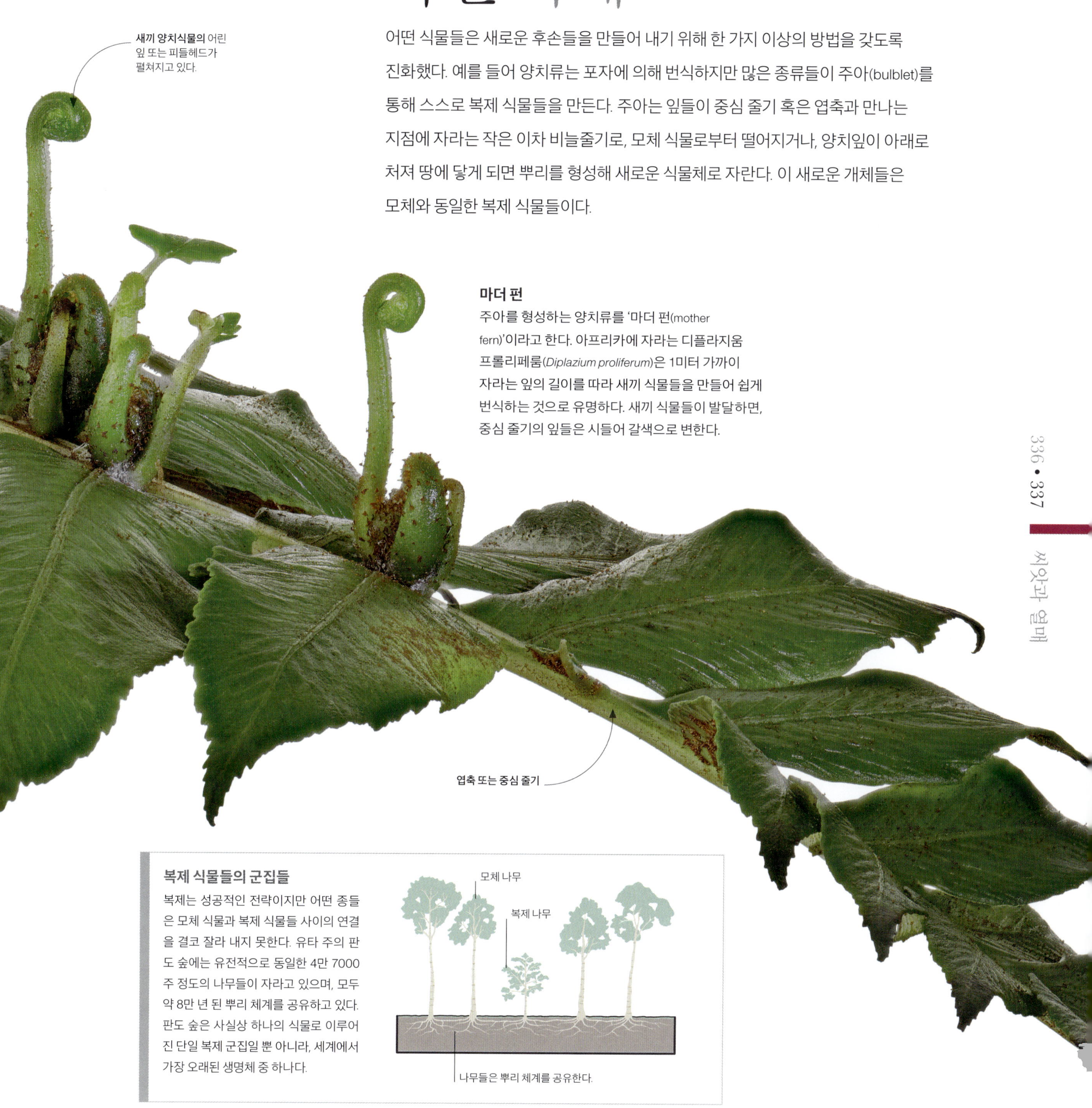

복제 식물들의 군집들

복제는 성공적인 전략이지만 어떤 종들은 모체 식물과 복제 식물들 사이의 연결을 결코 잘라 내지 못한다. 유타 주의 판도 숲에는 유전적으로 동일한 4만 7000주 정도의 나무들이 자라고 있으며, 모두 약 8만 년 된 뿌리 체계를 공유하고 있다. 판도 숲은 사실상 하나의 식물로 이루어진 단일 복제 군집일 뿐 아니라, 세계에서 가장 오래된 생명체 중 하나다.

양치류의 포자

양치류는 꽃을 피우지 않는 대신, 잎 밑면에 있는 포자낭(sporangium)이라는 구조에서
포자를 만들어 낸다. 포자낭은 보통 양치잎에 무리를 지어 포자낭군(sorus)을
형성하는데, 이것은 각각의 종마다 특유의 패턴을 보인다. 어떤 종들의 경우, 덜 성숙한
포자낭군은 포막에 의해 보호를 받는다. 각각의 포자낭군은 수많은 포자낭과 엄청난
양의 포자들을 가지고 있는데, 성숙한 포자들은 바람에 흩뿌려진다.

아스플레니움 아우스트랄라시쿰
(*Asplenium australasicum*)

셀리구에아 플란타기네아
(*Selliguea plantaginea*)

텍타리아 피카
(*Tectaria pica*)

씨앗과 열매

포자낭군의 독특한 패턴은 서로 다른 양치류 종들을 식별하는 데 사용될 수 있다.

포자들이 포자낭으로부터 방출된다.

환대가 마르면서 포자낭의 '지퍼'가 열린다.

포자낭은 포자들로 가득 차 있다.

양치류의 포자낭군
포자낭군 속에 있는 각각의 포자낭은 갈색 세포들로 이루어진, 환대(annulus)라고 하는 고리 모양의 띠를 가지고 있다. 이것은 서서히 마르면서 결국 찢어지는데, 이때 포자낭이 열리며 성숙한 포자들이 잎에서부터 튕겨 나간다.

비늘과 털이 포자낭들과 얽혀 그들을 보호하는 데 도움이 된다.

잎맥을 따라 포자낭들이 빽빽한 네트워크를 형성한다.

하트 펀
하트 펀(heart fern)이라고 불리는 헤미오니티스 아리폴리아(Hemionitis arifolia)의 잎들은 화상이나 당뇨병 치료를 위한 전통 약재로 쓰인다.
다른 양치류와 마찬가지로, 이 종은 영양엽과 생식엽(포자 생산)을 가지고 있다. 각각의 잎 종류는 서로 구별되는 모양을 가진다. 하트 모양의 잎은 영양엽이고 포자가 없는 반면, 화살 모양의 잎(그림 참조)은 잎맥을 따라 포자낭을 가지고 있다.

헤미오니티스 아리폴리아
(Hemionitis arifolia)

하트 펀은 양치류에서 흔치 않은 검은색 잎자루를 가지고 있다.

포자낭들은 엄밀히 말하자면 잎의 밑면에 형성되어 있지만, 위쪽에서 볼 수 있다.

포자들이 담긴 컵
레카노프테리스 카르노사(*Lecanopteris carnosa*)의 포자낭들은 잎의 밑면을 따라 깊숙한 '컵' 안에 형성되어 있다. 컵들은 뒤로 젖혀져 잎의 윗면에 위치한다.

각각의 **포자낭군**은 지름이 대략 2.5밀리미터이며, 수많은 포자낭들을 가지고 있다.

포자에서
양치식물까지

바람에 의해 산포되어 적절한 서식지에 내려앉은 포자는 발아되어 아주 작은 새끼 식물로 자란다. 씨앗과 달리, 포자에서 자란 새끼 식물(배우체)은 단지 한 벌의 염색체만 가지고 있다. 이들로부터 각각의 생식 세포(정자와 난자)들이 결합해 더 복잡한 식물(포자체)로 자라고, 두 벌의 염색체를 가진 양치식물의 모습을 갖추게 된다.

깃모양의 잎들은 대부분의 열편 끝부분에 포자낭군들을 형성한다.

세대 교번

양치류의 배우체는 정자를 생산하는데 이것은 축축한 서식지에서 물을 통해 여행해 난세포에 도달하고 수정을 시킨다. 수정된 난자(접합자)로부터 포자체가 발달한다. 이렇게 배우체와 포자체 사이의 세대 교번은 꽃식물에서도 발생하지만, 꽃식물의 배우체(배낭과 꽃가루 알갱이)들은 매우 작고 포자체에 의존적이다.

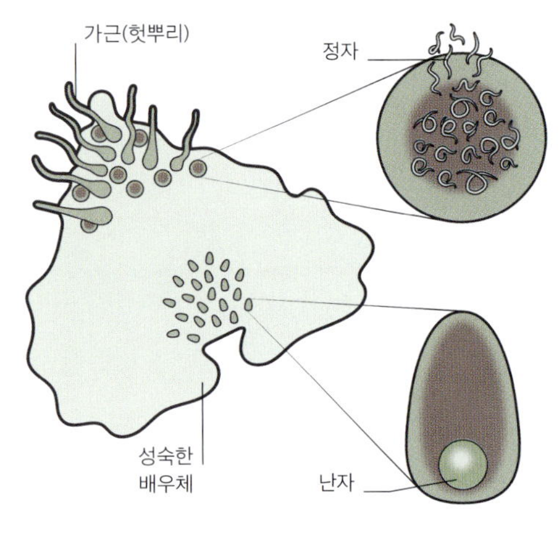

나무 위에서의 삶

앤트 펀(ant fern)이라고 불리는 레카노프테리스 카르노사(*Lecanopteris carnosa*)는 인도네시아의 열대 우림 속 나무 위에서 자란다. 이 양치식물은 가는 실로 연결된 4개의 포자들로 이루어진 무리들을 생산한다. 이들은 낙하산처럼 기능하여 포자들이 바람에 의해 새로운 나무들로 퍼져 나가도록 돕는다. 발아가 되면, 배우체들은 자가 수정이 아니라 서로 다른 개체와 짝을 이룰 가능성이 더 많아지고, 결과적으로 포자체의 유전적 다양성을 높인다.

Polytrichum sp.

솔이끼

대수롭지 않아 보이지만 크게 번성한 작은 이끼류는 적어도 약 3억 년 전인 페름기 시대부터 지구상에 살아 왔으며 오늘날에도 여전히 모든 대륙에서 자라고 있다. 가장 일반적으로 볼 수 있는 종류는 폴리트리쿰속(*Polytrichum*)에 속하는 솔이끼 종류이다.

솔이끼 종류는 세대 교번으로 알려진 두 종류의 생활사를 가지고 있다. 배우체 세대는 이끼의 초록색을 띠는 잎 같은 부분이다. 포자체 세대는 털처럼 자라 때때로 이끼의 줄기로부터 싹이 난 것처럼 보인다. 이 때문에 헤어캡 모스(haircap moss)라는 영어 이름을 갖게 되었다. 털의 끝에는 포자를 담고 있는 주머니가 달려 있다. 이들 두 세대는 유적적으로 구별된다. 배우체는 생식 세포(정자와 난자)들을 생산하고 두 벌의 염색체를 가지고 있다. 배우체가 수정이 되면 포자를 생산하는 포자체가 이끼 윗부분에 자라 나오는데, 포자체는 단지 한 벌의 염색체를 가지고 있다. 분산된 포자들이 적당한 곳에 내려앉게 되면, 그들은 새로운 배우체로 자란다.

이끼류는 식물들이 수분과 양분을 이동시키는 관다발 조직을 발달시키기 훨씬 전에 진화했고, 대부분의 이끼류는 생존을 위해 삶의 일정 부분 동안은 물과 접촉한 상태로 유지되어야만 한다. 하지만 수렴 진화의 한 형태로 솔이끼 종류는 가장 기초적인 관다발 조직을 갖게 되었으며, 이로 인해 더 크게 자라며 물이 없는 기간에도 더 오랫동안 살아남을 수 있게 되었다. 결과적으로, 솔이끼 종류는 너무 건조하여 다른 이끼류 대부분이 살기 어려운 많은 서식지들을 정복했다.

내한성이 아주 강한 솔이끼 종류는 생태계 재생에 아주 중요한 역할을 하며, 종종 척박한 토양에 가장 먼저 자리를 잡는다. 솔이끼가 자라는 땅은 침식이 예방될 뿐더러, 항상 수분을 유지하고 온도를 낮추어 다른 식물들이 발아하기 좋은 환경을 만든다.

털 같은 포자체
습도에 따라 달려 있지만, 포자낭인 삭(capsule)은 산포에 알맞은 조건일 경우 포자를 방출하기 위해 열리고 닫힌다. 포자체는 광합성을 하는 배우체에 물과 양분을 전적으로 의존한다.

초록색 배우체
각각의 줄기는 수배우체 또는 암배우체이다. 암배우체는 난자, 수배우체는 정자를 만든다. 정자는 이끼 속 수분을 통해 헤엄쳐 암배우체로 이동한 다음 난자를 수정시킨다.

식물의 과

세밀화로 본 식물의 과별 목록

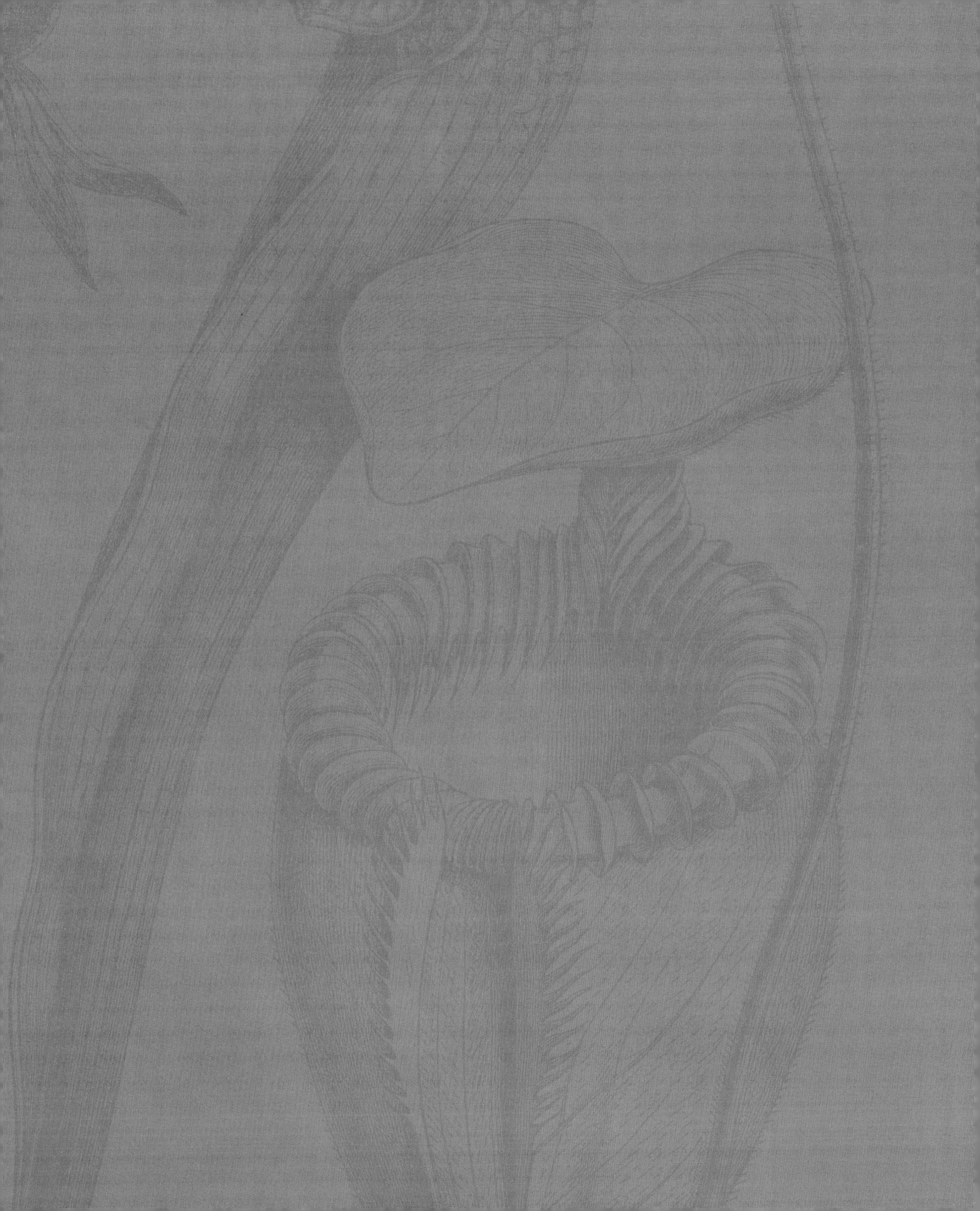

과로 보는
식물의 세계

과(科, family)란 서로 관련이 있는 식물 속들의 분류학적 범주 또는
군(group)을 말한다. 하나의 과 안에 속해 있는 식물은 어떤 공통된
특징들을 가지고 있지만, 다른 관점에서 보면 크게 달라질 수 있다.
가령 하나의 과에는 꽃의 구조 또는 잎의 배열이 비슷한 나무나
다년초가 포함될 수도 있다. 하지만 근연 관계가 분자 수준에서만
밝혀지는 경우도 있다.

많은 식물 과들이 전 세계적으로 널리 퍼져 발견되고 있다. 화석
기록을 보면 대륙들이 분리, 재편되는 과정에서 식물들이 다양한
기후에 어떻게 진화하고 적응하며 발상지에서 전 세계로 이동하게
되었는지 알 수 있다. 목련속(*Magnolia*)은 아시아 대륙과 아메리카
대륙에 대표 수종들을 가지고 있지만, 두 분류군은 가까운 친족
관계에도 불구하고 겉모습과 습성이 매우 다르다.

이 장에서는 속씨식물, 겉씨식물, 양치식물, 선태식물 분류군
안에 포함된 70개 이상의 중요한 과들을 알파벳 순서에 맞추어
개괄적으로 소개한다. 각 과를 대표하는 속에 대한 역사적 세밀화와
사진들을 통해 각 과 식물들의 다양성을 엿볼 수 있다.

공통된 특징

각 과의 보통명은 대체로 그 과를 대표하는 식물의
보통명을 따서 붙이는 경우가 많다. 예를 들어
미나리아재비과(Ranunculaceae)의 영문 보통명은 대표
식물인 미나리아재비의 영문 보통명을 따서 buttercup
family라고 하는데, 이 과에 속한 많은 식물들이 컵
모양의 꽃을 피운다. 수선화과(Amaryllidaceae)는 영문
과명이 onion family인데, 눈이 트기 시작하는 꽃봉오리
무리들은 불염포 같은 꽃잎들로 보호된다

리크
(*Allium ampeloprasum*)

천남성과

천남성과(Araceae)

택사목(Alismatales)

이 과는 수생 식물로 아주 흔한 개구리밥아과(Lemnoideae)를
포함하고 있기 때문에 사실상 전 세계에 걸쳐 분포하는 셈이다.
열대 지방에서 가장 다양한 종류가 발견된다. 이 과에 속하는
모든 종들은 유독성의 옥살산 칼슘 결정체를 함유하고 있다.
따라서 식용으로 널리 재배되고 있는 토란(*Colocasia esculenta*)과
같은 종은 이러한 독성 물질을 제거하기 위해 조리 시 주의할
필요가 있다. 대부분의 종들이 불염포로 둘러싸인 육수
꽃차례에서 작은 꽃들을 피우는데, 불염포는 대개 잎들과 다른
색깔을 띤다. 꽃들이 진 다음에는 때때로 과육이 있는 장과들이
달린다. 실내 식물로 인기가 많은 몬스테라(*Monstera deliciosa*)의
열매는 달콤한 향을 지니고 있다.

아룸 팔라이스티눔(*Arum palaestinum*)
월터 후드 피치(Walter Hood Fitch) 그림, 《커티스 보태니컬 매거진(*Curtis's Botanical Magazine*)》(1865년)

타이탄 아룸(*Amorphophallus titanum*)

홍학꽃(*Anthurium andraeanum*)

칼라(*Zantedeschia aethiopica*)

아글라오네마속 종류(*Aglaonema* sp.)

미나리과

미나리과(Apiaceae) 또는 산형과(Umbelliferae)

미나리목(Apiales)

거의 전 세계적으로 분포하는 미나리과는 주로 여러해살이
초본류(다년초)로 이루어져 있으며 교목 또는 관목은 드물다.
잎은 보통 겹잎(복엽)이며, 꽃은 산형 꽃차례로 피어난다.
이 과에는 잘 알려진 많은 채소류, 허브류, 향신료, 관상용
식물들이 포함되어 있다. 당근(*Daucus carota* subsp. *sativus*)과
파스닙(*Pastinaca sativa*)은 상업적으로 중요한 작물이다. 다른
많은 종들 역시 (종종 탄수화물이 많은) 덩이줄기, 잎, 씨앗으로,
중요한 식용 작물이 되어 왔다. 셀러리(*Apium graveolens* var.
dulce)는 줄기를 이용하기 위해 재배된다. 유럽의 해안 지구에
흔한 해안에린지움(*Eryngium maritimum*)은 미국에 도입되어 귀화
식물이 되었으며, 한때 최음제로 여겨지기도 했다.

식물의 과

사니쿨라 유로파이아(*Sanicula europaea*, 왼쪽 위), 아피움 그라베올렌스(*Apium graveolens*)
프리드리히 로쉬(Friedrich Losch) 그림, 『말과 그림으로 보는 약용 식물지(*Kräuterbuch, unsere
Heilpflanzen in Wort und Bild*)』(1905년)

이탈리안파슬리(*Petroselinum crispum* var.
neapolitanum)

전호(*Anthriscus sylvestris*)

딜(*Anethum graveolens*)

큰에린지움(*Eryngium giganteum*)

감탕나무과

감탕나무과(Aquifoliaceae)

감탕나무목(Aquifoliales)

이 과는 열대 지역에 걸쳐 발견되지만, 온대 지방에도 몇몇
중요한 종들이 분포하고 있다. 감탕나무속(*Ilex*) 하나로 이루어져
있으며, 대개 암수딴그루의 교목과 관목, 상록수와 낙엽수
모두를 포함한다. 잎 가장자리는 보통 톱니 모양 또는 가시가 나
있다. 열매는 붉은색, 갈색, 또는 검은색을 띠며 각각은 몇 개의
단단한 씨앗들을 가지고 있다. 호랑가시나무 종류(*Ilex* spp.)의
열매 달린 줄기는 종종 화훼 장식과 기념 화환에 사용된다.
몇몇 호랑가시나무 종류들은 정원용 식물, 특히 가시로 뒤덮인
빽빽한 생울타리용으로 널리 재배되며, 일부 지역에서는 어린
잎들을 수확하여 말린 다음 차를 우려 마신다.

넓은잎감탕나무(*Ilex latifolia*)
월터 후드 피치 그림, 《커티스 보태니컬 매거진》(1866년)

일렉스 무크로나타(*Ilex mucronata*)

마테(*Ilex paraguariensis*)

유럽호랑가시나무(*Ilex aquifolium*)

빈랑(*Areca catechu*)
『쾰러의 약용 식물지(*Köhler's Medizinal-Pflanzen*)』(1890년)에 수록된 그림

종려과

종려과(Arecaceae)
종려목(Arecales)

종려과에 속하는 야자나무 종류들은 주로 열대 지방에 걸쳐
발견되며 일부는 아열대 지역에 분포한다. 교목 또는 관목,
일부는 덩굴 식물 형태로 자라며, 대개 가지를 치지 않는
목질화된 줄기를 가지고 있다. 잎들은 보통 줄기 끝으로부터
나선상으로 자라 나온다. 칼라무스속(*Calamus*)과 같은 일부
속에 포함된 종들은 가시가 있다. 야자나무는 먹을거리뿐
아니라 주거지를 짓고 도구들을 만드는 데 사용하는 재료를
제공하는, 모든 식물 과를 통틀어 가장 쓸모 있는 식물에
속한다. 코코넛야자(*Cocos nucifera*)는 세계 주요 작물 중 하나로,
식품 생산과 화장품 산업에 사용되는 식용 코코넛과 오일을
만들어 내고, 부산물인 섬유질(coir)은 매트와 로프를 만드는
재료로 사용된다. 닥틸리페라야자(*Phoenix dactylifera*)의 열매는
당분 함유량이 아주 높다.

코코넛야자(*Cocos nucifera*)

왜종려(*Trachycarpus fortunei*)

닥틸리페라야자(*Phoenix dactylifera*)

수선화과

수선화과(Amaryllidaceae)

아스파라거스목(Asparagales)

전 세계에 걸쳐 분포하고 있는 이 거대한 과는 알뿌리
식물들과 다육질의 뿌리를 가진 다년초로 이루어져 있다.
꽃은 보통 6장의 화피편으로 이루어지고, 대개 관 모양이며,
한 송이 또는 더 많은 경우 무리를 지어 종종 기하학적으로
정확하게 피어난다. 3개의 아과 중에 부추아과(Allioideae)는
식용 및 관상용으로 많이 쓰이는 부추속 종류(*Allium*)를
비롯해 이들과 가까운 종들을 포함하며, 전에는 그 자체로
하나의 독립된 부추과(Alliaceae)로 분류되기도 했다.
수선화과의 식물들 대부분은 수천 년 동안 재배되어 왔다.
아마릴리스아과(Amaryllidoideae)는 독성이 있을 수 있는데,
군자란속(*Clivia*), 수선화속(*Narcissus*), 네리네속(*Nerine*)과 같이
정원 식물과 실내 식물로 인기 있는 식물들을 포함한다.
아가판투스아과(Agapanthoideae)는 남아프리카 원산의
아가판투스속(*Agapanthus*) 하나만으로 구성된다.

히페아스트룸 파르디눔(*Hippeastrum pardinum*, syn. *Amaryllis pardina*)
월터 후드 피치 그림, 《커티스 보태니컬 매거진》(1867년)

수도나르키수스수선화 교배종(*Narcissus
pseudonarcissus* hybrid)

군자란(*Clivia miniata*)

아마릴리스 벨라도나(*Amaryllis belladonna*)

알리움 '퍼플 센세이션'(*Allium* 'Purple Sensation')

아스파라거스과

아스파라거스과(Asparagaceae)

아스파라거스목(Asparagales)

오늘날 아스파라거스과는 매우 다양하며, 주로 다년초, 많은
종류의 알뿌리 또는 다육 식물, 몇몇 교목, 관목, 덩굴 식물로
이루어져 있다. 이 과는 전 세계 거의 모든 지역에서 발견된다.
아스파라거스과에 속한 7개 아과들은 한때 독립된 과들로
분류되기도 했다. 몇몇 대표적인 종을 살펴보면, 나무같이
자라는 유카의 선조들은 화석으로 발견되기도 했고, 용설란은
지면에서 아주 가깝게 자라며 잎끝이 뾰족한 다육질의 로제트
잎들을 형성한다. 우리에게 친숙한 히아신스도 이 과에
속한다. 음식으로 즐겨 먹는 종류들에는 봄철 채소류 가운데
북아메리카 원주민들이 전통적으로 식용했던 아스파라거스와
카마시아속(Camassia)이 있다. 인기 있는 정원 식물들 중에는
엽란속(Aspidistra), 은방울꽃속(Convallaria), 비비추속(Hosta)이
있다. 사이잘(Agave sisalana)의 섬유질은 경제적으로 가치가 있다.

식물의 과

아스파라거스(Asparagus officinalis)
오토 빌헬름 토메(Otto Wilhelm Thomé) 그림, 『독일, 오스트리아, 그리고 스위스의 식물상(Flora von Deutschland, Österreich und der Schweiz)』(1885년)

벤트리코사비비추(Hosta ventricosa)

길상천용설란(Agave parryi)

코르딜리네 아우스트랄리스(Cordyline australis)

히아신스(Hyacinthus orientalis)

크산토로이아 레시노사(*Xanthorrhoea resinosa*, syn. *X. hastilis*)
루이 반 호테(Louis van Houtte) 판화, 『유럽 정원과 온실의 식물상(*Flore des serres et des jardins de l'Europe*)』(1853년)

아스포델루스과

아스포델루스과(Asphodelaceae)
아스파라거스목(Asparagales)

3개의 아과인 아스포델루스아과(Asphodeloideae), 크산토로이아과(Xanthorrhoeoideae), 원추리아과 (Hemerocallidoideae)로 이루어져 있는데, 일부 학자들은 이들을 별도의 과로 분리하는 것을 선호한다. 이 다양한 과는 다년초, 관목, 덩굴 식물, 교목을 포함한다. 경우에 따라 단지 하나의 면에 대해 대칭을 이루는 꽃들은 6장의 화피편으로 이루어져 있으며 밑부분에서 융합되기도 한다. 다육 식물인 알로에 베라(*Aloe vera*)의 즙은 화장품과 의약품에 널리 이용된다. 원추리속(*Hemerocallis*)은 몇몇 인기 있는 정원 식물들 가운데 하나로, 대부분 미국에서 육종된 수많은 교배종들이 있다. 신서란(*Phormium tenax*)은 과거 섬유질을 얻기 위해 상업적으로 재배되었지만 지금은 관상용 식물로 더 많이 이용된다.

하워르티아 테셀라타(*Haworthia tessellata*)

알로에 베라(*Aloe vera*)

니포피아속 종류(*Kniphofia* sp.)

각시원추리(*Hemerocallis dumortieri*)

붓꽃과

붓꽃과(Iridaceae)
아스파라거스목(Asparagales)

붓꽃과는 지구의 최남단 지역이 원산지인데, 여기서부터 거의
전 세계 곳곳으로 퍼져 나갔다. 분자적 증거에 따라 붓꽃과의
몇몇 속들이 다시 배정되었다. 전에는 독립된 속이었던
아키단테라속(*Acidanthera*)이 이제는 글라디올러스속(*Gladiolus*)에
속한다. 붓꽃과의 식물들은 주로 다년초인데 일반적으로
뿌리줄기, 비늘줄기, 또는 알줄기를 가지고 있으며, 몇몇은 관목
같은 형태로 자란다. 대부분이 관상용 식물로 인기가 있다.
특히 붓꽃속(*Iris*), 프리지아속(*Freesia*), 글라디올러스속(*Gladiolus*)
종류들이 절화 산업에서 중요하다. 사프란(*Crocus sativus*)은
향신료인 사프란을 생산하는 암술머리를 얻기 위해 상업적으로
재배된다. 이리스 팔리다(*Iris pallida*)의 뿌리로부터 얻을 수 있는
전분은 약용으로 쓰이고 향수의 정착액으로 사용된다.

이리스 비스마르키아나(*Iris bismarckiana*)
마틸다 스미스(Matilda Smith) 그림, 《커티스 보태니컬 매거진》(1904년)

시베리아붓꽃(*Iris sibirica*)

크로커스 고울리미(*Crocus goulimyi*)

글라디올러스 무리엘라이(*Gladiolus murielae*)

난초과

난초과(Orchidaceae)

아스파라거스목(Asparagales)

난초류는 관다발 식물 가운데 가장 큰 과를 형성한다. 이 식물들은 전 세계적으로 발견되지만 열대 지방에 가장 다양하게 분포한다. 일반적으로 여러해살이 식물이고, 육상 또는 기생 식물, 몇몇 종은 덩굴 식물로 살아가며, 줄기는 위인경(헛비늘줄기)으로 부풀어오를 수 있다. 꽃은 대개 크고 화려하며 3장의 꽃받침과 3장의 꽃잎으로 구성된다. 꽃가루 매개자들을 착륙장 또는 주머니로 인도하는 선명한 무늬를 가지고 있다. 수분이 이루어지는 복잡한 메커니즘은 타가 수분이 일반적이라는 것을 의미한다. 가정에서 기르는 실내 식물용으로 팔레놉시스속(*Phalaenopsis*)과 심비디움속(*Cymbidium*)을 비롯한 많은 난초 속들이 인공적으로 개발되어 왔다. 바닐라 향은 바닐라속(*Vanilla*) 종으로부터 추출된다. 거의 모든 난초 씨앗들은 양분을 가지고 있지 않기 때문에, 초기 생장을 위해 균류와 공생에 의존한다.

오르키스 마스쿨라(*Orchis mascula*)
얀 콥스(Jan Kops) 외 판화, 《플로라 바타바(*Flora Batava*)》(1885년)

아나캄프티스 피라미달리스(*Anacamptis pyramidalis*)

아란테라 '앤 블랙'(*Aranthera* 'Anne Black')

심비디움 알로이폴리움(*Cymbidium aloifolium*)

팔레놉시스 스투아르티아나(*Phalaenopsis stuartiana*)

국화과

국화과(Asteraceae)

국화목(Asterales)

꽃 구조로 쉽게 알아볼 수 있는 국화과의 식물들은 거의 전
세계의 모든 환경에서 발견되지만, 특히 사막 지역에 풍부하다.
각각의 '꽃'은 사실 두상화로, 아주 작은 관상화들 또는 꽃잎
같은 설상화들로 이루어져 있거나, 많은 경우 둘 다 가지고
있다. 국화과는 가장 큰 과 가운데 하나로, 정원 식물로
일반적인 참취속(*Aster*)과 국화속(*Chrysanthemum*) 같은 수많은
일년초와 다년초 종류뿐 아니라, 관목, 덩굴 식물, 교목을
포함한다. 식용이 가능한 종류는 상추(*Lactuca sativa*)와 글로브
아티초크(globe artichoke, *Cynara cardunculus* var. *scolymus*)를 포함한다.
향쑥(*Artemisia absinthium*)은 알코올 음료인 압생트의 풍미를
더하는 데 사용된다.

디에테리아 카네스켄스(*Dieteria canescens*, syn. *Diplopappus incanus*)
사라 앤 드레이크(Sarah Anne Drake) 그림, 《에드워즈 보태니컬 레지스터(*Edwards's Botanical Register*)》(1835년)

아티초크(*Cynara cardunculus*)

해바라기(*Helianthus annuus*)

고산아스터(*Aster alpinus*)

서양민들레(*Taraxacum officinale*)

초롱꽃과

초롱꽃과(Campanulaceae)

국화목(Asterales)

초롱꽃과는 전 지구적으로 분포하지만 대부분 종들은 온대 지방에서 자라는 목본류와 초본류이다. 꽃은 거의 대부분 컵 모양이며, (대개) 5장의 꽃잎들이 융합되어 있다. 하지만 일부 경우, 꽃잎들이 거의 분리되기도 하고 꽃이 활짝 피어 사실상 납작하게 되기도 한다. 줄기 속에는 보통 하얀 유액이 들어 있다. 초롱꽃속을 뜻하는 캄파눌라(*Campanula*)는 라틴 어로 '작은 종'을 의미한다. 초롱꽃속은 기후가 서늘한 지역에서 정원 식물로 가장 널리 재배되고 있지만, 대부분 종들의 잎은 식용이 가능하다. 숫잔대속(*Lobelia*) 역시 여름철 화단용으로 인기가 많다. 이 두 가지 속에 속하는 재배 품종들 중에는 파란색 꽃들이 많다. 다른 몇몇 속들은 먹을 수 있는 뿌리와 열매를 가지고 있다.

캄파눌라 팔리다(*Campanula pallida*, syn. *C. colorata*)
월터 후드 피치 그림, 《커티스 보태니컬 매거진》(1851년)

피테우마 오르비쿨라레(*Phyteuma orbiculare*)

히말라야더덕(*Codonopsis clematidea*)

도라지(*Platycodon grandiflorus*)

모시대(*Adenophora remotiflora*)

지치과

지치과(Boraginaceae)
지치목(Boraginales)

지치목은 지치과 하나의 과로 이루어져 있으며, 거의 전
세계적으로 일년초, 다년초, 교목, 관목, 덩굴 식물 형태로
자라고 있다. 캘리포니아에 사는 사막 식물 종의 하나인
폴리스마 소노라이(*Pholisma sonorae*)는 먹을 수 있는 덩이줄기를
가지고 있는 기생 식물이다. 지치과의 식물들은 보통 거칠고
털이 많은 잎을 가지고 있으며, 꽃은 대개 5장의 꽃잎으로
이루어져 있다. 많은 종들이 알칼로이드를 함유하고 있어
전통적인 약재로 널리 이용되어 왔다. 일부 종들은 먹을 수
있는 열매와 뿌리를 가지고 있다. 상처를 치유하는 습포제는
종종 유럽 정원의 흔한 잡초인 컴프리(*Symphytum officinale*)로
만들어졌다. 보리지(*Borago officinalis*) 꽃은 오이 같은 맛이 나서
음료에 곁들이는 가니시로 사용된다. 이 식물은 한약재로
사용하는 씨앗 기름을 짜내기 위해 상업적으로 재배된다.
알카넷(*Alkanna tinctoria*)은 염료로 사용되는 몇몇 지치과 식물들
가운데 하나다.

보리지(*Borago officinalis*)
아메데 마스클레프(Amédée Masclef) 그림, 『프랑스 식물 지도책(*Atlas des plantes de France*)』(1893년)

코르디아 세베스테나(*Cordia sebestena*)

들물망초(*Myosotis arvensis*)

알카넷(*Alkanna tinctoria*)

컴프리(*Symphytum officinale*)

십자화과

십자화과(Brassicaceae)

십자화목(Brassicales)

십자화과는 일부 열대 지방을 제외한 거의 전 세계적으로
발견되며, 주로 초본류와 관목 형태, 몇몇 소교목과
덩굴 식물 종류로 이루어져 있다. 톡 쏘는 맛의 머스타드
오일(글루코시놀레이트)뿐 아니라, 우리에게 익숙한 먹을거리와
향료로 쓰이는 많은 식물들이 이 과에 속한다. 꽃은 십자
형태로 배열된 두 쌍의 꽃잎으로 이루어져 있다. 식용
가능한 많은 종들이 상업적인 작물로 개발되어 왔다.
야생양배추(*Brassica oleracea*)의 재배를 통해 개량된 많은
재배종들 중에는 케일, 양배추, 브로콜리가 있다. 그 밖에 식용
뿌리를 가진 종들(스웨덴순무와 순무)이 있는가 하면, 기름을
짜기 위한 지방 종자 평지 식물들(*B. napus*와 *B. rapa*)은 동물 사료,
식물성 기름, 바이오 연료를 공급하기 위해 재배된다. 몇몇 인기
있는 관상용 식물들과 더불어, 대청(*Isatis tinctoria*)은 파란색 대청
염료를 얻기 위해 재배되었다.

흰겨자(*Brassica alba*)
요한 야콥 하이드(Johann Jacob Haid) 판화, 요한 빌헬름 바인만(Johan Wilhelm Weinmann), 『파이탄토자
아이코노그라피아(*Phytanthoza Iconographia*)』(1735~1745년)

마티올라 프루티쿨로사(*Matthiola fruticulosa*)

유채(*Brassica napus*)

야생양배추(*Brassica oleracea*)

비름과

비름과(Amaranthaceae)

석죽목(Caryophyllales)

비름과는 전 세계적으로 발생하지만, 난온대와 아열대
지역에 가장 다양하게 나타나며, 주로 초본성 식물들과
관목들로 이루어져 있다. 꽃은 취산 꽃차례, 밀집한 두상
꽃차례, 또는 수상 꽃차례로 피어난다. 경제적으로 가장
중요한 식물은 비트(*Beta vulgaris* subsp. *vulgaris*)이며, 사탕수수
대체용으로 사탕무(*Beta vulgaris* var. *altissima*) 또한 중요하다.
남아프리카의 퀴노아(*Chenopodium quinoa*)는 중요한 건강 식품이
되었고, 통통마디속(*Salicornia*) 종들은 염습지로부터 수확되어
귀한 채소류로 판매되고 있다. 비름과는 시금치를 비롯해
철분이 풍부한 잎들을 위해 재배되는 식물들도 포함한다.
비름속(*Amaranthus*)과 맨드라미속(*Celosia*)으로부터 만들어진
품종들은 인기 있는 관상용 식물이다.

개비름(*Amaranthus blitum*)
얀 콥스 외 판화, 《플로라 바타바》(1846년)

천일홍(*Gomphrena globosa*)

줄맨드라미(*Amaranthus caudatus*)

시금치(*Spinacia oleracea*)

쥐꼬리선인장(*Disocactus flagelliformis*, syn. *Cactus flagelliformis*)
게오르크 디오니시우스 에레트(Georg Dionysius Ehret) 그림, 『플란타이 셀렉타이(*Plantae selectae*)』(1752년)

선인장과

선인장과(Cactaceae)

석죽목(Caryophyllales)

열대 아프리카와 남아시아에서 발견되는 립살리스
바키페라(*Rhipsalis baccifera*)를 제외하고, 선인장과는 아메리카
대륙이 원산지로, 주로 교목, 관목, 독특한 형태의 덩굴 식물로
자란다. 일부는 기생 식물이다. 선인장과 식물들의 다육성
줄기는 때때로 무리를 지으며, 구나 원기둥 모양으로 똑바로
혹은 기면서 자란다. 줄기는 경우에 따라 납작해진 부분들로
분리될 수 있다. 선인장과 식물들 중에는 매끄러운 종류도
있지만 종종 골이 져 있고 엽침을 가지고 있는데, 엽침은 짧거나
길고 바늘 모양 혹은 머리카락처럼 가늘다. 꽃은 대개 커다랗고
굉장히 매력적이다. 보검선인장(*Opuntia ficus-indica*)과 같은 일부
선인장은 먹을 수 있는 열매를 생산한다. 페요테(peyote) 혹은
오우옥선인장(*Lophophora williamsii*)은 환각제의 원료로 쓰인다.
많은 선인장 종류들이 실내 식물로 인기가 많다. 일부 따뜻한
지역에서는 선인장들이 재배 지역을 벗어나 귀화 식물로
정착했다.

금오모자선인장(*Opuntia microdasys*)

변경주선인장(*Carnegiea gigantea*)

에키놉시스 칸디칸스(*Echinopsis candicans*)

맘밀라리아 세닐리스(*Mammillaria senilis*)

석죽과

석죽과(Caryophyllaceae)

석죽목(Caryophyllales)

대부분 일년초와 다년초로 이루어진 석죽과는 가장 널리
분포하는 과 중 하나로, 특히 온대 지방에서 가장 높은
다양성을 나타낸다. 어떤 식물들은 남극 대륙과 히말라야
산맥과 같이 가혹한 환경에서도 살아갈 수 있다. 꽃은 보통
5장의 꽃잎을 가지고 있다. 카네이션(*Dianthus caryophyllus*)은
향기가 좋아 비누를 만들기 위해 오랫동안 재배되어 왔다.
이 종과 다른 종들 사이의 교배를 통해 정원용과 절화용으로
적합한 많은 품종들이 만들어졌다. 실레네 비스카리아(*Silene
viscaria*)는 해를 입힐 수 있는 곤충들을 붙잡을 수 있는
끈적끈적한 잎을 가지고 있는 몇몇 식물들 가운데 하나다.
아직 입증되지는 않았지만, 이 식물이 곤충으로부터 양분을
얻을 수 있다는 것은 가능한 이야기다.

디안투스 주니페리누스(*Dianthus juniperinus*, syn. *Dianthus arboreus*)
프란츠 바우어(Franz Bauer) 그림, 존 시브토프(John Sibthorp)와 제임스 에드워드 스미스(James Edward
Smith), 『플로라 그라이카(*Flora Graeca*)』(1825년)

바위비누풀(*Saponaria ocymoides*)

스텔라리아 홀로스테아(*Stellaria holostea*)

고산장구채(*Silene alpestris*)

갯질경이과

갯질경이과(Plumbaginaceae)

석죽목(Caryophyllales)

전 세계적으로 나타나지만, 주로 유럽과 북아메리카의
해안 지구에서 발견된다. 마디풀과(Polygonaceae)와 아주
가까운 관계에 있는 이 식물들은 다년초, 관목, 덩굴
식물로 이루어진 2개의 더 큰 아과와, 맹그로브 종류인
아이기알리티스속(*Aegialitis*)만을 유일하게 가지고 있는 세
번째 아과로 나뉜다. 꽃은 5장의 꽃잎으로 이루어지며, 대개
중심부에 꿀판이 있다. 잎은 나선형으로 배열된다. 일부 종들은
관상용 식물로 재배된다. 세라토스티그마속(*Ceratostigma*)은
정원에서 흔히 볼 수 있으며, 플룸바고속(*Plumbago*)은 서리가
없는 지역에서 정원용 관목으로 인기가 많다. 스타티스(*Limonium
sinuatum* 및 다른 종)는 여러 가지 색깔로 이용할 수 있으며, 잘라서
드라이플라워로 만들었을 때 색깔을 잘 유지한다.

세라토스티그마 플룸바기노이데스(*Ceratostigma plumbaginoides*)
《애디소니아(*Addisonia*)》(1920년)에서 발췌한 그림

고니올리몬 타타리쿰(*Goniolimon tataricum*)

플룸바고 아우리쿨라타(*Plumbago auriculata*)

아르메리아 마리티마(*Armeria maritima*)

리모니움 스펙타빌레(*Limonium spectabile*)

마디풀과

마디풀과(Polygonaceae)

석죽목(Caryophyllales)

마디풀과는 사실상 전 세계에 퍼져 있지만, 대부분의 식물들이 북반구 온대 지방에서 발견된다. 초본류와 목본류로 이루어져 있다. (대개의 경우) 양성화인 꽃은 작고, 수상 꽃차례, 총상 꽃차례, 원추 꽃차례, 또는 두상 꽃차례로 피어난다. 이 과에 속하는 3개의 아과 중 하나인 시메리아과(Symmerioideae)는 서아프리카에서 자라는 시메리아 파니쿨라타(*Symmeria paniculata*) 하나의 종으로만 구성되어 있다. 마디풀과에는 몇 가지 식용 작물과 관상용 식물이 포함되어 있다. 메밀(*Fagopyrum esculentum*)은 상업적으로 중요한 작물로, 고대부터 재배해 왔다. 대황속(*Rheum*)은 줄기를 구미에 맞도록 설탕과 곁들여 요리해 먹는 루바브와, 관상용 식물들을 포함한다. 침입종인 호장근(*Fallopia japonica*)은 많은 지역에서 유해한 잡초로 간주된다.

식물의 과

폴리고눔 바키니폴리움(*Polygonum vacciniifolium*)
루이 반 호테 판화, 『유럽 정원과 온실의 식물상』(1853년)

루바브(*Rheum rhabarbarum*)

페르시카리아 비스토르타(*Persicaria bistorta*)

붉은대황(*Rumex sanguineus*)

층층나무과

층층나무과(Cornaceae)

층층나무목(Cornales)

층층나무과는 대부분 북반부 온대 지방에 분포하지만 열대
지방과 남반구에서도 일부 발견된다. 이 과는 상록수와 낙엽수,
뿌리줄기를 가진 다년초로 구성된다. 층층나무과는 한때
더 큰 과였는데, 분자 분석에 의해 2개의 속으로 축소되어
층층나무속(*Cornus*), 그리고 이 속과 아주 가까운 친척 관계인
박쥐나무속(*Alangium*)으로 이루어지게 되었다. 층층나무과의
식물들의 잎들은 대개 마주난다. 꽃은 두상 꽃차례로 피어나고,
때때로 다채로운 포엽을 가지고 있으며, 먹을 수 있는 열매가
달릴 수 있다. 미국산수유(*Cornus mas*)의 열매는 비타민 씨
함유량이 오렌지보다 더 높다. 몇몇 종들은 정원수로 인기가
많고, 탄닌 함유량이 높기 때문에 의약적인 가치도 지니고
있다. 주기적으로 윗부분을 잘라 주거나 두목 갱신을 해 주면
바구니를 만들기 위한 부드러운 줄기들을 얻을 수 있다.

상록산딸나무(*Cornus capitata*, syn. *Benthamia fragifera*)
월터 후드 피치 그림, 《커티스 보태니컬 매거진》(1852년)

흰말채나무(*Cornus alba*)

미국산수유(*Cornus mas*)

꽃산딸나무(*Cornus florida*)

베고니아 베도메이(*Begonia beddomei*)
마틸다 스미스 그림, 《커티스 보태니컬 매거진》(1884년)

식물의 과

베고니아과

베고니아과(Begoniaceae)

박목(Cucurbitales)

베고니아과는 열대 지방에 걸쳐 널리 퍼져 있으며,
몇몇 종들은 온대 지방에 분포한다. 이 과는
베고니아속(*Begonia*), 하와이에서만 발견되는 훨씬 더 작은
힐레브란디아속(*Hillebrandia*), 이렇게 2개의 속으로 구성된다.
주로 다년초와 다육 식물, 이따금씩 기생 식물로 자라지만,
관목처럼 자라는 경향이 있는 몇몇 종들을 포함한 식물들은
덩이줄기를 형성하기도 한다. 꽃은 단성화로 같은 꽃차례
안에서 암꽃과 수꽃이 각각 따로 피어난다. 일부 종들은 먹을
수 있는 잎들을 가지고 있기는 하지만, 대부분의 베고니아
종류들은 관상용 식물로 재배되고, 상업적으로 판매되는
식물들은 주로 복잡한 교배 과정을 거쳐 탄생한 품종들이다.
밝은 색상의 꽃들을 가진 꽃베고니아(*Begonia semperflorens*) 종류는
화단에 사용된다. 구근베고니아(*Begonia* x *tuberhybrida*) 종류는
더 큰 꽃들이 피는데, 수꽃은 보통 겹꽃으로 매우 화려하다.
렉스베고니아(*Begonia rex*) 종류의 잎들은 매력적인 무늬를 가지고
있어 실내 식물로 많이 재배된다.

베고니아 '에스카르고'(*Begonia* 'Escargot')

베고니아 임페리알리스(*Begonia imperialis*)

렉스베고니아(*Begonia rex*)

베고니아 리스타다(*Begonia listada*)

박과

박과(Cucurbitaceae)

박목(Cucurbitales)

박과는 주로 초본류, 목본류의 덩굴 식물로 구성되며, 열대와
아열대 지방에서 가장 많이 발견된다. 열매는 보통 다수의
납작한 씨앗들을 가지고 있는 장과이다. 분자 분석에 따르면
박과 식물들은 아시아가 원산지다. 박과 식물들 상당수는
열매를 먹을 수 있을 뿐 아니라 씨앗에서 추출한 기름을 요리와
샐러드용 드레싱으로 사용할 수 있어 경제적으로 가치가 있다.
오이(*Cucumis sativus*)는 고대부터 재배되어 왔으며, 날것으로 혹은
식초에 절여서 먹는다. 호박속(*Cucurbita*) 종류는 채소 요리에
사용된다. 박과 식물의 두꺼운 껍질은 그릇이나 병, 심지어
악기를 만드는 데 사용될 수 있다. 수세미는 수세미오이(*Luffa
cylindrica*)로 만들어진다.

쿠쿠르비타 디기타타(*Cucurbita digitata*)
《레뷰 호르티콜(*Revue horticole*)》(1863년)에서 발췌한 그림

모모르디카 코킨키넨시스(*Momordica
cochinchinensis*)

수박(*Citrullus lanatus*)

오이(*Cucumis sativus*)

박(*Lagenaria siceraria*)

연복초과

연복초과(Adoxaceae)
산토끼꽃목(Dipsacales)

연복초과는 주로 북반구에 걸쳐 분포하며, 과거에는 오직
다년초들로만 구성되었으나, 분자적 증거에 따라 일부
관목류도 포함하며 확장하게 되었다. 마주나는 잎들을
가졌으며, 꽃이 지고 나면 과육이 많은 열매들을 맺는다.
딱총나무속(*Sambucus*)과 산분꽃나무속(*Viburnum*) 종들은 정원
식물로 가치가 있는데, 꽃은 보통 향기가 있으며, 열매는
시큼하기는 하지만 먹을 수 있다. 달콤한 향기가 나는
블랙엘더베리(*Sambucus nigra*)의 꽃은 종종 코디얼 음료의 향미를
돋우는 데 사용된다. 관목 자체는 마법의 성질을 가진 것으로
여겨졌다. 잎이 지니고 있는 향은 파리를 쫓고 악령을 멀리하는
데 사용되었다. 전설에 따르면 성서 속 인물인 유다가 엘더(elder)
나무에 목매달아 죽었는데, 그 이후로 그 나무의 열매가 쓴맛이
나게 되었다고 한다.

연복초(*Adoxa moschatellina*)
게오르크 크리스티안 외더(Georg Christian Oeder) 외 판화, 『플로라 다니카(*Flora Danica*)』(1761~1883년)

월계분꽃나무(*Viburnum tinus*)

설구화(*Viburnum plicatum*)

백당나무(*Viburnum opulus*)

블랙엘더베리(*Sambucus nigra*)

진달래과

진달래과(Ericaceae)

진달래목(Ericales)

진달래과는 거의 전 세계에서 발견되며 목본류와 초본류,
상록수와 낙엽수로 이루어져 있다. 많은 종들이 토양에서
유래한 균근균과 관계를 맺고 있다. 꽃은 보통 종 또는
컵 모양이며, 경우에 따라 과육이 있는 장과가 달린다.
칼루나속(*Calluna*)과 에리카속(*Erica*)을 이르는 헤더(heather)
종류는 종종 넓은 면적의 땅을 덮어, 풀을 뜯는 포유동물과
수분을 돕는 곤충들을 위한 먹이 공급원으로 기능한다.
칼루나속 식물의 새로 돋아난 줄기들은 빗자루나 염료를
만들고, 맥주를 양조하는 데 쓰였다. 산앵두나무속(*Vaccinium*)에
속하는 블루베리나 크랜베리와 같은 일부 식물들은 먹을 수
있는 열매를 맺어 상업적으로 중요한 작물이다. 많은 식물들이
정원 식물로 인기가 있다. 특히 진달래속(*Rhododendron*)은 교배를
통해 수많은 품종들이 개발되어 왔다.

에리카 카미소니스(*Erica chamissonis*)
월터 후드 피치 그림, 《커티스 보태니컬 매거진》(1874년)

에리카 카르네아(*Erica carnea*)

로도덴드론 카타우비엔세(*Rhododendron catawbiense*)

시아노코쿠스속 종류(*Cyanococcus* sp.)

칼미아 라티폴리아(*Kalmia latifolia*)

꽃고비과

꽃고비과(Polemoniaceae)
진달래목(Ericales)

꽃고비과는 주로 일년초와 다년초, 몇 종류의 목본류로
이루어져 있다. 북반구에 분포하며, 아메리카 대륙에서
남쪽으로 안데스 산맥을 따라 남아메리카의 끝쪽으로
이어진다. 꽃은 종종 접시 또는 깔때기 모양으로, 보통 5장의
꽃잎을 가지고 있다. 아메리카 원주민들은 이 과의 몇 가지
속 식물들로 비누를 만들고, 약초로서 기대되는 효능을
이용했다. 칸투아(*Cantua buxifolia*)는 잉카 제국에서 성스러운
식물로 여겨졌고, 페루의 나라꽃이다. 풀협죽도속(*Phlox*)은
정원에서 특히 중요한 식물이다. 풀협죽도(*Phlox paniculata*)로부터
수많은 종류의 보더(border, 담장이나 생울타리를 배경으로 정원의
가장자리에 조성하는 화단의 한 형태—옮긴이) 식물들이 파생되었을
뿐 아니라, 꽃잔디(*P. subulata*)를 포함한 많은 왜성 종들이 고산
정원 애호가들에게 인기가 높다. '컵과 받침 덩굴(cup-and-
saucer vine)'로 불리는 코바이아 스칸덴스(*Cobaea scandens*)는 종종
한해살이 덩굴 식물로 재배된다.

참꽃고비(*Polemonium caeruleum*)
칼 악셀 매그너스 린드만(Carl Axel Magnus Lindman) 판화, 『북부 식물상 화첩(*Bilder ur Nordens Flora*)』(1922~1926년)

코바이아 스칸덴스(*Cobaea scandens*)

칸투아 북시폴리아(*Cantua buxifolia*)

플록스 디바리카타(*Phlox divaricata*)

앵초과

앵초과(Primulaceae)

진달래목(Ericales)

앵초과는 주요 사막 지역을 제외하고 전 세계적으로 분포하며,
덩굴 식물과 맹그로브 종류를 포함한 초본류와 목본류로
구성된다. 잎들은 보통 나선형으로 배열되고, 꽃은 일반적으로
5장의 꽃잎을 가지며, 대개의 경우 종 또는 항아리 모양의
관으로 융합된다. 많은 속들이 원예학적으로 중요한 종들을
포함하고 있다. 특히 시클라멘속(*Cyclamen*)과 앵초속(*Primula*)은
정원용과 화분용 식물로 널리 육종되어 다양한 품종들이
만들어졌다. 앵초과의 몇몇 식물들은 약용으로 쓰인다. '거짓
후추(false black pepper)'라고 불리는 엠벨리아 리베스(*Embelia
ribes*)는 헛배가 부르거나 촌충이 생겼을 때 사용하고,
빌레나무속(*Maesa*)의 열매는 살균 효과가 있어 장내 기생충
치료에 이용한다. 마야 사람들은 야퀴니아속(*Jacquinia*) 꽃들로
사원을 장식했다.

프리물라 카피타타(*Primula capitata*)
마틸다 스미스 그림, 《커티스 보태니컬 매거진》(1887년)

점좁쌀풀(*Lysimachia punctata*)

솔다넬라 알피나(*Soldanella alpina*)

시클라멘(*Cyclamen persicum*)

프리물라 불가리스(*Primula vulgaris*)

차나무과

차나무과(Theaceae)

진달래목(Ericales)

차나무과는 주로 상록 교목과 관목으로, 아메리카 대륙의
열대와 아열대 지방, 동아시아의 열대와 온대 지방에
분포한다. 꽃은 5장의 꽃잎이 나선형 또는 하나의 소용돌이
형태로 배열된다. 차의 재료로 사용되는 차나무(*Camellia
sinensis*)는 세계의 주요 작물 중 하나로, 중국에서 처음으로
재배되었는데, 일본으로 건너간 후 차가 하나의 문화적
의식으로 자리잡게 되었다. 차 음료는 인도를 비롯한 다른
지역의 대규모 농장 재배를 통해 가격이 낮아지기 전까지
유럽에서 귀한 사치품으로 여겨졌다. 주로 화장품에 사용되는
차 기름은 카멜리아 올레이페라(*Camellia oleifera*)의 씨앗으로부터
추출한다. 차나무과의 다른 종들은 인기 있는 관상용
식물로, 수많은 교배종들이 나와 있다. 다른 8개 속 가운데
노각나무속(*Stewartia*)은 때때로 정원에서 재배된다. 하나의
종으로 이루어진 프랑클리니아속(*Franklinia*)은 원래 조지아
주 알타마하 강 근처에서 발견되었는데, 야생에서는 멸종이
되었지만 여전히 북아메리카 동부 해안 지역의 많은 정원에서
자라고 있다.

식물의 과

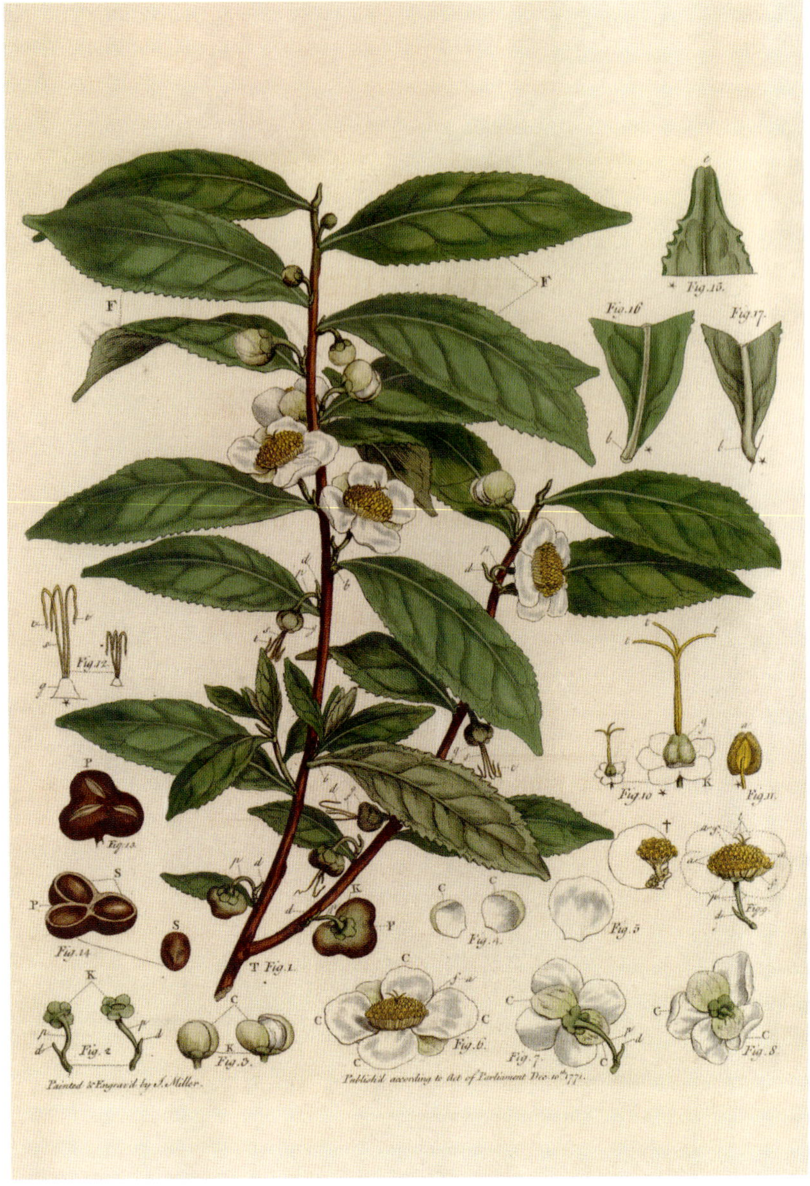

차나무(*Camellia sinensis*)
존 밀러(John Miller) 그림, 『차나무의 자연사(*The Natural History of the Tea-Tree*)』(1799년)

애기동백나무(*Camellia sasanqua*)

사스레피나무(*Eurya japonica*)

노각나무(*Stewartia pseudocamellia*)

프랑클리니아 알라타마하(*Franklinia alatamaha*)

콩과

콩과(Fabaceae)

콩목(Fabales)

콩목의 대부분을 차지하는 콩과는 목본류와 초본류 식물을
포함하며, 덩굴 식물들은 종종 감아 올라가거나 덩굴손을
가지고 있다. 거의 전 세계에 걸쳐 분포하고 있다. 꽃은
보통 5장의 꽃잎으로 이루어져 있는데, 종종 하나의 기판,
2장의 익판, 더 아래쪽에 용골판을 형성하며 융합된 2장의
꽃잎이 있다. 뿌리는 보통 질소 고정균이 사는 뿌리혹을
만들며, 일부 종들은 녹비 작물로 재배된다. 콩과의 많은
식물들이 신선하게 혹은 말려서 먹는 채소류(콩류)로
재배된다. 가장 중요한 작물은 콩(*Glycine max*)이고, 그 다음은
땅콩(*Arachis hypogaea*)이다. 정원 식물로 인기 있는 식물은
금사슬나무속(*Laburnum*), 스위트피(*Lathyrus odoratus*)가 대표적인
연리초속(*Lathyrus*), 등속(*Wisteria*)이 있다. 2,000종 이상이 포함된
황기속(*Astragalus*)은 관다발 식물 중에서 가장 큰 속을 이루고
있다.

완두(*Pisum sativum*)
오토 빌헬름 토메 그림, 『독일, 오스트리아, 그리고 스위스의 식물상』(1885년)

콩(*Glycine max*)

카시아 피스툴라(*Cassia fistula*)

중국등나무(*Wisteria sinensis*)

붉은토끼풀(*Trifolium pratense*)

자작나무과

자작나무과(Betulaceae)

참나무목(Fagales)

자작나무과는 북반구에 걸쳐 분포하는데, 일부는 열대 산악 지역에서 발견되며, 낙엽 교목과 관목으로 이루어져 있다. 어긋나는 잎들을 가지며, 잎 가장자리는 대개 톱니 모양이다. 수꽃은 아래로 늘어진 미상 꽃차례로 피어나며, 암꽃은 곧게 설 수 있는 짧은 미상 꽃차례로 핀다. 자작나무속(Betula)은 숲에서 흔하게 볼 수 있는 나무들인데, 많은 종류들이 정원에서뿐만 아니라 가로수와 도시 조경에 쓰이는 관상용 식물로도 가치가 있다. 자작나무와 오리나무속(Alnus)의 목재는 종종 가구를 만드는 데 사용된다. 유럽서어나무(Carpinus betulus)는 생울타리용으로 인기가 높다. 헤이즐넛(hazelnut)이라 불리는 유럽개암나무(Corylus avellana)와 터키개암나무(C. colurna), 필버트(filbert)라고 불리는 막시마개암나무(C. maxima)는 중요한 작물이다.

식물의 과

렌타자작나무(Betula lenta)
『쾰러의 약용 식물지(Köhler's Medizinal-Pflanzen)』(1890년)에 수록된 그림

미국새우나무(Ostrya virginiana)

개암나무속 종류(Corylus sp.)

백자작나무(Betula papyrifera)

참나무과

참나무과(Fagaceae)

참나무목(Fagales)

참나무과는 주로 낙엽 또는 상록 교목, 몇몇 관목류로 이루어져 있으며 북반구 온대 지방, 이따금씩 열대 지방에서 발견된다. 잎은 보통 어긋나며 종종 털로 덮여 있다. 열매는 단단한 포엽에 붙어 있는 견과인데, 도토리와 같이 컵 모양이거나, 밤과 같이 열매를 둘러싼다. 유럽밤나무(*Castanea sativa*)는 로마 인들에 의해 북유럽으로 도입되었고, 종종 숲에서 발견되며, 때때로 먹을 수 있는 송로 버섯이 달린다. 다른 밤나무속 종들 역시 먹을 수 있는 열매를 가지고 있다. 참나무속(*Quercus*) 나무들의 도토리는 기근 식량과 돼지 사료로 사용되었다. 참나무속과 너도밤나무속(*Fagus*)은 목재로서 중요한 나무들이다.

유럽너도밤나무(*Fagus sylvatica*)
아메데 마스클레프 그림, 『프랑스 식물 지도책』(1893년)

유럽참나무(*Quercus robur*)

유럽너도밤나무(*Fagus sylvatica*)

리토카르푸스 데알바투스(*Lithocarpus dealbatus*)

유럽밤나무(*Castanea sativa*)

가래나무과

가래나무과(Juglandaceae)

참나무목(Fagales)

가래나무과는 낙엽 및 상록 교목, 관목으로 이루어져 있으며,
북반구와 남반구 일부 지역에 걸쳐 분포한다. 잎들은 대개
어긋나며 깃꼴을 형성하는데, 소엽은 종종 향이 좋다. 꽃은
일반적으로 원추 꽃차례로 매달리며 피고, 종종 먹을 수 있는
견과가 달린다. 호두나무(*Juglans regia*)는 열매(호두)를 얻기 위해
오래 전부터 재배되어 왔는데, 호두로부터 기름을 추출할
수 있으며, 겉껍질은 염료를 만드는 데 쓰인다. 텍사스 주를
상징하는 나무인 피칸(*Carya illinoinensis*) 역시 비슷한 용도를 가진
피칸을 생산한다. 가래나무과의 많은 종들이 목재 생산을 위해
재배되는데, 나뭇결이 매력적이고 내구성이 매우 좋다.

식물의 과

호두나무(*Juglans regia*)
《벨기에의 원예: 정원과 과수원 저널(*La Belgique horticole, journal des jardins et des vergers*)》(1853년)에서
발췌한 그림

가래나무속 종류(*Juglans* sp.)

카리아 오바타(*Carya ovata*)

물푸레잎굴피나무(*Pterocarya fraxinifolia*)

협죽도과

협죽도과(Apocynaceae)

용담목(Gentianales)

협죽도과는 북극 지방에서 열대 지방까지 널리 퍼져 있는
다양한 과이며, 선인장처럼 보이는 일부 다육 식물을 포함하여
목본류와 초본류 식물로 이루어져 있다. 줄기를 자르면 종종
라텍스 같은 깨끗한 수액이 나오는데, 이는 고무를 만드는 데
사용될 수 있다. 꽃은 5장의 꽃잎을 가지며, 대개 향기가 있는데,
때때로 좋지 않은 냄새가 나기도 한다. 몇몇 종들은 씨앗에 독이
있을 수 있기는 하지만 먹을 수 있는 열매를 맺는 한면, 어떤
종들은 먹을 수 있는 뿌리 또는 덩이줄기를 가지고 있다. 많은
종들이 알칼로이드를 함유하고 있어 약초로 적용될 수 있지만,
일부 종들은 극도로 독성이 강하다. 자바 인디고(Java indigo)라
불리는 마르스데니아 팅크토리아(*Marsdenia tinctoria*)는 파란색
염료를 만드는 원료로 사용되는 몇몇 식물들 가운데 하나이다.
플루메리아속(*Plumeria*)은 열대 지방에서 관상용으로 인기 있는
관목 또는 큰 나무 종류이다.

시리아관백미꽃(*Apocynum virginianum erectum*, 현재 *Asclepias syriaca*)
지오반니 바티스타 모란디(Giovanni Battista Morandi) 그림, 『호르툴루스 보타니쿠스 픽투스 시베
콜렉티오 플란타룸(*Hortulus Botanicus Pictus Sive Collectio Plantarum*)』(1748년)

스타펠리아 기간테아(*Stapelia gigantea*)

호야(*Hoya carnosa*)

플루메리아 옵투사(*Plumeria obtusa*)

꼭두서니과

꼭두서니과(Rubiaceae)

용담목(Gentianales)

꼭두서니과는 목본류와 초본류로 이루어져 있는데, 극지방과 영구적으로 건조한 사막에는 존재하지 않으며, 특히 열대 우림 지역에 다양하게 분포한다. 이 과에 속하는 식물들의 잎은 보통 마주나거나 분명히 돌려나는 단엽을 가지고 있다. 꽃을 받치고 있는 포엽은 때때로 커다랗고 색깔이 선명하다. 커피속(*Coffea*)은 전 세계의 주요 상품 중 하나다. 지역의 기후와 고도에 따라 다양한 종들이 (콩 같은) 씨앗을 얻기 위해 재배된다. 몇몇 킹코나속(*Cinchona*) 종들의 나무껍질에는 퀴닌(Quinine)이 들어 있는데, 이것은 의약적으로 쓰이거나 인디안 토닉 워터의 풍미를 더하는 데 사용된다. 향기 나는 하얀색 꽃이 피는 치자나무(*Gardenia augusta*, 정명 *G. jasminoides*)는 화분용 식물로 인기가 높다.

루비아 팅크토룸(*Rubia tinctorum*)
『쾰러의 약용 식물지』(1890년)에 수록된 그림

식물의 과

커피나무(*Coffea arabica*)

노니(*Morinda citrifolia*)

익소라 코키네아(*Ixora coccinea*)

치자나무(*Gardenia jasminoides*)

쥐손이풀과

쥐손이풀과(Geraniaceae)

쥐손이풀목(Geraniales)

쥐손이풀과는 일년초, 다년초, 관목으로 이루어진 5개의
속으로 구성되며, 주로 온대 지방, 고도가 높은 열대 지방에서
발견된다. 이 과의 식물들은 보통 털이 나 있고 향기를
지닐 수 있으며, 일부 종들은 다육성이거나 알줄기를
형성한다. 꽃은 대개의 경우 5장의 꽃잎을 가지고 있다.
남아프리카에서 자라는 펠라르고늄속(Pelargonium)은 매우
다양한데, 특히 5개의 종들(P. inquinans, P. zonale, P. cucullatum, P.
grandiflorum, P. peltatum) 사이의 폭넓은 교배를 통해 수천 종의
품종들이 만들어져 전 세계적인 화분용 식물로 인기가 많다.
펠라르고늄 그라베올렌스(Pelargonium graveolens)와 같은 일부
종들로부터 추출한 기름은 향수와 식품 향료로 쓰인다.
쥐손이풀속(Geranium)과 국화쥐손이속(Erodium) 종들과 품종들은
정원 식물로 쉽게 접할 수 있다.

제라늄 루시둠(Geranium lucidum, 왼쪽)과 제라늄 로베르티아눔(G. robertianum, 오른쪽)
칼 린드만 판화, 『북부 식물상 화첩』(1922~1926년)

세열유럽쥐손이(Erodium cicutarium)

펠라르고늄 쿠에르키폴리움(Pelargonium quercifolium)

피뿌리쥐손이(Geranium sanguineum)

쥐꼬리망초과

쥐꼬리망초과(Acanthaceae)

꿀풀목(Lamiales)

쥐꼬리망초과는 주로 다년초, 관목, 덩굴 식물로 이루어져
있으며, 몇몇 상록수와 맹그로브 종류가 포함되어 있다.
대부분 열대 지방에 분포하며, 일부 속들은 온대 지방에서
자란다. 꽃은 대개 크고 화려한 포엽을 가지고 있는데, 2개의
입술을 가진 꽃부리(순형 화관)는 5장의 꽃잎으로 구성되며
때때로 곡선을 이루는 물결 모양이다. 파키스타키스
루테아(*Pachystachys lutea*)와 툰베르기아 알라타(*Thunbergia alata*)를
비롯한 많은 종들이 정원과 실내 식물로 인기가 있다. 아칸투스
몰리스(*Acanthus mollis*)와 아칸투스 스피노수스(*Acanthus spinosus*)의
깊게 갈라진 잎은 건축 양식에 즐겨 사용되는 익숙한 무늬인데,
맨 처음에는 고대 그리스 인들이 코린트식 기둥의 기둥머리를
장식하는 데 사용했고, 로마 인들이 그 양식을 이어받았다.
오늘날에는 전 세계적으로 그 무늬를 볼 수 있게 되었다.

아칸투스 스피노수스(*Acanthus spinosus*)
한스 사이먼 홀츠베커(Hans Simon Holtzbecker) 그림, 『고토르퍼 코덱스(*Gottorfer Codex*)』(1649~1659년)

루엘리아 투베로사(*Ruellia tuberosa*)

툰베르기아 그란디플로라(*Thunbergia grandiflora*)

아칸투스 몰리스(*Acanthus mollis*)

새우풀(*Justicia brandegeeana*)

능소화과

능소화과(Bignoniaceae)
꿀풀목(Lamiales)

능소화과는 열대 지방에 걸쳐 분포하며 일부 종들은 난온대
지방에서 자란다. 주로 상록 교목, 관목, 다년초로 구성되며,
감아 올라가거나 잎 덩굴손을 이용하여 숙주 식물에 붙어
자라는 덩굴 식물을 포함한다. 능소화과 식물들은 보통
마주나는 잎을 가진다. 꽃은 5장의 꽃잎들이 융합되어 2개의
잎술을 가진 꽃부리를 형성하는데, 위쪽에 2개의 열편,
아래쪽에 3개의 열편으로 독특한 트럼펫 모양을 형성한다. 어떤
종들의 열매는 크고 목질화되어 있는데, 호리병박나무(*Crescentia
cujete*)의 열매는 그릇 종류와 악기를 만드는 데 쓰인다.
능소화과의 일부 종들은 의약적 효능을 가지고 있는데,
종류에 따라 환각을 유발하거나 최음제 성분을 가지고
있다고 추정된다. 개오동속(*Catalpa*), 자카란다속(*Jacaranda*),
능소화속(*Campsis*)은 꽃이 아름다워 정원에서 기르는 식물 속들
중 일부이다.

비그노니아 칼리스테지오이데스(*Bignonia callistegioides*, syn. *Clytostoma callistegioides*)
메리 에밀리 이튼(Mary Emily Eaton) 그림, 《애디소니아》(1932년)

타베부이아 로세아(*Tabebuia rosea*)

꽃개오동(*Catalpa bignonioides*)

테코마 스탄스(*Tecoma stans*)

자카란다 미모시폴리아(*Jacaranda mimosifolia*)

돌담배과

돌담배과(Gesneriaceae)

꿀풀목(Lamiales)

돌담배과는 열대 지방에서 자라며, 몇몇 종들은 온대 지방에서
발견된다. 다년초, 관목, 소교목, 덩굴 식물로 이루어져 있다.
기생 식물 또는 암석 틈에서 살아가는 종들도 있는데, 보통
빽빽한 털로 덮인 다육성 잎과 줄기를 가지고 있다. 꽃은
4~5장의 꽃잎으로 이루어져 있으며, 종종 2개의 입술을
가진 다양한 모양으로 피어난다. 어떤 경우 아래쪽 입술은
칼세올라리아속(*Calceolaria*) 종류처럼 기다란 주머니 모양을
형성한다. 다른 종류들의 꽃은 관, 깔때기, 종, 또는 컵 모양이거나,
혹은 납작한 모양으로 개화한다. 칼세올라리아속(*Calceolaria*),
아프리칸바이올렛(African violet)이라 불리는 사인트파울리아속
(*Saintpaulia*), 스트렙토카르푸스속(*Streptocarpus*)의 교배종들,
글록시니아(*Sinningia speciosa*) 품종들을 포함한 일부 식물들은
정원 또는 실내 전시용으로 인기가 있다.

식물의 과

스미티안타 제브리나(*Smithiantha zebrina*)
월터 후드 피치 그림, 《커티스 보태니컬 매거진》(1842년)

아프리칸바이올렛 '브라이트 아이스'(*Saintpaulia*
'Bright Eyes')

에피스키아 디안티플로라(*Episcia dianthiflora*)

미크로키리타 라반둘라세아(*Microchirita lavandulacea*)

꿀풀과

꿀풀과(Lamiaceae)

꿀풀과는 전 세계적으로 분포하며, 일년초, 이년초, 다년초,
몇몇 목본류 식물들로 이루어져 있다. 어린 줄기의 단면은
종종 사각형이고 잎은 보통 마주난다. 많은 종류들이
향유를 분비하는 샘털을 가지고 있다. 꽃잎들은 2개의
입술을 가진 꽃부리로 융합되어 있으며, 어떤 종류는 꽃잎
같은 커다란 포엽을 가지고 있다. 박하속(*Mentha*)의 교배종,
바질(*Ocimum basilicum*), 오레가노(*Origanum vulgare*)와 같이,
꿀풀과에 속하는 많은 식물들이 우리에게 친숙한 요리용
허브 종류다. 라벤더속(*Lavandula* sp.)과 베르가못이라 불리는
모나르다속(*Monarda*) 종류의 향기나는 기름은 화장품에
사용된다. 배암차즈기속(*Salvia*)은 요리에 쓰이는 세이지(*Salvia
offcinalis*)뿐만 아니라 다양한 종류의 관상용 정원 식물들을
포함한다. 티크(*Tectona grandis*)는 목재를 생산하기 위해 재배되는
열대의 나무이다.

라미움 갈레오브돌론(*Lamium galeobdolon*, syn. *Galeobdolon luteum*)
윌리엄 백스터(William Baxter) 그림, 『영국의 화훼 식물학(*British phaenogamous botany*)』(1834~1843년)

라벤더(*Lavandula angustifolia*)

애플민트(*Mentha suaveolens*)

황금(*Scutellaria baicalensis*)

로즈마리(*Rosmarinus officinalis*)

올리브(*Olea europaea*)
피에르조제프 르두테(Pierre-Joseph Redouté) 그림, 『교목과 관목 개론(*Traité des arbres et arbustes*)』(1812년)

물푸레나무과

물푸레나무과(Oleaceae)

꿀풀목(Lamiales)

물푸레나무과는 덩굴 식물을 포함한 목본류 식물로 이루어져 있으며 거의 전 세계에서 발견된다. 이 과의 식물들은 보통 마주나는 잎을 가지며, 꽃은 4장의 꽃잎으로 구성되는데 영춘화속(*Jasminum*)은 때때로 더 많은 꽃잎을 갖는다. 올리브(*Olea europea*)는 기름이 풍부한 열매 때문에 중요한 작물로, 온대 지방에서 오랫동안 재배되어 왔다. 식용으로 수확된 올리브 열매는 먼저 쓴맛을 줄이기 위한 처리를 거친다. 올리브 가지를 물고 있는 흰색 비둘기는 전 세계적인 평화의 상징이다. 개나리속(*Forsythia*)과 수수꽃다리속(*Syringa*)은 정원에서 널리 재배된다. 영춘화속 종들 역시 인기가 많다. 꽃에서 향기가 나는 이들 식물들은 향수를 만드는 데 사용되고 차에 풍미를 더하는 용도로 상업적으로 재배된다. 구주물푸레나무(*Fraxinus excelsior*)는 목재를 얻을 수 있는 중요한 나무다.

식물의 과

아라비아재스민(*Jasminum sambac*)

개회나무(*Syringa reticulata*)

버크우드목서(*Osmanthus x burkwoodii*)

쇠물푸레나무(*Fraxinus sieboldiana*)

질경이과

질경이과(Plantaginaceae)

꿀풀목(Lamiales)

질경이과는 건조 지역을 포함한 거의 전 세계에서 발견되며,
목본류와 초본류, 물속에서 자라는 수생식물로 이루어진
다양한 과이다. 꽃은 컵, 종, 또는 깔때기 모양이거나, 2개의
입술을 가진 꽃 모양으로, 위쪽에 2개, 아래쪽에 3개의
열편을 가진다. 일부 식물들은 약용으로 중요하게 쓰인다.
디기탈리스속(*Digitalis*)은 독성이 있기는 하지만, 디기탈린의
원료가 되어 심장병을 치료하는 데 쓰인다. 플란타고
아프라(*Plantago afra*)는 완하 효과가 있어 변비를 다스릴 수 있다.
인기 있는 관상용 식물로는 많은 교배종들을 가지고 있는
금어초속(*Antirrhinum*), 해란초속(*Linaria*), 펜스테몬속(*Penstemon*)이
있다. 브라질에서 자라는 식충 식물인 필콕시아속(*Philcoxia*)은
토양 표면 바로 아래에 선충을 잡아 소화시키는 샘을 갖춘 땅속
줄기와 잎을 가지고 있다.

플란타고 네우마니(*Plantago neumannii*)
야콥 스텀과 요한 게오르크 스텀(Jacob and Johann Georg Sturm) 판화, 『독일의 식물상(*Deutschlands Flora*)』(1841~1843년)

이삭꼬리풀(*Veronica spicata*)

글로불라리아 코르디폴리아(*Globularia cordifolia*)

질경이(*Plantago asiatica*)

디기탈리스 옵스쿠라(*Digitalis obscura*)

현삼과

현삼과(Scrophulariaceae)

꿀풀목(Lamiales)

현삼과는 극지방과 일부 사막 지역을 제외한 전 세계에서
발견되며, DNA 염기 서열 분석 결과에 따라 범위가 확장되어
초본류와 관목류(낙엽성과 상록성), 단지 몇 종류의 교목과
덩굴 식물을 포함하게 되었다. 꽃은 보통 5장의 꽃잎을
가지며, 관, 종, 또는 트럼펫 모양이거나 2개의 입술을 가진
꽃부리를 형성한다. 전에는 부들레야과(Buddlejaceae)에
속했던 부들레야속(*Buddleja*)은 우단담배풀속(*Verbascum*)과
피겔리우스속(*Phygelius*)을 포함한 몇몇 중요한 정원 식물들
중 하나다. 많은 지역에서 부들레야 다비디(*Buddleja davidii*)는
재배 지역을 벗어나 잡초가 되었는데 버려진 땅뿐만 아니라
벽과 포장의 갈라진 틈새에서 씨앗들이 발아한다. 아프리카의
부들레야 살비폴리아(*Buddleja salviifolia*)는 나무처럼 자랄 수 있어
종종 목재를 얻기 위해 재배한다.

스코풀라리아 크리산타(*Scrophularia chrysantha*)
마틸다 스미스 그림, 《커티스 보태니컬 매거진》(1882년)

피겔리우스 카펜시스(*Phygelius capensis*)

부들레야 다비디(*Buddleja davidii*)

베르바스쿰 니그룸(*Verbascum nigrum*)

네메시아 카이룰레아(*Nemesia caerulea*)

녹나무과

녹나무과(Lauraceae)

녹나무목(Laurales)

녹나무과는 폭넓게 분포하며, 교목, 관목, 덩굴성 기생 식물인
카시타속(*Cassytha*)을 포함한다. 월계수로 이루어진 '라우리실바
숲(Laurisilva forests)'은 카나리 제도를 포함한 일부 아열대
지역에서 발견된다. 잎은 단엽이며 꽃은 종종 원추 꽃차례로
피어난다. 아보카도(*Persea americana*)는 녹나무과에서 가장 중요한
식물들 가운데 하나로, 감칠맛 나는 열매, 화장품과 비누에
사용되는 기름을 얻기 위해 따뜻한 지방에서 널리 재배된다.
몇몇 녹나무속(*Cinnamomum*) 종들의 나무껍질은 향신료인 계피를
제공한다. 지중해 지역의 생울타리로 익숙한 월계수(*Laurus
nobilis*)는 고대 그리스와 로마에서 승리의 상징이었고, 줄기를
엮어 화관이나 화환을 만들었다. 월계수 잎은 캐서롤과 수프의
향료로 사용된다.

월계수(*Laurus nobilis*)
발터 뮐러 그림, 『뮐러의 약용 식물지』(1887년)

까마귀쪽나무(*Litsea japonica*)

아보카도(*Persea americana*)

녹나무(*Cinnamomum camphora*)

백합과

백합과(Liliaceae)

백합목(Liliales)

백합과는 주로 북반구 온대 지방에서 발견되며, 땅속에
비늘줄기 또는 뿌리줄기를 형성하는 다년초로 구성된다. 6장의
화피편으로 이루어진 꽃은 보통 개별적으로 피어나며, 얼룩,
반점, 또는 줄무늬를 가질 수 있다. 사두패모(*Fritillaria meleagris*)는
체크무늬를 가진 몇몇 식물 중 하나다. 알뿌리 종류는
오랫동안 식품으로 이용되어 왔지만, 오늘날 백합과는 알뿌리
화초 산업, 특히 네덜란드에서 더 중요한 위치를 차지하고
있다. 패모속(*Fritillaria*), 백합속(*Lilium*), 튤립속(*Tulipa*)뿐만
아니라, 카르디오크리눔속(*Cardiocrinum*), 얼레지속(*Erythronium*),
뻐꾹나리속(*Tricyrtis*) 역시 널리 재배되고 있다. 릴리움
칸디둠(*Lilium candidum*)의 하얀색 꽃은 오랫동안 순결을 상징해
왔으며 성모 마리아, 나중에 영국의 엘리자베스 1세와 관련된
도상학에 등장한다.

식물의 과

산나리(*Lilium auratum*)
월터 후드 피치 그림, 《커티스 보태니컬 매거진》(1862년)

튤리파 게스네리아나(*Tulipa gesneriana*)

에리트로니움 오레가눔(*Erythronium oregonum*)

백합(*Lilium longiflorum*)

사두패모(*Fritillaria meleagris*)

목련과

목련과(Magnoliaceae)

목련목(Magnoliales)

목련과는 교목과 관목으로 이루어진 2개의 속으로
구성되어 있으며 아메리카 대륙과 아시아 대륙에 각기
독립적으로, 온대 지방과 열대 지방에 걸쳐 분포하고 있다.
튤립나무속(*Liriodendron*)은 과거 북반구 전역에 널리 퍼져
있었다. 꽃은 가지 끝이나 곁가지에 난 꽃줄기에 하나씩 달리며,
딱정벌레에 의해 가장 빈번하게 수분이 이루어진다. 꽃이 지고
나면 구과처럼 생긴 열매가 맺힌다. 튤립나무속(*Liriodendron*)과
목련속(*Magnolia*) 나무들은 모두 목재를 생산하는 데 쓰이기는
하지만, 대부분은 정원에서 관상용 식물로 재배된다. 특히 목련
종류는 꽃이 화려하고 종종 향기를 지니고 있어 가치가 높다.
마그놀리아 참파카(*Magnolia champaca*)로부터 추출한 기름은
향수를 만드는 데 쓰인다. 튤립나무(*Liriodendron tulipifera*)는 켄터키
주, 테네시 주, 인디애나 주를 상징하는 나무이다.

호지슨목련(*Magnolia hodgsonii*, syn. *Talauma hodgsonii*)
월터 후드 피치 그림, 『히말라야 식물 도감(*Illustrations of Himalayan plants*)』(1855년)

튤립나무(*Liriodendron tulipifera*)

마그놀리아 피고(*Magnolia figo*)

백목련(*Magnolia denudata*)

대극과

대극과(Euphorbiaceae)

말피기목(Malpighiales)

대극과는 목본류과 초본류로 이루어져 있으며, 극지방을
제외하고 전 세계적으로 발견된다. 어떤 종류는 선인장처럼
보이는데, 이 식물들의 줄기 속에는 흰색 유액이 들어 있을
수 있다. 포엽은 종종 컵 모양 구조로 융합되어 꽃처럼 보이는
반면, 실제 꽃들은 배상 꽃차례(cyathium)를 이루며 그룹화되어
있다. 대극과의 식물들은 식량, 기름, 고무, 목재를 제공한다.
카사바(*Manihot esculenta*)의 뿌리는 열대 지방에서 전분을 얻을
수 있는 중요한 식물이다. 사차인치(*Plukenetia volubilis*)의 씨앗은
오메가 3가 풍부한 기름을 제공한다. 고무의 원료가 되는
파라고무나무(*Hevea brasiliensis*)는 19세기에 상업적으로 중요한
작물이었다. 몇몇 대극속(*Euphorbia*) 종들은 정원에서 쉽게 볼 수
있고, 꽃기린(*E. milii*)과 같은 일부 다육성 종류와 포인세티아(*E.
pulcherrima*)는 실내 식물로 인기가 높다.

작은땅빈대(*Euphorbia peplus*)
제임스 소워비(James Sowerby) 외 판화, 『잉글랜드 식물학, 또는 영국 식물 컬러 도감(*English botany, or,
Coloured figures of British Plants*)』(1868년)

포인세티아(*Euphorbia pulcherrima*)

카사바(*Manihot esculenta*)

아칼리파 히스피다(*Acalypha hispida*)

크로톤(*Codiaeum variegatum*)

버드나무과

버드나무과(Salicaceae)

말피기목(Malpighiales)

버드나무과는 남극 지방과 일부 사막 지역을 제외하고 전
세계 대부분의 지역에서 발견되고, 교목과 관목으로 이루어져
있으며, 보통 어긋나는 잎을 가지고 있다. 꽃은 대개 미상
꽃차례로 피어난다. 살릭스 아르크티카(*Salix arctica*)는 파파베르
라디카툼(*Papaver radicatum*)과 함께 가장 북쪽에 분포하는
관다발 식물이다. 열대 지방에 자라는 일부 속 식물들은 먹을
수 있는 열매를 맺는다. 살리신의 원료가 되는 흰버들(*Salix
alba*)의 나무껍질은 유럽에서 진통제로 사용되었다. 다른
종들은 바구니 세공품, 울타리, 통발을 만들기 위한 재료를
얻기 위해 주기적으로 줄기 윗부분을 잘라 주었다. 유타 주의
미국사시나무(*Populus tremuloides*) 군락은 원래의 뿌리줄기를
유지하며, 나이가 8만 년 이상으로 추정되어, 지구상 가장
오래된 살아 있는 유기체 가운데 하나로 간주되고 있다.

육지꽃버들(*Salix viminalis*)
아메데 마스클레프 그림, 『프랑스 식물 지도책』(1893년)

살릭스 라나타(*Salix lanata*)

포풀루스 니그라(*Populus nigra*)

아자라 세라타(*Azara serrata*)

제비꽃과

제비꽃과(Violaceae)

말피기목(Malpighiales)

전 세계적으로 발생하는 제비꽃과는 열대 지방에 가장
다양하게 분포하며, 목본류와 초본류로 이루어져 있다.
잎은 단엽이고 꽃은 5장의 따로 떨어진 꽃잎들을 가지고
있는데, 어떤 종들은 가장 아래쪽에 위치한 꽃잎이 더 크다.
가장 종류가 많은 속은 제비꽃속(*Viola*)이다. 향기제비꽃(*Viola
odorata*)은 달콤한 향기가 나는 꽃으로 가치가 있어, 향수와
과자를 만드는 데 쓰인다. 다른 많은 식물들은 정원에서 즐겨
사용된다. 몇몇 종들은 고산 식물원에 심기에 적합하다. 다른
종들 가운데 비올라 알타이카(*V. altaica*), 비올라 루테아(*V. lutea*),
삼색제비꽃(*V. tricolor*)이 포함된 복잡한 교배 과정을 통해 매우
다양한 품종들이 만들어졌다. 집합적으로 팬지와 비올라로
알려진 이 교배종들을 비올라 위트로키아나(*V. x wittrockiana*)라고
하며 거의 모든 색깔의 꽃을 보여 줄 수 있어 화단에 널리
사용된다.

향기제비꽃(*Viola odorata*)
아메데 마스클레프 그림, 『프랑스 식물 지도책』(1890년)

히반투스 칼리키누스(*Hybanthus calycinus*)

삼색제비꽃(*Viola tricolor*)

멜리키투스 크라시폴리우스(*Melicytus crassifolius*)

아욱과

아욱과(Malvaceae)

아욱목(Malvales)

아욱과는 특별히 춥고 건조한 곳을 제외하고 전 세계적으로
발견되며, 목본류와 초본류, 몇몇 덩굴 식물로 이루어져 있다.
모든 식물들이 피부 자극을 일으킬 수 있는 털을 가지고 있다.
잎은 어긋나고 꽃은 5장의 꽃잎으로 구성된다. 아욱과에
속하는 카카오(*Theobroma cacao*)는 역사적으로 원산지인 중앙
아메리카와 남아메리카에서 의식을 치를 때 필요한 음료에
사용되었다. 오늘날에는 많은 열대 지방에서 중요한 작물로
재배되며, 주요 대규모 농장들은 아프리카에 위치하고 있다.
씨앗에서 추출하는 코코아 버터는 초콜릿뿐 아니라 많은
화장품에 사용되는 주요 성분이다. 서아프리카에서 자라는
콜라 아쿠미나타(*Cola acuminata*)와 콜라 니티다(*C.nitida*)의
열매는 콜라넛(kola nut)으로 불리는데, 카페인 함량이 높아
콜라를 비롯한 다른 음료에 넣는 향료로 사용된다. 거대한
바오밥나무(*Adansonia digitata*)는 커다란 몸통에 물을 저장한다.
접시꽃속(*Alcea*)과 같은 몇몇 종들은 인기 있는 정원 식물이다.

말바 알케아(*Malva alcea*)
게오르크 크리스티안 외더 외 판화, 『플로라 다니카』(1882년)

바오밥나무(*Adansonia digitata*)

말바 실베스트리스 '제브리나'(*Malva sylvestris*
'Zebrina')

틸리아 코르다타(*Tilia cordata*)

하와이무궁화(*Hibiscus rosa-sinensis*)

도금양과

도금양과(Myrtaceae)

도금양목(Myrtales)

오스트레일리아와 브라질 식생의 대부분을 차지하고
있는 도금양과는 상록 교목과 관목으로 이루어져 있으며,
열대 지방과 일부 난온대 지방에 걸쳐 분포한다. 대부분의
종들이 기름을 만들어 낸다. 어린 잎은 다 자란 잎보다 더
작을 수 있으며 다른 모양을 하고 있다. 꽃은 보통 수많은
수술을 가지고 있는데, 꽃이 지면 건과 혹은 액과를 맺는다.
구아바(*Psidium guajava*)는 식용이 가능한 몇몇 종들 가운데
하나다. 유칼립투스속(*Eucalyptus*) 종들은 목재와 정유를 얻기
위해 재배되는데, 정유는 의약품, 과자, 화장품을 만드는 데
사용된다. 다른 속 식물들은 정향, 올스파이스와 같은 향신료를
제공한다. 티트리 오일은 티트리(*Melaleuca alternifolia*)로부터
추출된다. 고대 신화에서 신성하게 여겨졌던 은매화(*Myrtus
communis*)는 전통적으로 결혼식 부케로 사용되어 왔다. 이
나무는 또한 정원에서도 흔히 볼 수 있다.

은매화(*Myrtus communis*)
오토 빌헬름 토메 그림, 『독일, 오스트리아, 그리고 스위스의 식물상』(1885년)

병솔나무속 종류(*Callistemon* sp.)

구아바(*Psidium guajava*)

유칼립투스속 종류(*Eucalyptus* sp.)

멜라레우카 네소필라(*Melaleuca nesophila*)

바늘꽃과

바늘꽃과(Onagraceae)

도금양목(Myrtales)

바늘꽃과는 초본류와 목본류로 구성되는데, 주로 관목과,
단지 몇 종류의 교목, 그리고 덩굴 식물로 이루어져 있으며,
캘리포니아 사막을 포함해 거의 전 세계적으로 분포한다. 이
과의 식물들은 단엽을 가지고 있으며, 꽃이 지고 나면 수많은
씨앗들이 들어 있는 열매가 달린다. 달맞이꽃속(*Oenothera*)은
관상용으로뿐만 아니라, 씨앗으로부터 기름을 추출해
의약적으로 사용하기 위해 재배된다. 클라르키아속(*Clarkia*)과
고데티아속(*Godetia*) 역시 정원에서 즐겨 사용하지만 가장 중요한
식물은 후크시아속(*Fuchsia*)으로, 엄청난 수의 교배종들이
개발되어 왔다. 후크시아의 꽃과 열매는 때때로 식용하기도
한다. 마젤란후크시아(*Fuchsia magellanica*)는 종종 생울타리로
사용되는데, 이 식물은 많은 지역에서 귀화 식물이 되었다.

마젤란후크시아(*Fuchsia magellanica*, syn. *Fuchsia gracilis*)
엘리자 이브 글리달(Eliza Eve Gleadall) 그림, 『식물상의 아름다움(*The beauties of flora*)』(1839년)

분홍바늘꽃(*Epilobium angustifolium*)

가우라(*Oenothera lindheimeri*, syn. *Gaura lindheimeri*)

달맞이꽃(*Oenothera biennis*)

수련과

수련과(Nymphaeaceae)

수련목(Nymphaeales)

물속에서 자라는 일년초와 다년초로 이루어진 수련과는
널리 퍼져 있지만, 한대 혹은 건조 지역, 뉴질랜드 또는
오스트레일리아와 남아메리카 남부 지방에서는 발견되지
않는다. 수련과의 식물들은 뿌리줄기 또는 덩이줄기를 가지며,
단엽은 물속에 잠겨 있거나 떠 다니거나 수면 위에 붙박이로
떠 있다. 하나의 꽃대에 하나의 꽃이 피는 단정 꽃차례는
대개 화려하고 여러 꽃잎을 가질 수 있다. 꽃이 지면 커다란
씨앗들이 많이 들어 있는 스펀지 같은 장과가 맺힌다. 5개 속
가운데, 수련속(*Nymphaea*)은 수많은 교배종들과 함께 정원
식물로 중요하다. 일부 종들은 먹을 수 있는 뿌리줄기와 씨앗을
가지고 있는데, 나일 강에서 자라는 님파이아 카이룰레아(*N.
caerulea*)의 꽃은 전통적인 의식에서 마취제로 사용되었다.
아마존빅토리아수련(*Victoria amazonica*)의 단엽은 어떤 식물보다도
크다. 이 식물의 잎맥이 뻗어가는 방식은 빅토리아 시대 런던의
수정궁을 짓는 데 영향을 미쳤다.

식물의 과

님파이아 엘레간스(*Nymphaea elegans*)
월터 후드 피치 그림, 《커티스 보태니컬 매거진》(1851년)

누파르 루테아(*Nuphar lutea*)

수련 '에스카보클'(*Nymphaea* 'Escarboucle')

아마존빅토리아수련(*Victoria amazonica*)

가시연꽃(*Euryale ferox*)

괭이밥과

괭이밥과(Oxalidaceae)
괭이밥목(Oxalidales)

괭이밥과는 대사막을 제외하고 전 세계적으로 발견되는데, 어떤 종들은 다육성이며, 초본류(주로 다년초)와 목본류를 포함한다. 이 과의 식물들은 특히 열대와 아열대 지방에 다양하게 분포한다. 꽃은 5장의 꽃잎을 가지며, 많은 종들이 비늘줄기, 덩이줄기, 또는 비대해진 뿌리줄기를 형성한다. 옥살리스 투베로사(*Oxalis tuberosa*)는 남아프리카에서 감자 대용으로 재배된다. 다른 종들의 잎 또한 식용이 가능하다. 대부분의 종들이 정원 식물로 사용되지만, 이 과에는 일부 침입종들도 포함되어 있다. 스타프루트(starfruit)라고도 불리는 카람볼라(*Averrhoa carambola*)는 열대 지방에서 재배된다. 골이 져 있는 열매는 해외로 수출이 되는데, 덜 익은 열매는 보통 얇게 썰어서 별 모양 고명 장식으로 과일 샐러드에 곁들인다. 성숙한 열매는 더 달콤하지만 멀리 운송되는 것이 쉽지는 않다.

애기괭이밥(*Oxalis acetosella*)
게오르크 크리스티안 외더 외 판화, 『플로라 다니카』(1761~1883년)

옥살리스 트리안굴라리스(*Oxalis triangularis*)

카람볼라(*Averrhoa carambola*)

비오피툼 젠케리(*Biophytum zenkeri*)

옥살리스 아데노필라(*Oxalis adenophylla*)

파인애플(*Ananas comosus*, syn. *Bromelia ananas*)
요제프 야코프 플렝크(Joseph Jakob Plenck) 판화, 『이코네스 플란타룸(*Icones Plantarum*)』(1807년)

파인애플과

파인애플과(Bromeliaceae)

벼목(Poales)

파인애플과 식물은 브로멜리아드(bromeliad)라고 불리는데, 로제트를 형성하며 육상 식물 또는 기생 식물일 수 있다. 잎은 나선형으로 배열되고 어떤 종들의 경우 가장자리에 톱니가 있으며, 줄기는 목질화될 수 있다. 파이애플과는 아메리카 대륙의 열대와 난온대 지방에서 발견되는데, 오직 하나의 종(*Pitcairnia feliciana*)만이 서아프리카에서 자란다. 꽃은 줄기 끝에서 피어나며 대개의 경우 크고 다채로운 포엽을 가지고 있다. 이 식물들은 대부분 벌새에 의해 수분이 이루어진다. 상업적으로 가장 중요한 종은 파인애플(*Ananas comosus*)인데, 과즙이 많은 열매는 꽃의 과육질 포엽들과 합쳐진 장과들로 이루어져 있다. 잎은 때때로 섬유질을 얻기 위해 수확된다. 다른 많은 브로멜리아드 종류들이 실내 식물로 인기가 있는데, 특히 아이크메아속(*Aechmea*)과 틸란드시아속(*Tillandsia*), 공기 식물로 알려진 더 작은 크기의 식물들이 인기가 많다.

틸란드시아 디에리아나(*Tillandsia dyeriana*)

아이크메아 파시아타(*Aechmea fasciata*)

구즈마니아 링굴라타(*Guzmania lingulata*)

틸란드시아 스트릭타(*Tillandsia stricta*)

사초과

사초과(Cyperaceae)

벼목(Poales)

사초과는 골풀과(Juncaceae)의 자매격으로, 일년초, 다년초, 관목, 그리고 열대 덩굴 식물(liana)로 이루어져 있으며, 종종 전 세계 습지에서 발견된다. 다년초는 대개의 경우 뿌리줄기를 가지고 있고, 줄기 단면은 보통 삼각형이다. 꽃은 꽃잎을 가지고 있지 않다. 종이 같은 재질을 만들기 위해 파피루스(*Cyperus papyrus*)를 이용한 것은 적어도 기원전 3000년 전 이 식물이 이집트 나일 강 주변에 도입되어 자랐던 때로 거슬러 올라간다. 건조한 환경에서 보존된 초기의 문헌들은 거의 흠 하나 없이 살아남았다. 파피루스는 또한 아프리카 일부 지역에서 수공예를 위해 사용된다. 기름골(*Cyperus esculentus*)은 타이거너트(tigernut)라고 불리는, 먹을 수 있는 덩이줄기를 얻기 위해 재배된다.

향부자(*Cyperus rotundus*, syn. *Cyperus comosus*)
프란츠 바우어 그림, 존 시브토프와 제임스 에드워드 스미스, 『플로라 그라이카』(1806년)

모로위사초 '바리에가타'(*Carex morrowii* 'Variegata')

스키르푸스 키페리누스(*Scirpus cyperinus*)

참황새풀(*Eriophorum angustifolium*)

파피루스(*Cyperus papyrus*)

벼과

벼과(Poaceae)

벼목(Poales)

벼과는 일년초, 다년초, 목질화된 대나무류로 이루어진 방대한
과이며, 전 세계적으로 모든 서식지에서 발견된다. 때로는 넓은
지대를 차지하며 초원을 형성하기도 한다. 이 과의 식물들은
마디로 연결된 줄기를 가지는데, 보통 마디와 마디 사이(절간)는
속이 비어 있다. 잎은 어긋나며, 절간을 밑부분에서 칼집처럼
감싼다. 꽃은 수상 꽃차례로 피어난다. 벼과 식물들은 가장
중요한 경제 식물로, 곡물, 가축을 위한 목초와 사료, 바이오
연료를 제공한다. 온대 지방의 주된 곡물인 밀속(*Triticum*)은 빵,
밀가루, 파스타와 쿠스쿠스와 같이 저장하기에 적합한 식품을
만드는 데 사용된다. 다른 종들은 알코올 음료의 성분이 된다.
사탕수수속(*Saccharum* sp.) 종들은 열대 지방에 걸쳐 자란다. 일부
대나무 종류들은 건축에 사용할 섬유질을 얻기 위해 재배된다.

식물의 과

포아 아브레비아타(*Poa abbreviata*)
게오르크 크리스티안 외더 외 판화, 『플로라 다니카』(1761~1883년)

밀(*Triticum aestivum*)

황조죽(*Phyllostachys aureosulcata*)

옥수수(*Zea mays*)

털수크령(*Cenchrus longisetus*, syn. *Pennisetum villosum*)

양귀비과

양귀비과(Papaveraceae)

미나리아재비목(Ranunculales)

양귀비과는 주로 일년초와 다년초, 일부 목본성 속으로
이루어져 있다. 북반구에 널리 퍼져 있는데, 몇몇 종들은
남반구에 자란다. 이 과의 식물들은 종종 뿌리줄기 또는
덩이줄기를 갖는다. 잎들이 나선형으로 배열되는 줄기는 보통
곧게 서며, 잘랐을 때 물 같은 수액이 흘러나온다. 코데인,
헤로인, 모르핀 같은 마약의 원료인 양귀비(*Papaver somniferum*)는
불법적으로 거래되어 왔는데, 그 과정에서 동요가 일고
심지어 전쟁으로 발발하기도 했다. 양귀비와 개양귀비(*Papaver
rhoeas*)의 씨앗은 흔히 제빵에 사용된다. 금낭화속(*Lamprocapnos*),
금영화속(*Eschscholzia*), 마클레아이아속(*Macleaya*),
메코놉시스속(*Meconopsis*), 롬네이아속(*Romneya*)과 같은 식물들은
정원에서 관상용 식물로 익숙하다.

파파베르 필로숨(*Papaver pilosum*)
월터 후드 피치 그림,《커티스 보태니컬 매거진》(1853년)

금낭화(*Lamprocapnos spectabilis*)

오리엔탈양귀비(*Papaver orientale*)

캘리포니아포피(*Eschscholzia californica*)

코리달리스 플렉수오사(*Corydalis flexuosa*)

REVSMÖRBLOMMA, RANUNCULUS REPENS L.

기는미나리아재비(*Ranunculus repens*)
칼 린드만 판화, 『북부 식물상 화첩』(1922~1926년)

미나리아재비과

미나리아재비과(Ranunculaceae)
미나리아재비목(Ranunculales)

미나리아재비과는 온대 지역에서 발견되며, 몇몇 종들은
열대지방에서 자란다. 이 과는 주로 다년초, 일년초, 덩굴 식물,
작은 관목류로 이루어져 있는데, 어떤 종들은 수생 식물이다.
잎은 보통 어긋나며, 꽃은 일반적으로 나선형 또는 소용돌이
모양의 수술을 많이 가지고 있다. 정원용으로 많은 품종들이
개발된 으아리속(*Clematis*)과, 미나리아재비속(*Ranunculus*)은
꽃식물 가운데 가장 널리 퍼져 있는 속들에 포함된다.
이 과의 많은 종류들이 독성을 가지고 있지만, 니겔라
사티바(*Nigella sativa*)는 제빵에 흔히 사용되는 씨앗을
생산하고, 천연 항생제인 히드라스티스 카나덴시스(*Hydrastis
canadensis*)는 아메리카 원주민들에 의해 약초로 사용되어 왔다.
투구꽃속(*Aconitum*), 바람꽃속(*Anemone*), 제비고깔속(*Delphinium*),
헬레보루스속(*Helleborus*), 할미꽃속(*Pulsatilla*)은 모두 인기 있는
정원 식물들이다.

바람꽃속 종류(*Anemone* sp.)

델피니움 엘라툼(*Delphinium elatum*)

아코니툼 나펠루스(*Aconitum napellus*)

기는미나리아재비(*Ranunculus repens*)

뽕나무과

뽕나무과(Moraceae)

장미목(Rosales)

뽕나무과는 목본류와 초본류, 일부 착생 식물로 구성되어
있으며, 북아메리카, 유라시아, 그리고 남반구 일부 지역을
제외하고 폭넓게 분포한다. 줄기 속에는 보통 유액이 들어
있다. 잎은 대개 어긋나며 열매는 핵과(이따금씩 수과)이다.
무화과나무속(*Ficus*)의 많은 종들이 특화된 말벌들에 의해
수분이 이루어진다. 무화과나무(*Ficus carica*)는 열매로 인해
오랫동안 귀중하게 여겨져 왔고, 지중해 지역에 토착화되었다.
또 다른 중요한 작물인 빵나무(*Artocarpus altilis*)는 일부 열대 지방,
특히 자메이카에서 자란다. 뽕나무속 종류(*Morus* sp.) 역시 온대
지방에서 열매를 얻기 위해 재배된다. 뽕나무(*Morus alba*)는
비단실을 생산하기 위해 누에나방(*Bombyx mori*) 애벌레의 먹이
식물로 재배된다.

검뽕나무(*Morus nigra*)
오토 빌헬름 토메 그림, 『독일, 오스트리아, 그리고 스위스의 식물상』(1885년)

뽕나무(*Morus alba*)

무화과나무(*Ficus carica*)

잭프루트(*Artocarpus heterophyllus*)

장미과

장미과(Rosaceae)

장미목(Rosales)

장미과는 목본류와 초본류로 이루어지며 한대 지역과 일부 건조 지역을 제외하고 전 세계적으로 분포한다. 관목과 교목은 종종 가지에 가시가 나 있다. 잎은 대개 어긋나고 꽃은 5장의 꽃잎을 가지며 대부분 경제적 가치가 있는 다양한 열매를 맺는다. 핵과가 달리는 종류에는 벚나무속(*Prunus*)에 포함되는 복숭아나무류, 살구나무류, 벚나무류, 매실나무류, 그리고 아몬드가 있고, 이과를 맺는 종류는 사과나무속(*Malus*)과 배나무속(*Pyrus*)을 포함한다. 아몬드(*Prunus dulcis*) 씨앗은 가장 널리 애용되는 식용 견과로, 요리와 화장품을 만드는 데 사용하기 적합한 기름을 생산한다. 딸기(*Fragaria* x *ananassa*)는 복잡한 교배종들로, 과육이 많은 꽃턱의 바깥쪽에 수과들이 자리잡는 형태로 열매를 맺는다. 정원에서는 수천 개의 품종들을 가진 장미속(*Rosa*), 알케밀라속(*Alchemilla*), 섬개야광나무속(*Cotoneaster*), 홍가시나무속(*Photinia*), 그리고 오이풀속(*Sanguisorba*) 식물들이 널리 자라고 있다.

식물의 과

로사 펜둘리나(*Rosa pendulina*, syn. *Rosa alpina*)
해리엇 앤 티셀튼다이어(Harriet Anne Thiselton-Dyer) 그림, 《커티스 보태니컬 매거진》(1883년)

말루스 실베스트리스(*Malus sylvestris*)

아몬드(*Prunus dulcis*)

베스카딸기(*Fragaria vesca*)

로사 글라우카(*Rosa glauca*)

쐐기풀과

쐐기풀과(Urticaceae)

장미목(Rosales)

쐐기풀과는 건조 지역 또는 한대 지역을 제외하고 전
세계적으로 발견되며, 열대성 덩굴 식물과 착생 식물을 포함한
목본류와 초본류로 이루어져 있다. 일부 종들은 공기뿌리
또는 대말뿌리를 갖는다. 잎은 나선형으로 배열되는데, 일부
식물들은 피부에 박혀 염증을 유발할 수 있는 쏘는 털을
가지고 있다. 열매는 수과이다. 쐐기풀 종류의 하나인 우트리카
디오이카(*Urtica dioica*)는 일부 지역에서 침입성 잡초인데, 다른
종들과 마찬가지로 채소로 식용이 가능하고, 의류용 섬유를
생산하는 용도로도 사용되어 왔다. 쐐기풀과의 몇몇 다른
종들은 먹을 수 있는 열매 또는 덩이줄기를 가지고 있다.
케크로피아속(*Cecropia*) 식물들은 중앙아메리카와 남아메리카
지역에서 불개미들의 개미집으로 사용된다.

우르티카 디오이카(*Urtica dioica*)
오토 빌헬름 토메 그림, 『독일, 오스트리아, 그리고 스위스의 식물상』(1885년)

필레아 페페로미오이데스(*Pilea peperomioides*)

필레아 인볼루크라타(*Pilea involucrata*)

케크로피아 펠타타(*Cecropia peltata*)

옻나무과

옻나무과(Anacardiaceae)

무환자나무목(Sapindales)

옻나무과는 열대 지방과 몇몇 온대 지방이 원산지로, 교목, 관목, 덩굴 식물로 이루어져 있으며 진액이 나는 나무껍질과, 공기와 접촉하면 검은색으로 변하는 수액을 가지고 있다. 잎은 대개 어긋나며, 열매는 주로 핵과다. 캐슈나무(*Anacardium occidentale*)는 견과를 얻기 위해 열대 지방에서 널리 재배되는데 견과로부터 기름을 추출하기도 한다. 열매는 캐슈 애플(cashew apple)로 불리는, 비대해진 꽃자루를 가지고 있는데 식용 가능하지만 현지 사람들만 먹는다. 다른 중요한 작물로는 망고(*Mangifera indica*)와 피스타치오(*Pistacia vera*)가 있다. 옻나무과의 많은 종들이 접촉 피부염을 일으키는데, 가장 문제가 되는 식물은 북미 지역에서 폭넓게 발견되는 포이즌아이비(*Toxicodendron radicans* 및 *T. rydbergii*)다.

캐슈나무(*Anacardium occidentale*)
니콜라우스 요제프 자캥(Nikolaus Joseph Jacquin) 그림, 『아메리카 식물 역사 선집(*Selectarum stirpium Americanarum historia*)』(1780~1781년)

망고(*Mangifera indica*)

피스타치오(*Pistacia vera*)

스키누스 몰레(*Schinus molle*)

미국붉나무(*Rhus typhina*)

운향과

운향과(Rutaceae)

무환자나무목(Sapindales)

운향과는 거의 전 세계에서 발견되지만 주로 열대와 아열대
지방에 분포한다. 대개 좋은 향을 지니고 있고, 목본류 또는
초본류 식물로 이루어져 있으며, 가시가 있거나 덩굴성 줄기를
가질 수 있다. 꽃은 3~5장의 꽃잎을 가지며 종류에 따라 다양한
열매를 맺는다. 어떤 종류들은, 씨앗들을 포함한 즙이 많은
과육을 보호하는 스펀지 층 위로 기름 분비선으로 덮인 가죽
같은 껍질을 가지고 있다. 귤속(Citrus)은 가장 중요한 속이다.
그중 레몬, 라임, 오렌지는 따뜻한 기후 지역에서 핵심적인
작물들로, 이들로부터 추출한 기름은 향수와 화장품에
사용된다. 대부분 복잡한 교배종으로 계통을 파악하기 어렵다.
루(Ruta graveolens)는 약간의 독성이 있음에도 불구하고 알싸한
맛의 잎을 얻기 위해 종종 허브 정원에서 재배된다.

루(*Ruta graveolens*)
발터 뮐러 그림, 『퀼러의 약용 식물지』(1887년)

만다린(*Citrus reticulata*)

키트루스 베르가미아(*Citrus bergamia*)

키트루스 막시마(*Citrus maxima*)

무환자나무과

무환자나무과(Sapindaceae)

무환자나무목(Sapindales)

무환자나무과는 전 세계 온대 지방으로 확장되기 했지만, 주로
열대 지방에 분포하며 목본류와 초본류로 이루어져 있다.
대개 4~5장의 꽃잎이 있으며, 보통 흰색 또는 노란색 꽃이다.
추가적으로 꽃잎처럼 생긴 부속 기관을 가질 수 있는데, 때때로
밑부분에서 융합되어 있다. 씨앗은 종종 광택 있는 껍질과
커다란 배꼽을 가진다. 주요 작물로는 리치(*Litchi chinensis*),
람부탄(*Nephelium lappaceum*)이 있다. 설탕단풍(*Acer saccharum*)은
캐나다의 상징이다. 이 나무의 달콤한 수액은 (다른 종들의 수액과
함께) 메이플 시럽을 만들기 위해 수확된다. 가시칠엽수(*Aesculus
hippocastanum*), 그리고 수백 종류의 품종들이 개발되어 있는
단풍나무(*Acer palmatum*)와 시라사와당단풍(*A. shirasawanum*)
종류들은 인기 있는 정원수에 포함된다.

사핀두스 라라크(*Sapindus rarak*)
칼 루드비히 블루메(Carl Ludwig Blume) 판화, 『룸피아(*Rumphia*)』(1847년)

용안(*Dimocarpus longan*)

람부탄(*Nephelium lappaceum*)

검은단풍(*Acer saccharum* subsp. *nigrum*)

범의귀과

범의귀과(Saxifragaceae)

범의귀목(Saxifragales)

범의귀과는 주로 다년초로, 북반구에 걸쳐 널리 분포하고 있다.
범의귀속(*Saxifraga*)의 일부 종들은 바위틈에서 자란다. 범의귀과
식물들은 보통 근생엽이 로제트를 형성한다. 꽃은 일반적으로
5장의 꽃잎을 가지며 가지를 치는 줄기에 피어난다. 열매 속에는
보통 작은 씨앗들이 많이 들어 있다. 몇몇 속 식물들의 잎은
먹을 수 있지만, 가장 잘 알려진 종류들은 관상용 식물이다.
노루오줌속(*Astilbe*)과 돌부채속(*Bergenia*)은 정원 식물로
널리 사용되는데, 두 속 모두 여러 품종들을 가지고 있다.
범의귀속(*Saxifraga*)의 많은 종들이 암석 정원에서 자라는데,
일부는 석회질이 많은 토양을 좋아한다. 개병풍(*Astilboides
tabularis*)은 축축한 땅을 선호하며, 뿌리줄기는 포도주를 만드는
데 사용되어 왔다. 피기백(*Tolmiea menziesii*)과 같은 일부 종들은
훌륭한 실내 식물이다.

솜털꽃돌부채(*Bergenia ciliata*, syn. *Saxifraga ciliata*)
월터 후드 피치 그림, 《커티스 보태니컬 매거진》(1856년)

삭시프라가 오포시티폴리아(*Saxifraga oppositifolia*)

단풍매화헐떡이풀(*Tiarella cordifolia*)

일본숙은노루오줌(*Astilbe thunbergii*)

후엽꽃돌부채(*Bergenia crassifolia*)

콘볼불루스 아르벤시스 파르비플로라(*Convolvulus arvensis* var. *parviflora*)
게오르크 크리스티안 외더 외 판화, 『플로라 다니카』(1761~1883년)

메꽃과

메꽃과(Convolvulaceae)

가지목(Solanales)

메꽃과는 극지방과 대사막을 제외하고 전 세계적으로 퍼져
있다. 일년초, 다년초, 그리고 주로 덩굴성 또는 기는 줄기를
가진 목본류로 이루어져 있다. (교목은 단지 몇 종뿐이다.) 메꽃과의
덩굴 식물은 반시계 방향으로 감는다. 꽃은 대개 5장의 꽃잎을
가지며, 다양한 모양의 꽃부리로 융합되어 있다. 씨앗은
때때로 털로 덮여 있다. 고구마(*Ipomoea batatas*)는 열대 지방의
주요 작물로, 덩이줄기를 얻기 위해 재배될 뿐 아니라, 바이오
플라스틱과 알코올을 생산하는 데 쓰인다. 다른 종들 또한 먹을
수 있는 부분을 가지고 있으며, 때로는 의약적으로 사용된다.
이 속은 또한 몇몇 관상용 식물 종류들을 포함한다. 메꽃과의
일부 종들, 특히 서양메꽃(*Convolvulus arvensis*)과 같은 식물들은
정원에서 성가신 잡초들이다.

큰메꽃(*Calystegia sepium*)

고구마(*Ipomoea batatas*)

새삼속 종류(*Cuscuta* sp.)

가지과

가지과(Solanaceae)

가지목(Solanales)

가지과는 극지방과 대사막을 제외한 전 세계에서 발견되며, 초본류와 목본류로 이루어져 있다. 줄기는 종종 털로 덮여 있고 꺼끌꺼끌하거나 가시가 있다. 꽃은 컵, 깔때기, 관 모양으로, 씨앗이 들어 있는 장과 또는 삭과가 달리는데, 때로는 꽈리속(*Physalis*)처럼 영구적인 꽃받침으로 둘러싸인다. 가장 중요한 종류는 먹을 수 있는 덩이줄기를 가진 감자(*Solanum tuberosum*)이고, 그 다음은 토마토(*S. lycopersicum*)이다. 다른 식용 작물로는 가지(*S. melongena*), 고추 종류(*Capsicum* sp.), 구기자나무(*Lycium chinense*)가 있다. 일부는 독성 또는 환각 성분이 있으며 전통적으로 의식에 사용되어 왔다. 담배속(*Nicotiana*)은 흡연을 위해 건조시키는데, 관상용으로 이용되는 종류도 있다. 천사의나팔속(*Brugmansia*), 야래향속(*Cestrum*), 호접초속(*Schizanthus*) 식물들은 정원을 대표한다.

솔라눔 디플로코노스(*Solanum diploconos*, syn. *Pionandra fragrans*, 아래)와 국화과의 무스티시아 클레마티스(*Mutisia clematis*)
《벨기에의 원예: 정원과 과수원 저널》(1864년)에서 발췌한 그림

가지(*Solanum melongena*)

꽈리(*Physalis alkekengi*)

흰독말풀(*Datura stramonium*)

방울토마토(*Solanum lycopersicum* var. cerasiforme)

포도과

포도과(Vitaceae)

포도목(Vitales)

포도과는 포도목의 유일한 과이며, 열대 지방과 난온대 지방에
걸쳐 목본류로 자란다. 덩굴성 식물 종들은 덩굴손 또는
빨판을 이용해 달라붙을 수 있지만, 이것들이 항상 존재하지는
않는다. 열매는 장과로, 어떤 종류들은 즙이 많으며, 1~4개의
씨앗을 가지고 있다. 포도속(*Vitis*) 특히 포도(*Vitis vinifera*)는 가장
중요한 종으로, 기후가 따뜻한 많은 지역에서 열매를 얻기 위해
재배된다. 포도 열매는 신선하게 또는 말려서 먹을 수 있으며,
발효시켜 포도주로 즐길 수 있다. 다른 종들과 교배를 통해 더
추운 기후에서도 성공적으로 열매를 맺을 수 있는 품종들이
개발되었다. 포도는 잎 또한 식용이 가능하다. 다른 속들
역시 먹을 수 있는 부분들을 가지고 있다. 시수스속(*Cissus*)과
담쟁이덩굴속(*Parthenocissus*)은 정원에서 사용되는데, 시수스속은
종종 실내 식물로로 이용된다.

식물의 과

포도(*Vitis vinifera*)
발터 뮐러 그림, 『쾰러의 약용 식물지』(1887년)

시수스 쿠아드랑굴라리스(*Cissus quadrangularis*)

담쟁이덩굴(*Parthenocissus tricuspidata*)

개머루(*Ampelopsis glandulosa* var.
brevipedunculata)

은선담쟁이덩굴(*Parthenocissus henryana*)

생강과

생강과(Zingiberaceae)

생강목(Zingiberales)

생강과는 일부 온대 지방뿐 아니라 열대 지방에 걸쳐 발견되는
다년초들로, 식물체의 모든 부분에서 향이 난다. 생강과
식물들은 뻗어 나가는 뿌리줄기를 가지고 있는데, 종종 가지를
치며, 지면 위로 드러나기도 한다. 어긋나는 잎들은 줄기를
단단히 감싸며, 꽃은 3장의 꽃잎으로 이루어져 있다. 생강과의
많은 종류들이 특히 아시아 요리에 쓰이는 향신료로 가치가
있다. 생강(*Zingiber officinale*)의 뿌리줄기는 요리에 쓰인다. 생으로,
식초에 절이거나, 설탕에 조려서, 말리거나, 갈아서 다양한
요리의 맛을 낼 수 있다. 때때로 강황(*Curcuma longa, C. aromatica*)은
음식을 노랗게 물들이기 위해 사프란 대용으로 쓰인다. 또
다른 향신료로는 그린 카다멈(*Elettaria cardamomum*)과 블랙
카다멈(*Hornstedtia costata*)이 있다. 꽃생강속(*Hedychium*)은 관상용
식물로 재배된다.

징기베르 스펙타빌레(*Zingiber spectabile*)
마틸다 스미스 그림, 《커티스 보태니컬 매거진》(1904년)

생강(*Zingiber officinale*)

헤디키움 윤나넨세(*Hedychium yunnanense*)

엘레타리아 카르다모뭄(*Elettaria cardamomum*)

측백나무과

측백나무과(Cupressaceae)

측백나무목(Cupressales)

측백나무과는 교목과 관목으로 이루어진 침엽수 종류로, 남극 대륙을 제외하고 전 세계적으로 분포한다. 이 과는 세계에서 가장 거대한 나무 종인 거삼나무(*Sequoiadendron giganteum*), 그리고 가장 키가 큰 세쿼이아 셈페르비렌스(*Sequoia sempervirens*)를 포함하고 있다. 가장 방대한 향나무속(*Juniperus*)은 북반구에 걸쳐 널리 퍼져 있다. 일부 종들은 변이가 아주 심하다. 왜성 또는 포복성으로 자라는 식물들이 정원용으로 인기가 있다. 두송(*Juniperus communis*)의 구과는 다육질이며 장과처럼 생겼는데, 식품으로 이용되고 진의 풍미를 더하는 데 쓰인다. 지중해쿠프레수스(*Cupressus sempervirens*)의 품종들은 지중해 지역에서 전통적으로 묘지에 식재되어 왔다. 낙우송(*Taxodium distichum*)은 물 근처에서 자랄 때 무릎처럼 생긴 뿌리가 땅 위로 자라 나온다.

쿠프레수스 루시타니카(*Cupressus lusitanica*, syn. *Cupressus pendula*)
피에르 조제프 르두테 그림, 『교목과 관목 개론』(1806년)

낙우송(*Taxodium distichum*)

넓은잎삼나무(*Cunninghamia lanceolata*)

두송(*Juniperus communis*)

지중해쿠프레수스(*Cupressus sempervirens*)

소나무과

소나무과(Pinaceae)

소나무목(Pinales)

소나무목은 소나무과 하나로 이루어져 있다. 상록수와, 낙엽 교목 및 관목으로 구성되며, 식물체의 모든 부분들이 송진과 향을 지니고 있다. 소나무과 식물들은 주로 북반구에 분포하는데, 나선형으로 배열되는 잎은 바늘 모양의 선형으로 생겼다. 수구과는 계란형, 타원형, 또는 원통형으로 달린다. 씨앗들은 아주 작고 바람에 의해 산포된다. 소나무목은 전 세계에서 사용되는 연질 목재의 대부분을 제공할 뿐 아니라, 종이, 타르, 테레빈유, 가정용 청소용품을 만드는 데 사용된다. 소나무속(*Pinus*)의 일부 종들은 먹을 수 있는 씨앗(잣)을 갖고 있어 페스토의 재료로 쓰인다. 성서에 등장하는 솔로몬 성전은 레바논시다(*Cedrus libani*)로 지어졌으며, 가문비나무속(*Picea*)과 전나무속(*Abies*) 나무들은 오늘날 크리스마스트리로 사용하기 위해 재배된다.

백송(*Pinus bungeana*)
마틸다 스미스 그림, 《커티스 보태니컬 매거진》(1909년)

흰전나무(*Abies alba*)

구주소나무(*Pinus sylvestris*)

유럽잎갈나무(*Larix decidua*)

키아테아 스미티(*Cyathea smithii*)
월터 후드 피치 그림, 『선장 제임스 클라크 로스 경의 지휘 하에 1839~1843년 영국 군함 에레버스 호와
테러 호의 남극 항해에 관한 식물학(*The botany of the Antarctic voyage of H.M. discovery ships Erebus and
Terror in the years 1839-1843, under the command of Captain Sir James Clark Ross*)』(1855년)

나무고사리과

나무고사리과(Cyatheaceae)
나무고사리목(Cyatheales)

나무고사리목은 과거 8개의 과로 나뉘었지만, 그 과들은 이제
나무고사리과 하나의 과에 속하는 아과들로 간주되고 있다.
열대 지방, 아열대 지방, 그리고 남반구의 습한 지역에 걸쳐
분포하며, 양치류 가운데 가장 큰 종들과 작은 종들 일부를
포함한다. 키보티움속(*Cibotium*)과 딕소니아속(*Dicksonia*)과
같은, 소위 나무고사리 종류는 나무의 몸통 줄기를 닮은 곧게
자라는 뿌리줄기를 가지고 있다. 뿌리줄기가 기면서 뻗어
나가는 종들은 때때로 고란초과(Polypodiaceae) 식물들과
혼란을 일으킨다(76쪽 참조). 일부 종들은 뿌리줄기가 털로
뒤덮여 쿠션을 채우는 속 재료로 이용되어 왔다. 키보티움
바로메츠(*Cibotium barometz*)는 신화 속에 나오는 '타타르
인의 양(Vegetable Lamb of Tartary)'으로 알려진, 털로 뒤덮인
뿌리줄기를 가지고 있는데 마치 살아 있는 양을 열매로 맺은
것처럼 보이기도 한다.

키보티움 바로메츠(*Cibotium barometz*)

키보티움 쿠밍기(*Cibotium cumingii*)

나무고사리(*Balantium antarcticum*, syn. *Dicksonia antarctica*)

속새과

속새과(Equisetaceae)

속새목(Equisetales)

속새과는 이 과를 대표하는 속새속(*Equisetum*) 하나로 이루어져 있다. 양치식물 그룹의 일원인 속새과는 과거 많은 나무 종류들이 포함되었던 다양한 과들 중에서 유일하게 살아남았다. 20종의 초본류 식물들이 주로 북반구와 남아메리카에서 발견되며, 속이 빈 줄기는 마디로 연결되어 있고, 땅속 뿌리줄기 역시 속이 비어 있다. 잎은 잎집으로 축소되어 마디를 감싼다. 식물들 사이에서는 자유롭게 교배가 이루어진다. 속새과 식물들은 높은 농도의 규산염을 함유하고 있어 잠재적으로 독성이 있지만, 일부 식물들은 식품과 의약으로 사용되어 왔다. 속새(*Equisetum hyemale*)의 줄기는 냄비를 문질러 닦거나 나무에 광택을 내는 데 쓰였다. 쇠뜨기(*Equisetum arvense*)는 많은 지역의 정원에서 침입성 잡초이다.

쇠뜨기(*Equisetum arvense*)
게오르크 크리스티안 외더 외 판화, 『플로라 다니카』(1761~1883년)

능수쇠뜨기(*Equisetum sylvaticum*)

에퀴세툼 텔마테이아(*Equisetum telmateia*)

속새(*Equisetum hyemale*)

고란초과

고란초과(Polypodiaceae)
고사리목(Polypodiales)

고란초과는 양치류 가운데 가장 큰 과이다. 전 세계에
걸쳐 분포하며 육상 식물, 기생 식물, 그리고 암석 틈에서
살아가는 식물뿐 아니라 때때로 분지하는 뿌리줄기를
가진 일부 덩굴 식물로 이루어져 있다. 잎은 변이가 심하며,
단엽 또는 갈라진 잎을 가질 수 있다. 고란초과는 열대
우림에서 가장 다양성이 높다. 일부는 먹을 수 있는데, 몇몇
종들의 잎은 아시아 일부 지역에서 채소 요리에 쓰인다.
나도히초미속(*Polystichum*)과 미역고사리속(*Polypodium*) 일부
종들의 뿌리줄기는 아메리카 원주민들이 식용했다. 많은
종들이 정원과 실내에서 관상용으로 사용된다. 보스톤고사리
'보스토니엔시스'(*Nephrolepis exaltata* 'Bostoniensis')는 특히
인기가 높다. 루모라 아디안티포르미스(*Rumohra adiantiformis*)는
상업적으로 재배되어 절화 산업을 위한 소재를 제공한다.

폴리포디움 불가레(*Polypodium vulgare*)
토머스 미헌(Thomas Meehan) 그림, 『미국의 자생 야생화와 양치식물: 식물학적, 원예학적, 대중적
측면을 중심으로(*The native flowers and ferns of the United States in their botanical, horticultural, and popular
aspects*)』(1878~1879년)

피마토소루스 그로수스(*Phymatosorus grossus*)

플레보디움 아우레움(*Phlebodium aureum*)

플라티케리움 힐리(*Platycerium hillii*)

폴리포디움 불가레(*Polypodium vulgare*)

석송과

석송과(Lycopodiaceae)

석송목(Lycopodiales)

석송과는 석송목의 유일한 과로, 분지하는 줄기를 가진 다년초들로 이루어져 있으며, 건조한 지역을 제외한 전 세계에서 발견된다. 이들의 조상은 나무처럼 생겼으며 한때 식생을 우점했지만, 오늘날 볼 수 있는 종들은 다른 어떤 식물 그룹과도 밀접한 연관성을 갖고 있지 않다. 석송속(*Lycopodium* sp.) 종류의 포자는 기름이 풍부하고 인화성이 높다. 이 식물들은 종종 영화 산업에서 특수 효과를 내는 데 사용된다. 포자들은 또한 과거 화장품, 콘돔과 수술용 장갑 같은 라텍스 제품의 코팅제로 쓰였지만, 알레르기 반응을 일으킬 수 있어 더 이상 사용되지 않는다. 석송과의 다른 종들은 매트와 어망을 엮는 데 사용되어 왔다.

석송(*Lycopodium clavatum*)
오토 빌헬름 토메 그림, 『독일, 오스트리아, 그리고 스위스의 식물상』(1885년)

뱀톱속 종류(*Huperzia* sp.)

리코포디움 아노티눔(*Lycopodium annotinum*)

디파시아스트룸 디기타툼(*Diphasiastrum digitatum*)

식물의 과별 목록

과학자들이 2020년까지 동정한 관다발 식물 및 비관다발 식물 과들의 목록 639개를

소개한다. 각각의 주요 분류군(꽃식물, 침엽수와 소철류, 양치류, 석송류, 뿔이끼류, 이끼류,

우산이끼류)에서 과들은 근연 관계를 보여 주기 위해 목(order)별로 배열되었다.

꽃식물(속씨식물, Angiosperms)

창포목(Acorales)
창포과(Acoraceae)

택사목(Alismatales)
택사과(Alismataceae)
아포노게톤과(Aponogetonaceae)
천남성과(Araceae, 347쪽 참조)
부토마과(Butomaceae)
키모도케아과(Cymodoceaceae)
자라풀과(Hydrocharitaceae)
지채과(Juncaginaceae)
마운디아과(Maundiaceae)
포시도니아과(Posidoniaceae)
가래과(Potamogetonaceae)
줄말과(Ruppiaceae)
장지채과(Scheuchzeriaceae)
돌창포과(Tofieldiaceae)
거머리말과(Zosteraceae)

암보렐라목(Amborellales)
암보렐라과(Amborellaceae)

미나리목(Apiales)
미나리과(Apiaceae, 348쪽 참조)
두릅나무과(Araliaceae)
그리셀리니아과(Griseliniaceae)
미오도카르푸스과(Myodocarpaceae)
펜난티아과(Pennantiaceae)
돈나무과(Pittosporaceae)
토리첼리아과(Torricelliaceae)

감탕나무목(Aquifoliales)
감탕나무과(Aquifoliaceae, 349쪽 참조)
카르디옵테리스과(Cardiopteridaceae)
헬윙기아과(Helwingiaceae)
필로노마과(Phyllonomaceae)
스테모누루스과(Stemonuraceae)

종려목(Arecales)
종려과(Arecaceae, 350쪽 참조)
다시포곤과(Dasypogonaceae)

아스파라거스목(Asparagales)
수선화과(Amaryllidaceae, 351쪽 참조)
비짜루과(Asparagaceae, 352쪽 참조)
아스포델루스과(Asphodelaceae, 353쪽 참조)
아스텔리아과(Asteliaceae)
블란드포르디아과(Blandfordiaceae)
보리아과(Boryaceae)

도리안테스과(Doryanthaceae)
히포시스과(Hypoxidaceae)
붓꽃과(Iridaceae, 354쪽 참조)
익시올리리아과(Ixioliriaceae)
리나리아과(Lanariaceae)
난초과(Orchidaceae, 355쪽 참조)
테코필라에아과(Tecophilaeaceae)
크세로네마과(Xeronemataceae)

국화목(Asterales)
알세우오스미아과(Alseuosmiaceae)
아르고필룸과(Argophyllaceae)
국화과(Asteraceae, 356쪽 참조)
칼리케라과(Calyceraceae)
초롱꽃과(Campanulaceae, 357쪽 참조)
구데니아과(Goodeniaceae)
조름나물과(Menyanthaceae)
펜타프라그마과(Pentaphragmataceae)
펠리네과(Phellinaceae)
로우세아과(Rousseaceae)
스틸리디옴과(Stylidiaceae)

아우스트로바일레야목(Austrobaileyales)
아우스트로바일레야과(Austrobaileyaceae)
오미자과(Schisandraceae)
트리메니아과(Trimeniaceae)

베르베리돕시스목(Berberidopsidales)
올리빌로과(Aextoxicaceae)
베르베리돕시스과(Berberidopsidaceae)

지치목(Boraginales)
지치과(Boraginaceae, 358쪽 참조)

십자화목(Brassicales)
아카니아과(Akaniaceae)
바티스과(Bataceae)
십자화과(Brassicaceae, 359쪽 참조)
카파리스과(Capparaceae)
파파야과(Caricaceae)
풍접초과(Cleomaceae)
엠블링기아과(Emblingiaceae)
기로스테몬과(Gyrostemonaceae)
코이베를리니아과(Koeberliniaceae)
림난테스과(Limnanthaceae)
모링가과(Moringaceae)
펜타디플란드라과(Pentadiplandraceae)
목서초과(Resedaceae)
살바도라과(Salvadoraceae)
세트켈란투스과(Setchellanthaceae)

토바리아과(Tovariaceae)
한련과(Tropaeolaceae)

브루니아목(Bruniales)
브루니아과(Bruniaceae)
콜루멜리아과(Columelliaceae)

회양목목(Buxales)
회양목과(Buxaceae)

카넬라목(Canellales)
카넬라과(Canellaceae)
윈테라과(Winteraceae)

석죽목(Caryophyllales)
아카토카르푸스과(Achatocarpaceae)
번행초과(Aizoaceae)
비름과(Amaranthaceae, 360쪽 참조)
아나캄프세로스과(Anacampserotaceae)
안키스트로클라투스과(Ancistrocladaceae)
아스테로페이아과(Asteropeiaceae)
바르베우이아과(Barbeuiaceae)
낙규과(Basellaceae)
선인장과(Cactaceae, 361쪽 참조)
석죽과(Caryophyllaceae, 362쪽 참조)
용수과(Didiereaceae)
디온코필룸과(Dioncophyllaceae)
끈끈이귀개과(Droseraceae)
드로소필룸과(Drosophyllaceae)
프란케니아과(Frankeniaceae)
기세키아과(Gisekiaceae)
할로피툼과(Halophytaceae)
케와과(Kewaceae)
리메움과(Limeaceae)
로피오카르푸스과(Lophiocarpaceae)
마카르투리아과(Macarthuriaceae)
미크로테아과(Microteaceae)
석류풀과(Molluginaceae)
몬티아과(Montiaceae)
벌레잡이풀과(Nepenthaceae)
분꽃과(Nyctaginaceae)
페티베리아과(Petiveriaceae)
피세나과(Physenaceae)
자리공과(Phytolaccaceae)
갯질경이과(Plumbaginaceae, 363쪽 참조)
마디풀과(Polygonaceae, 364쪽 참조)
쇠비름과(Portulacaceae)
라브도덴드론과(Rhabdodendraceae)
사르코바투스과(Sarcobataceae)

호호바과(Simmondsiaceae)
스테그노스페르마과(Stegnospermataceae)
탈리눔과(Talinaceae)
위성류과(Tamaricaceae)

노박덩굴목(Celastrales)
노박덩굴과(Celastraceae)
레피도보트리스과(Lepidobotryaceae)

붕어마름목(Ceratophyllales)
붕어마름과(Ceratophyllaceae)

홀아비꽃대목(Chloranthales)
홀아비꽃대과(Chloranthaceae)

닭의장풀목(Commelinales)
닭의장풀과(Commelinaceae)
지모과(Haemodoraceae)
항구아나과(Hanguanaceae)
필리드룸과(Philydraceae)
물옥잠과(Pontederiaceae)

층층나무목(Cornales)
층층나무과(Cornaceae, 365쪽 참조)
쿠르티시아과(Curtisiaceae)
그룹비아과(Grubbiaceae)
수국과(Hydrangeaceae)
히드로스타키스과(Hydrostachyaceae)
로아사과(Loasaceae)
니사나무과(Nyssaceae)

크로소소마타목(Crossosomatales)
아플로이아과(Aphloiaceae)
크로소소마타과(Crossosomataceae)
게이솔로마과(Geissolomataceae)
구아마텔라과(Guamatelaceae)
통조화과(Stachyuraceae)
고추나무과(Staphyleaceae)
스트라스부르게리아과(Strasburgeriaceae)

박목(Cucurbitales)
아니소필레아과(Anisophylleaceae)
아포단테스과(Apodanthaceae)
베고니아과(Begoniaceae, 366쪽 참조)
코리아리아과(Coriariaceae)
코리노카르푸스과(Corynocarpaceae)
박과(Cucurbitaceae, 367쪽 참조)
다티스카과(Datiscaceae)
테트라멜레스과(Tetramelaceae)

딜레니아목(Dilleniales)
딜레니아과(Dilleniaceae)

마목(Dioscoreales)

에우프텔레아과(Eupteleaceae)

으름덩굴과(Lardizabalaceae)

새모래덩굴과(Menispermaceae)

양귀비과(Papaveraceae, 401쪽 참조)

미나리아재비과(Ranunculaceae, 402쪽 참조)

장미목(Rosales)

바르베야과(Barbeyaceae)

삼과(Cannabaceae)

디라크마과(Dirachmaceae)

보리수나무과(Elaeagnaceae)

뽕나무과(Moraceae, 403쪽 참조)

갈매나무과(Rhamnaceae)

장미과(Rosaceae, 404쪽 참조)

느릅나무과(Ulmaceae)

쐐기풀과(Urticaceae, 405쪽 참조)

단향목(Santalales)

발라노포라과(Balanophoraceae)

꼬리겨우살이과(Loranthaceae)

미소덴드론과(Misodendraceae)

철청수과(Olacaceae)

오필리아과(Opiliaceae)

단향과(Santalaceae)

스코엡피아과(Schoepfiaceae)

무환자나무목(Sapindales)

옻나무과(Anacardiaceae, 406쪽 참조)

비에베르스테이니아과(Biebersteiniaceae)

감람과(Burseraceae)

키르키아과(Kirkiaceae)

멀구슬나무과(Meliaceae)

니트라리아과(Nitrariaceae)

운향과(Rutaceae, 407쪽 참조)

무환자나무과(Sapindaceae, 408쪽 참조)

소태나무과(Simaroubaceae)

범의귀목(Saxifragales)

알팅기아과(Altingiaceae)

아파노페탈룸과(Aphanopetalaceae)

계수나무과(Cercidiphyllaceae)

돌나물과(Crassulaceae)

쇄양과(Cynomoriaceae)

굴거리나무과(Daphniphyllaceae)

까치밥나무과(Grossulariaceae)

개미탑과(Haloragaceae)

조록나무과(Hamamelidaceae)

이테아과(Iteaceae)

작약과(Paeoniaceae)

낙지다리과(Penthoraceae)

페리디스쿠스과(Peridiscaceae)

범의귀과(Saxifragaceae, 409쪽 참조)

테트라카르파에아과(Tetracarpaeaceae)

가지목(Solanales)

메꽃과(Convolvulaceae, 410쪽 참조)

히드롤레아과(Hydroleaceae)

몬티니아과(Montiniaceae)

가지과(Solanaceae, 411쪽 참조)

스페노클레아과(Sphenocleaceae)

수레나무목(Trochodendrales)

수레나무과(Trochodendraceae)

발리아목(Vahliales)

발리아과(Vahliaceae)

포도목(Vitales)

포도과(Vitaceae, 412쪽 참조)

생강목(Zingiberales)

홍초과(Cannaceae)

코스투스과(Costaceae)

헬리코니아과(Heliconiaceae)

로이아과(Lowiaceae)

마란타과(Marantaceae)

파초과(Musaceae)

극락조화과(Strelitziaceae)

생강과(Zingiberaceae, 413쪽 참조)

남가새목(Zygophyllales)

크라메리아과(Krameriaceae)

남가새과(Zygophyllaceae)

침엽수와 소철류(겉씨식물, Gymnosperms)

아라우카리아목(Araucariales)

아라우카리아과(Araucariaceae)

나한송과(Podocarpaceae)

측백나무목(Cupressales)

측백나무과(Cupressaceae, 414쪽 참조)

금송과(Sciadopityaceae)

주목과(Taxaceae)

소철목(Cycadales)

소철과(Cycadaceae)

플로리다소철과(Zamiaceae)

마황목(Ephedrales)

마황과(Ephedraceae)

은행나무목(Ginkgoales)

은행나무과(Ginkgoaceae)

네타목(Gnetales)

네타과(Gnetaceae)

소나무목(Pinales)

소나무과(Pinaceae, 415쪽 참조)

웰위치아목(Welwitschiales)

웰위치아과(Welwitschiaceae)

양치류(Pteridophytes)

나무고사리목(Cyatheales)

나무고사리과(Cyatheaceae, 416쪽 참조)

속새목(Equisetales)

속새과(Equisetaceae, 417쪽 참조)

풀고사리목(Gleicheniales)

디프테리스과(Dipteridaceae)

풀고사리과(Gleicheniaceae)

마토니아과(Matoniaceae)

처녀이끼목(Hymenophyllales)

처녀이끼과(Hymenophyllaceae)

용비늘고사리목(Marattiales)

용비늘고사리과(Marattiaceae)

고사리삼목(Ophioglossales)

고사리삼과(Ophioglossaceae)

고비목(Osmundales)

고비과(Osmundaceae)

고사리목(Polypodiales)

꼬리고사리과(Aspleniaceae)

키스토디움과(Cystodiaceae)

잔고사리과(Dennstaedtiaceae)

비고사리과(Lindsaeaceae)

론키티스과(Lonchitidaceae)

고란초과(Polypodiaceae, 418쪽 참조)

봉의꼬리과(Pteridaceae)

삭콜로마과(Saccolomataceae)

솔잎란목(Psilotales)

솔잎란과(Psilotaceae)

생이가래목(Salviniales)

네가래과(Marsileaceae)

생이가래과(Salviniaceae)

스키자이아목(Schizaeales)

스키자이아과(Schizaeaceae)

석송류(Lycopods)

물부추목(IsoëTales)

물부추과(IsoëTaceae)

석송목(Lycopodiales)

석송과(Lycopodiaceae)

부처손목(Selaginellales)

부처손과(Selaginellaceae)

뿔이끼류(Hornworts)

뿔이끼목(Anthocerotales)

뿔이끼과(Anthocerotaceae)

덴드로케로스목(Dendrocerotales)

덴드로케로스과(Dendrocerotaceae)

레이오스포로케로스목(Leiosporocerotales)

레이오스포로케로스과(Leiosporocerotaceae)

짧은뿔이끼목(Notothyladales)

짧은뿔이끼과(Notothyladaceae)

피마토케로스목(Phymatocerotales)

피마토케로스과(Phymatocerotaceae)

이끼류(선태류, Bryophytes)

검정이끼목(Andreaeales)

검정이끼과(Andreaeaceae)

안드레아에오브리움목(Andreaeobryales)

안드레아에오브리움과(Andreaeobryaceae)

아르키디움목(Archidiales)

아르키디움과(Archidiaceae)

참이끼목(Bryales)

긴몸초롱이끼과(Aulacomniaceae)

구슬이끼과(Bartramiaceae)

참이끼과(Bryaceae)

카토스코피움과(Catoscopiaceae)

히프노덴드론과(Hypnodendraceae)

렘보필룸과(Lembophyllaceae)

한랭이끼과(Meesiaceae)

미테니움과(Mitteniaceae)

초롱이끼과(Mniaceae)

프세우도디트리쿰과(Pseudoditrichaceae)

라코필룸과(Racopilaceae)

너구리꼬리이끼과(Rhizogoniaceae)

스피리덴스과(Spiridentaceae)

팀미아과(Timmiaceae)

담뱃대이끼목(Buxbaumiales)

담뱃대이끼과(Buxbaumiaceae)

꼬리이끼목(Dicranales)

브루키아과(Bruchiaceae)

새우이끼과(Bryoxiphiaceae)

디크네모나과(Dicnemonaceae)

꼬리이끼과(Dicranaceae)

금실이끼과(Ditrichaceae)

에우스티키아과(Eustichiaceae)

필로드렙파니움과(Phyllodrepaniaceae)

플레우로파스쿰과(Pleurophascaceae)

주름꼬마이끼과(Rhabdoweisiaceae)

소라필라과(Sorapillaceae)

비리디벨루스과(Viridivelleraceae)

봉황이끼목(Fissidentales)

봉황이끼과(Fissidentaceae)

표주박이끼목(Funariales)

디스켈리움과(Disceliaceae)

에페메룸과(Ephemeraceae)

표주박이끼과(Funariaceae)

기가스페르뭄과(Gigaspermaceae)

오이디포디움과(Oedipodiaceae)

스플라크눔과(Splachnaceae)

스플라크노브리움과(Splachnobryaceae)

고깔바위이끼목(Grimmiales)

고깔바위이끼과(Grimmiaceae)

곱슬이끼과(Ptychomitriaceae)

기름종이이끼목(Hookeriales)

달토니아과(Daltoniaceae)

기름종이이끼과(Hookeriaceae)

털깃털이끼목(Hypnales)

버들이끼과(Amblystegiaceae)

양털이끼과(Brachytheciaceae)

윤이끼과(Entodontaceae)

가시꼬마이끼과(Fabroniaceae)

수풀이끼과(Hylocomiaceae)

털깃털이끼과(Hypnaceae)

고깔검정이끼과(Leskeaceae)

미리니아과(Myriniaceae)

미우리움과(Myuriaceae)

오르토르린키움과(Orthorrhynchiaceae)

필로고니움과(Phyllogoniaceae)

산주목이끼과(Plagiotheciaceae)

깃털나무이끼과(Pleuroziopsaceae)

프테리기난드룸과(Pterigynandraceae)

나무실이끼과(Sematophyllaceae)

스테레오필룸과(Stereophyllaceae)

대호꼬리이끼과(Thamnobryaceae)

수염이끼과(Theliaceae)

깃털이끼과(Thuidiaceae)

털깃털이끼목(Hypnobryales)
　명주실이끼과(Anomodontaceae)
　에키노디움과(Echinodiaceae)
방울이끼목(Isobryales)
　키르토포다과(Cyrtopodaceae)
　강물이끼과(Fontinalaceae)
　히드로포곤과(Hydropogonaceae)
　렙피로돈과(Lepyrodontaceae)
　프리오노돈과(Prionodontaceae)
　프티콤니온과(Ptychomniaceae)
　레그마토돈과(Regmatodontaceae)
　루텐베르기아과(Rutenbergiaceae)
　오소리이끼과(Trachypodaceae)
　와르디움과(Wardiaceae)
레우코돈목(Leucodontales)
　나무이끼과(Climaciaceae)
　크립파이아과(Cryphaeaceae)
　톳이끼과(Hedwigiaceae)
　렙토돈과(Leptodontaceae)
　족제비이끼과(Leucodontaceae)
　누운끈이끼과(Meteoriaceae)
　납작이끼과(Neckeraceae)
　프테로브리온과(Pterobryaceae)
선주름이끼목(Orthotrichales)
　나무연지이끼과(Erpodiaceae)
　헬리코필룸과(Helicophyllaceae)
　미크로테키엘라과(Microtheciellaceae)
　선주름이끼과(Orthotrichaceae)
　라키테키움과(Rhachitheciaceae)
솔이끼목(Polytrichales)
　솔이끼과(Polytrichaceae)
침꼬마이끼목(Pottiales)
　브리오바르트라미아과(Bryobartramiaceae)
　칼림페롭시스과(Calymperaceae)
　킨클리도투스과(Cinclidotaceae)
　통모자이끼과(Encalyptaceae)
　침꼬마이끼과(Pottiaceae)
　세르포토르텔라과(Serpotortellaceae)
발광이끼목(Schistostegiales)
　발광이끼과(Schistostegaceae)
셀리게리아목(Seligerales)
　셀리게리아과(Seligeriaceae)
물이끼목(Sphagnales)
　물이끼과(Sphagnaceae)
네삭치이끼아강(Tetraphidae)
　칼롬니온과(Calomniaceae)
네삭치이끼목(Tetraphidales)
　네삭치이끼과(Tetraphidaceae)

우산이끼류(Liverworts)

엷은잎우산대이끼목(Blasiales)
　엷은잎우산대이끼과(Blasiaceae)
칼로브리아목(Calobryales)
　하플로미트리움과(Haplomitriaceae)
비늘우산대이끼목(Fossombroniales)
　알리소니아과(Allisoniaceae)

바위물우산대이끼과(Calyculariaceae)
비늘우산대이끼과(Fossombroniaceae)
마키노우산대이끼과(Makinoaceae)
페탈로필룸과(Petalophyllaceae)
망울이끼목(Jungermanniales)
　갈래수염이끼과(Acrobolbaceae)
　아델란투스과(Adelanthaceae)
　아나스트로필룸과(Anastrophyllaceae)
　안텔리아과(Antheliaceae)
　아르넬리아과(Arnelliaceae)
　발란티옵시스과(Balantiopsidaceae)
　블렙파리도필룸과(Blepharidophyllaceae)
　블렙파로스토마과(Blepharostomataceae)
　브레비안투스과(Brevianthaceae)
　목걸이이끼과(Calypogeiaceae)
　게발이끼과(Cephaloziaceae)
　겉게발이끼과(Cephaloziellaceae)
　엔도겜마과(Endogemmataceae)
　기발이끼과(Geocalycaceae)
　그롤레아과(Grolleaceae)
　은비늘이끼과(Gymnomitriaceae)
　기로티라과(Gyrothyraceae)
　하르판투스과(Harpanthaceae)
　쌍갈고리이끼과(Herbertaceae)
　히그로비엘라과(Hygrobiellaceae)
　자키엘라과(Jackiellaceae)
　망울이끼과(Jungermanniaceae)
　레피콜레아과(Lepicoleaceae)
　벼슬이끼과(Lepidoziaceae)
　두끝벼슬이끼과(Lophocoleaceae)
　로포지아과(Lophoziaceae)
　마스티고포라과(Mastigophoraceae)
　잔비늘이끼과(Myliaceae)
　노토스키푸스과(Notoscyphaceae)
　날개이끼과(Plagiochilaceae)
　솔잎이끼과(Pseudolepicoleaceae)
　사코기나과(Saccogynaceae)
　엄마이끼과(Scapaniaceae)
　스키스토킬라과(Schistochilaceae)
　둥근망울이끼과(Solenostomataceae)
　소우트비움과(Southbyaceae)
　스테파니엘라과(Stephaniellaceae)
　털가시잎이끼과(Trichocoleaceae)
　트리코템노마과(Trichotemnomataceae)
초승달우산이끼목(Lunulariales)
　초승달우산이끼과(Lunulariaceae)
우산이끼목(Marchantiales)
　삿갓우산이끼과(Aytoniaceae)
　클레베아과(Cleveaceae)
　패랭이우산이끼과(Conocephalaceae)
　코르시니아과(Corsiniaceae)
　키아토디움과(Cyathodiaceae)
　두모르티에라과(Dumortieraceae)
　우산이끼과(Marchantiaceae)
　모노클레아과(Monocleaceae)
　모노솔레니움과(Monosoleniaceae)
　옥시미트라과(Oxymitraceae)

둥근이끼과(Ricciaceae)
조개우산이끼과(Targioniaceae)
방울우산이끼과(Wiesnerellaceae)
리본이끼목(Metzgeriales)
　산호우산대이끼과(Aneuraceae)
　리본이끼과(Metzgeriaceae)
네오호지소니아목(Neohodgsoniales)
　네오호지소니아과(Neohodgsoniaceae)
거미집이끼목(Pallaviciniales)
　처녀이끼과(Hymenophytaceae)
　미역이끼과(Moerckiaceae)
　거미집이끼과(Pallaviciniaceae)
　필로탈리아과(Phyllothalliaceae)
　산데오탈루스과(Sandeothallaceae)
물우산대이끼목(Pelliales)
　노테로클라다과(Noterocladaceae)
　물우산대이끼과(Pelliaceae)
플레우로지아목(Pleuroziales)
　플레우로지아과(Pleuroziaceae)
세줄이끼목(Porellales)
　귀잎이끼과(Frullaniaceae)
　고이벨리엘라과(Goebeliellaceae)
　가시지네이끼과(Jubulaceae)
　작은귀이끼과(Lejeuneaceae)
　레피돌라이나과(Lepidolaenaceae)
　세줄이끼과(Porellaceae)
　부채이끼과(Radulaceae)
손꼴가시이끼목(Ptilidiales)
　헤르조기안투스과(Herzogianthaceae)
　털이끼과(Neotrichocoleaceae)
　프테리스과(Ptilidiaceae)
스파이로카르포스목(Sphaerocarpales)
　모노카르푸스과(Monocarpaceae)
　리엘라과(Riellaceae)
　스파이로카르포스과(Sphaerocarpaceae)
트레우비아목(Treubiales)
　트레우비아과(Treubiaceae)

용어 해설

가

가시 송이(burr) 꺼끌꺼끌한 돌기 또는 가시로 덮인 건과.

가종피(假種皮, aril) 일부 씨앗을 둘러싸고 있는 층을 말하는데, 장과(berry) 같은, 혹은 다육질이거나 털로 덮여 있거나 스펀지 같은 과피를 형성한다.

간생화의(幹生花, cauliflorous) 작은 가지 끝이 아닌, 나무의 줄기 또는 큰 가지에 직접 달리는 꽃과 열매를 묘사할 때 쓰이는 말.

감과(hesperidium) 감귤류 식물의 열매로, 레몬이나 오렌지와 같이 두꺼운 가죽 같은 껍질을 가지고 있다.

갓털(pappus) 다양한 종자 식물에서 씨방 또는 열매의 위쪽에 덮여 있는 부속물 또는 부속물의 다발. 열매가 바람에 산포되도록 돕는 기능을 한다.

강(class) 분류 체계에서 계(kingdom) 아래에 있으며 목(order) 위에 있는 단계. 가령 외떡잎식물강과 진정쌍떡잎식물강이 있다.

개화 수정의(chasmogamous) 열리며 피는 꽃으로, 타가 수분을 위해 노출된 생식 기관을 가지고 있다.

겉씨식물(gymnosperm) 자라는 동안 감싸고 보호하는 씨방이 없이 발달하는 씨앗을 가진 식물. 대부분의 겉씨식물은 침엽수로, 씨앗은 실편에 형성되어 구과 안에서 성숙한다.

격막(septum) 열매 안에 있는 분리 벽 같은 막.

격벽(replum) 일부 콩과 식물과 같은 열매 안쪽에 생기는 칸막이.

견과(nut) 하나의 씨앗이 들어 있는 폐과로, 도토리와 같이 단단하거나 목질화된 껍질을 가지고 있다. 목질화되었거나 가죽 같은 껍질을 가진 모든 열매와 씨앗.

경침(thorn) 변형된 턱잎 또는 줄기로부터 단순히 자라 나온 것으로, 날카롭고 끝이 뾰족하다.

곁눈(axillary bud) 잎겨드랑이에 발달하는 눈.

곧은뿌리(taproot) 민들레와 같이 식물의 아래쪽으로 자라는 주된 뿌리.

골돌과(follicle) 꼬투리와 비슷한 건과의 일종으로, 하나의 씨방으로부터 발달하는데, 하나의 이음매가 갈라지며 열려 씨앗들을 방출한다.

공생(symbiosis) 상호 이익을 주는 관계로 함께 살아가는 것.

공생하는(symbiotic) 서로에게 이익을 주는.

과(family) 식물 분류에서 관련 있는 속들의 무리. 가령 장미과(Rosaceae)는 장미속(*Rosa*), 마가목속(*Sorbus*), 산딸기속(*Rubus*), 벚나무속(*Prunus*), 피라칸타속(*Pyracantha*)을 포함한다.

과피(pericarp) 성숙하는 씨방 벽으로부터 발달하는 열매의 벽. 과육이 많은 열매의 경우 과피는 종종 3개의 구별되는 층인 외과피, 중과피, 내과피를 가진다. 건과의 과피는 종이 또는 깃털 같지만, 액과의 과피는 다육질이며 부드럽다.

관다발 식물(vascular plant) 양분의 통로가 되는 조직(체관부)과 수분의 통로가 되는 조직(물관부)를 가지고 있는 식물.

관다발(vascular bundle) 식물 잎의 잎맥 또는 줄기에 있는 도관들을 연결시키는 가닥.

관생엽(perfoliate) 자루가 없는 잎 또는 포엽이 줄기를 감싸고 있어, 마치 줄기가 잎몸을 관통한 것처럼 보이는 잎.

광합성(photosynthesis) 태양 에너지가 초록색 식물에 의해 포집된 후, 이산화탄소와 물로부터 영양소를 만들어 내는 일련의 화학 반응을 수행하는 데 사용되는 과정을 말한다. 부산물은 산소이다.

교배종(hybrid) 유전적으로 서로 다른 부모 식물들의 자손 식물. 같은 속의 종들 사이의 교배종은 종 간 교배종, 다른 속들(보통 가깝게 연관되어 있는 속) 사이의 교배종은 속 간 교배종이라고 한다.

구과(cone) 침엽수와 일부 꽃식물의 빽빽하게 밀집한 포엽들로, 솔방울과 같이 종종 씨앗이 들어 있는 목질화된 구조로 발달한다.

굴촉성(thigmotropism) 접촉 자극에 반응해 자라고, 구부러지고, 휘감는 식물의 성질.

균근(mycorrhiza) 균류와 식물 뿌리 간 서로 이익이 되는(공생) 관계.

균류(fungus) 별도의 독립적인 균계, 예를 들어 곰팡이류, 효모류, 버섯류의 일원으로, 단세포 또는 다세포 생물이다.

근권(rhizosphere) 뿌리 체계, 그리고 가까운 주변부의 기질.

근피(velamen) 많은 착생 식물들을 포함한 특정 식물들의 공기뿌리를 덮고 있으며 수분을 흡수하는 조직.

기공(stoma, pl. stomata) 식물의 지상부(잎과 줄기) 표면에 나 있는 아주 미세한 구멍으로, 증산 작용이 일어난다.

기근(aerial root) 식물의 줄기로부터 자라나는 뿌리로, 땅위에 위치한다.

기판(standard) 콩과 식물의 특정 꽃들에서 볼 수 있는 위쪽 꽃잎.

까끄라기(awn) 곡류를 포함해 특정 종류의 벼과 식물의 작은 수상화로부터 자라는 짧고 뻣뻣한 털.

깍정이(cupule) 함께 융합된 포엽들로 이루어진 컵 모양의 구조.

껍질눈(lenticel) 줄기에 난 구멍으로, 식물 세포와 주변 공기 사이 기체의 통로가 된다.

꼬투리(pod) 하나의 방을 가진 하나의 씨방으로부터 발달하는 납작한 건과.

꽃(flower) 대다수 식물 속들이 가지고 있는 생식 기관. 각각의 꽃은 네 가지 형태의 생식 기관, 즉 꽃받침, 꽃잎, 수술, 심피가 달리는 화축으로 구성된다.

꽃가루(pollen) 종자 식물의 꽃밥 안에 형성되는 작은 알갱이로, 꽃의 웅성 생식 세포를 지니고 있다.

꽃가루 매개자(pollinator) 1. 수분이 일어나게 하는 매개자 또는 수단으로, 곤충, 새, 바람 등이 있다. 2. 다른 자가 불임성 또는 부분적으로 자가 불임성인 식물에 씨앗이 맺히도록 해야 하는 식물.

꽃받침(calyx, pl. calyces) 꽃받침조각이 고리를 이루며 형성된, 꽃의 바깥 부분. 때때로 화려하고 밝게 채색되어 있지만, 보통은 작고 초록색이다. 꽃받침은 꽃눈 안의 꽃잎을 감싸는 덮개를 형성한다.

꽃받침조각(sepal) 하나의 꽃 안에서 화피의 바깥쪽으로 돌려난 부분. 대개의 경우 작고 초록색이지만 때때로 색깔 있는 꽃잎같이 생겼다.

꽃밥(anther) 꽃에 있는 수술의 일부분으로, 꽃가루를 만들어 낸다. 보통 수술대 위에 생겨난다.

꽃부리(corolla) 하나의 꽃에서 꽃잎들이 둥글게 고리 모양을 이룬 것.

꽃뿔 또는 단과지(spur) 1. 꽃뿔: 꽃잎으로부터 돌출되어 있는 빈 공간으로, 종종 꿀을 생산한다. 2. 단과지: 꽃눈들이 무리 지어 발생하는 짧은 가지(주로 과실수에서 볼 수 있다.).

꽃잎(petal) 변형된 잎으로, 꽃가루 매개자들을 끌어들이기 위해 보통 선명한 색깔을 띠며 때로는 향기가 있다. 꽃에서 꽃잎들이 고리 모양을 이루는 것을 꽃부리라고 한다.

꽃자루(pedicel) 꽃차례에서 하나의 꽃에 달려 있는 자루.

꽃줄기(peduncle) 꽃차례의 중심 줄기로, 꽃자루 무리들을 지탱한다.

꽃차례(inflorescence) 총상 꽃차례, 원추 꽃차례, 취산 꽃차례와 같이 하나의 꽃대(줄기)에 달리는 꽃들의 무리.

꽃턱(receptacle) 줄기 끝이 커지거나 길어진 부분으로, 단순한 꽃의 모든 기관들이 발생한다.

꿀(nectar) 곤충 등 꽃가루 매개자들을 꽃으로 끌어들이기 위해 꿀샘에서 분비되는 달콤하고, 당분이 많은 물질.

꿀샘(nectary) 꿀을 분비하는 샘. 꿀샘은 식물의 꽃에 가장 빈번하게 위치하지만, 때로는 잎이나 줄기에서 발견된다.

끝눈(terminal bud) 줄기의 정단 또는 끝부분에 형성되는 눈.

나

나무껍질(bark) 목본성 뿌리, 줄기, 가지를 단단하게 덮고 있는 껍질.

나뭇진(resin) 유기 화합물로 형성된 점성이 있는 걸쭉한 물질로, 나무가 해충에 의한 피해 혹은 물리적 손상에 의해 나무껍질에 생긴 상처를 치유하기 위해 만들어 낸다.

낙엽성의(deciduous) 생장기 후반부에 잎들을 떨구고 이듬해 초 다시 새잎들을 내는 식물들을 일컫는다. 반낙엽성 식물들은 생장기 후반부에 단지 일부 잎들만 떨어뜨린다.

낱꽃(floret) 보통 데이지 꽃과 같이 두상화를 구성하는 수많은 꽃들 중 하나인 작은 꽃을 말하며 소화(小花)라고도 한다.

내과피(endocarp) 열매 과피의 가장 안쪽에 있는 층.

내한성의(hardy) 겨울에 영하의 추위를 견딜 수 있는 식물들을 뜻하는 말.

내화영(palea, pl. paleae) 벼과 식물의 꽃을 감싸는 2장의 포엽 중 가장 안쪽에 있는 포엽. 외화영 참조.

눈(bud) 배아 상태의 가지, 잎, 꽃차례, 또는 꽃을 감싸고 있는 덜 성숙한 기관 또는 싹.

다

다년초(perennial) 2년 이상 살아가는 식물.

다육 식물(succulent) 물을 저장하기에 적당한 다육질의 두꺼운 잎 또는 줄기를 가진 건조에 강한 식물. 모든 선인장 종류는 다육 식물이다.

단과(simple fruit) 하나의 씨방으로부터 형성되는 열매. 장과, 핵과, 견과 등이 있다.

단성화(unisexual) 꽃가루(웅성) 또는 밑씨(자성) 둘 중 하나만을 생산하는 꽃.

단엽(simple leaf) 하나의 조각으로 형성된 잎으로, 홑잎이라고도 한다.

단주화(短柱花, thrum flower) 암술대가 짧아 꽃부리 입구 부분에 수술만 보이는 꽃. 반대말은 장주화(長柱花).

대(culm) 그래스류 또는 대나무류에서 볼 수 있는, 마디로 연결된 줄기로, 보통 속이 비어 있으며 꽃이 핀다.

덩굴손(tendril) 변형된 잎, 가지 또는 줄기로, 대개 기다랗고 가늘며 지지물에 달라붙을 수 있다.

덩이줄기(tuber) 대개 땅속에서 비대해진 기관으로, 줄기 또는 뿌리로부터 파생하며, 양분 저장에 이용된다.

도마티아(domatia, pl. domatium) 동물들이 거주하는 식물에 의해 만들어지는 구조로, 보통 뿌리, 줄기, 또는 잎맥에 생기는 구멍을 말하며, 종종 개미와 연관이 있다.

돌려나기(whorl) 모두 같은 지점으로부터 발생한 셋 이상의 기관들의 배열.

두상 꽃차례(capitulum, pl. capitula) 줄기에 함께 모여 달리며 하나의 꽃처럼 보이는 꽃들의 무리(꽃차례). 예를 들어 해바라기가 있다.

떡잎(cotyledon) 씨앗에서 나오는 잎. 양분 저장소 역할을 하거나, 발아 직후 씨앗의 성장을 돕기 위해 펼쳐진다.

라

로제트(rosette) 잎들이 거의 같은 지점으로부터 방사상으로 무리지어 나는 것을 말하며, 종종 지면에 가까운 아주 짧은 줄기 밑부분에 형성된다.

리그닌(lignin) 모든 관다발 식물 안에 있는 단단한 물질로, 식물이 위로 자라며 서 있을 수 있도록 해 준다.

마

마디(node) 줄기에서 하나 이상의 잎, 줄기, 가지 또는 꽃이 생겨나는 부분.

맥계(脈系, venation) 잎에 있는 잎맥의 배열 상태.

모용(毛茸, trichome) 식물체의 표면 조직으로부터 자라나는 모든 종류를 말하며, 털, 비늘, 또는 가시 등이 있다.

목(order) 식물 분류에서 강(class) 아래에 있으며 과(family) 위에 있는 단계.

묘(苗, seedling) 씨앗으로부터 발달한 어린 식물체.

무모(無毛)의(glabrous) 매끄럽고 털이 없는.

무수정 생식(apomixis) 무성(無性) 생식 과정.

물관부(xylem) 식물의 목질화된 부분으로, 지지 조직과 수분 운반 조직으로 이루어져 있다.

미상 꽃차례(catkin) 눈에 잘 띄지 않거나 꽃잎이 없는 작은 꽃들이 기다랗고 가늘게 무리를 지으며, 개암나무 또는 자작나무와 같은 나무에 매달린다.

바

박류(cucurbit) 멜론, 호박 등을 포함하는 박과에 속하는 식물.

반(半)기생 식물(hemiparasite) 초록색 잎을 가지며 광합성을 하는 기생 식물. 겨우살이(*Viscum album*) 등이 있다.

반곡(反曲, recurved) 뒤쪽으로 구부러진.

반입(班入, variegated) 주로 잎에서 일어나는 비정상적인 색소의 배열을 말하며, 보통 돌연변이나 질병의 결과로 나타나는 무늬잎을 뜻한다.

발아(germination) 씨앗이 자라서 하나의 식물체로 발달하기 시작할 때 일어나는 물리, 화학적 변화.

배축(背軸)의(abaxial) 줄기 또는 지지 조직으로부터 반대쪽을 향하는 기관의 면. 일반적으로 잎의 아랫면을 묘사할 때 쓰인다.

번식(propagation) 씨앗 또는 영양 기관을 이용해 식물 개체를 증가시키는 것.

변종(variety) 종을 세분화한 또 다른 분류 단위이며, 일반적으로 한 가지 특성에 해당하는 유형이 다르다.

복엽(compound leaf) 2개 이상의 비슷한 부분(소엽)으로 이루어진 잎으로, 겹잎이라고도 한다.

부정(不定)의(adventitious) 성장이 정상적으로 일어나지 않는 곳에서 발생하는 것을 말한다. 예를 들어 부정근은 줄기로부터 우연히 생겨날 수 있다.

분리과(schizocarp) 얇고 건조한 건과의 일종으로, 씨앗들이 성숙하면 독립적으로 흩어져 하나의 씨앗을 가진 밀폐된 단위로 분리된다.

분열 조직(meristem) 새로운 세포로 분열

될 수 있는 식물 조직. 줄기와 뿌리 끝 모두 분열 조직을 가질 수 있고 미세 번식에 사용될 수 있다.

분주(division) 하나의 식물이 둘 이상의 부분으로 나뉘어 번식하는 것을 말한다. 각각은 스스로의 뿌리 체계와 하나 이상의 줄기 또는 휴면눈을 가지고 있다.

불염포(spathe) 하나의 꽃 또는 육수 꽃차례를 둘러싸는 포엽.

불완전화(imperfect flower) 수술 또는 암술만을 지니고 있는 꽃. 단성화라고도 한다.

브로멜리아드(bromeliad) 로제트 잎을 형성하며 착생 식물일 수도 있는, 파인애플과(bromeliaceae)의 식물을 말한다. 잎들은 나선형으로 배열되고 때때로 거치를 가지며, 줄기는 목질화될 수 있다.

비늘줄기(bulb) 땅속의 변형된 눈으로, 저장 기관의 역할을 한다. 하나 이상의 눈을 가지며, 양분을 저장하고 있는 다육질의 무색 비늘잎들이 비대해져 원반처럼 생긴 짧아진 줄기에 겹을 이룬다.

뿌리(root) 식물의 일부분으로, 보통 땅속에 있으며, 식물을 토양에 고정시키고 물과 영양소를 흡수하는 역할을 한다.

뿌리골무(root cap) 뿌리 끝에 있는 두건 모양의 덮개로, 뿌리가 토양 속으로 자라는 동안 뿌리를 보호하기 위해 끊임없이 새로운 세포들을 만들어 낸다.

뿌리줄기(rhizome) 땅속을 기는 줄기로, 저장 기관의 역할을 하며 정단 부위에서 길이를 따라 싹을 틔운다.

뿌리털(root hair) 뿌리골무 뒤쪽에 실처럼 자라나는 것. 뿌리털은 뿌리의 표면적을 넓히고, 뿌리가 흡수할 수 있는 물과 영양소의 양을 증가시킨다.

사

삭과(capsule) 2개 이상의 심피로부터 형성된 하나의 씨방에서 발달한 많은 씨앗들이 들어 있는 건과의 일종. 익으면 갈라지며 열려 씨앗들이 방출된다.

삭과(regma, pl. regmata) 3개 이상의 융합된 심피로 구성된 건과의 일종으로, 익으면 터지면서 분리된다.

산방 꽃차례(corymb) 꽃대를 따라 서로 다른 높이로 어긋나는 꽃줄기에 피어나는 꽃들 또는 꽃 뭉치로 형성되는 넓은 꽃차례로, 윗면은 편평하거나 반구형이다.

산형 꽃차례(umbel) 지지하는 줄기 맨 위쪽 하나의 지점으로부터 꽃자루들이 자라나는 꽃차례로, 편평하거나 윗부분이 둥글다.

삼출엽(trifoliolate) 같은 지점으로부터 자라는 3장의 소엽을 가지는 복엽.

상록성의(evergreen) 한 번 이상의 생장기 동안 잎을 유지하는 식물들을 일컫는다. 반상록성 식물들은 한 번 이상의 생장기 동안 단지 일부분의 잎들만 유지한다.

석류과(balausta) 단단한 껍질 또는 과피를 가진 열매로, 씨앗이 하나씩 들어 있는 여러 개의 방을 가지고 있다. 전형적인 예로 석류가 있다.

선구 수종(pioneer species) 가령 화산 분출 또는 산불이 일어난 후 새로운 환경에 대량 서식해 식생 천이를 시작하는 종.

선형(linear) 양쪽으로 평행한 가장자리를 가진 매우 좁은 잎.

선화후엽(先花後葉, hysteranthous) 개나리 또는 풍년화와 같이 잎이 나기 전에 꽃이 피는 식물.

소과실(fruitlet) 블랙베리와 같은 취과의 부분을 이루는 작은 열매.

소식물체(plantlet) 모체 식물의 잎에 발달하는 어린 식물.

소엽(leaflet) 복엽(겹잎)을 이루는 부분적인 잎들 가운데 하나.

소용돌이 모양의(circinate) 양치류의 어린 잎(피들헤드)에서 볼 수 있듯, 안쪽으로 돌돌 말려 있는 모양.

속(genus pl. genera) 식물 분류에서 과와 종 사이에 해당하는 범주.

속씨식물(angiosperm) 씨방 안에 둘러싸여 나중에 씨앗이 될 밑씨를 갖는 꽃식물. 속씨식물은 분류학적으로 외떡잎식물군과 진정쌍떡잎식물군의 두 가지 분류군으로 나뉜다.

솔기(seam, suture) 갈라지며 열리는 꼬투리의 가장자리.

수과(瘦果, achene) 하나의 씨앗이 들어 있는 마른 열매로, 익어도 터지지 않는다.

수분(受粉, pollination) 꽃밥으로부터 암술머리로 꽃가루가 전달되는 일.

수상 꽃차례(spike) 기다란 꽃대를 따라 개별적인 꽃들이 아주 짧은 꽃자루에 달리거나 직접 달리는 꽃차례.

수술(stamen) 꽃의 웅성 생식 기관. 꽃가루를 만들어 내는 꽃밥, 그리고 대개 꽃밥을 지탱하는 수술대 또는 자루로 이루어져 있다.

수술대(filament) 꽃에서 꽃밥을 달고 있는 자루.

수술선숙(protandrous) 수술이 암술보다 기능적으로 먼저 성숙하는 암수한몸 식물. 반대말은 암술선숙.

수액(sap) 세포와 관다발 조직에 함유되어 있는 식물체 내 액즙.

순판(labellum) 입술 꽃잎, 특히 붓꽃 또는 난꽃에서 특별히 돌출된 세 번째 꽃잎. 입술 꽃잎 참조.

시과(samara) 건과이자 폐과의 일종으로, 하나의 씨앗을 가지며, 바람에 의해 산포되도록 ‘날개’를 가지고 있다. 물푸레나무, 단풍나무, 느릅나무 등이 있다.

신생의(emergent) 나오거나 새롭게 생겨나는.

실(室, locule) 씨방 또는 꽃밥이 들어 있는 칸이나 방.

실편(ovuliferous scales) 수정이 되면 씨앗이 되는 밑씨를 갖는 암구과의 비늘 조각.

심피(carpel) 꽃의 자성 생식 기관으로, 씨방, 암술머리, 암술대로 이루어진다.

싹(shoot) 발달된 눈 또는 어린 줄기.

쌍떡잎식물(dicot, dicotyledon) 2개의 떡잎을 가진 꽃식물을 일컬을 때 사용되었던 용어로, 지금은 유용하지 않거나 진화의 역사상 오류가 있다. 진정쌍떡잎식물, 외떡잎식물 참조.

쌍현과(cremocarp) 작은 건과의 일종으로, 2개의 납작한 반쪽을 형성하며, 각각 하나의 씨앗을 지니고 있다.

씨방(ovary) 꽃의 심피 아래쪽 부분으로, 하나 이상의 밑씨를 가지고 있다. 씨방은 수정 후 열매로 발달할 수 있다.

씨앗(seed) 수정되어 성숙한 밑씨로, 성체 식물로 자랄 수 있는 휴면 중인 배아가 들어 있다.

아

아종(subspecies) 종을 다시 세분화한 주요 분류 단위로, 구별이 완전하지 않다.

아형(芽型, vernation) 눈 안에 잎들이 접혀 있는 모습.

안토시아닌(anthocyanin) 식물 색소 분자들로, 잎과 꽃에서 빨간색, 파란색, 자주색을 담당한다.

알줄기(corm) 비늘줄기처럼 생긴, 땅속에서 비대해진 줄기 또는 줄기 밑부분으로, 보통 종이 같은 피막으로 둘러싸여 있다.

암수딴그루(dioecious) 암수 중 하나의 성을 가진 꽃을 피우는 식물로, 수꽃과 암꽃이 서로 다른 그루에 핀다. 암수한그루 참조.

암수한그루(monoecious) 서로 독립적인 수꽃과 암꽃이 같은 그루에 피는 식물. 암수딴그루 참조.

암수한몸(hermaphrodite) 수술과 암술이 하나의 양성화 또는 완전화 안에 함께 존재하는 꽃을 가진 식물 종.

암술(pistil) 심피 참조.

암술대(style) 꽃에서 암술머리를 씨방과 연결하는 자루.

암술머리(stigma) 꽃의 자성 기관으로, 수정이 되기 전 꽃가루를 받는다. 암술머리는 암술대 끝에 위치하고 있다.

암술선숙(protogynous) 암술이 수술보다 기능적으로 먼저 성숙하는 암수한몸 식물. 반대말은 수술선숙.

양성의(bisexual) 완전화(perfect flower) 참조.

양치류(fern) 꽃이 피지 않고, 포자를 생산하는 식물로, 뿌리, 줄기, 그리고 잎처럼 생긴 양치잎으로 구성된다. 양치잎 참조.

양치류(pteridophyte) 양치식물, 또는 속새나 석송 같은 양치류 동류를 말하는데, 이들은 포자를 생산하는 주된 세대와 함께, 세대 교번을 통해 번식한다.

양치잎 또는 야자잎(frond) 1. 양치잎: 잎처럼 생긴 양치류의 기관. 일부 양치류는 영양엽과, 포자가 달리는 생식엽을 둘 다 가지고 있다. 2. 야자잎: 야자류의 잎과 같이 커다랗고 대개 복엽인 잎.

열과(dehiscent fruit) 건과의 일종으로 익으면 갈라지거나 터져 씨앗이 방출된다.

열매(fruit) 수정이 된 식물의 성숙한 씨방으로, 하나 이상의 씨앗을 가지고 있으며, 장과, 장미과, 삭과, 또는 견과 등이 있다. 먹을 수 있는 과일, 과실을 뜻하기도 한다.

열편의(lobed) 잎과 같은 식물의 한 부분을 묘사할 때 쓰이며, 굴곡이 져 있거나 둥그런 부분을 가지고 있다.

엽록소(chlorophyll) 식물 세포 안에 있는 초록색 색소이다. 잎, 때로는 줄기가 빛을 흡수해 광합성을 할 수 있도록 해 준다.

엽록체(chloroplast) 식물 세포 안에 있는, 엽록소를 지니고 있는 입자들로, 광합성 작용이 일어나는 동안 탄수화물이 만들어지는 곳이다.

엽상경(葉狀莖, cladophyll) 잎처럼 생겨 잎의 기능을 수행하는 변형된 줄기.

엽육 조직(mesophyll) 잎 안쪽의 부드러운 조직(유조직)으로, 상면 표피와 하면 표피 사이에 있으며, 광합성을 위한 엽록체가 들어 있다.

엽침(spine) 잎, 또는 턱잎이나 잎자루 같은 잎의 일부분이 변형되어 만들어지며, 뻣뻣하고 끝이 날카롭다.

영과(caryopsis, pl. caryopses) 하나의 씨앗이 들어 있는, 열개성(갈라지며 열리는) 건과의 일종. 벼과 식물은 보통 줄줄이 혹은 무리 지어 달리는, 먹을 수 있는 영과, 또는 곡물을 생산한다.

영양소(nutrients) 식물 성장에 필요한 단백질을 비롯한 다른 화합물을 만드는 데 사용되는 무기질(무기질 이온).

완전화(perfect flower) 암수 생식 기관을 모두 가지고 있는 꽃. 양성화 또는 암수한몸이라고도 한다.

외과피(exocarp) 열매 과피의 바깥층으로, 종종 얇고 단단하거나 또는 피부 같다.

외떡잎식물(monocot, monocotyledon) 씨앗이 단 하나의 떡잎을 가지는 꽃식물. 나란히맥으로 좁은 잎이 특징적이다. 백합, 붓꽃, 그래스 종류가 외떡잎식물에 포함된다. 진정쌍떡잎식물 참조.

외피(exodermis) 뿌리의 표피 또는 근피 아래 특화된 세포층.

외화영(lemma) 벼과 식물의 꽃을 둘러싸는 2장의 포엽 중 가장 바깥쪽 포엽. 내화영 참조.

용골판(keel) 1. 보통 잎의 아랫면에 있으며, 배의 용골과 비슷하게 돌출되어 길쭉하게 솟은 부분. 2. 콩 같은 꽃의 아래쪽에 있는 2장의 융합된 꽃잎.

우산이끼(liverwort) 진정한 뿌리를 가지고 있지 않은, 단순하며 꽃이 없는 식물. 잎 같은 줄기 또는 갈라진 잎을 가지고 있다. 흩뿌려진 포자에 의해 번식하며, 대개 축축한 서식지에서 발견된다.

우상 복엽(pinnate) 복엽의 중심 줄기(엽축)를 따라 서로 맞은편에 소엽들이 배열되는 잎차례로, 깃꼴 겹잎이라고도 한다.

원추 꽃차례(panicle) 총상 꽃차례가 가지를 치며 원뿔 모양을 이룬 꽃차례.

유관속초(bundle sheath) 식물의 잎 속에 있는 관다발 주위를 둘러싸는 원통형 세포들

유근(radicle) 식물 배아의 뿌리. 유근은 보통 씨앗이 발아할 때 처음으로 나타나는 기관이다.

유아(幼芽, plumule) 씨앗이 발아할 때 처음으로 발생하는 싹.

유조직(parenchyma) 얇은 세포벽을 가진 세포들로 이루어진 부드러운 식물 조직.

육수 꽃차례(spadix) 수많은 작은 꽃들이 달리는 다육질의 꽃줄기로, 대개 불염포로 감싸여 있다.

위과(僞果, accessory fruit) 다른 식물 기관, 예를 들어 끝부분이 비대해진 꽃대와 함께 씨방으로 이루어진 열매. 사과, 로즈힙 등이 있다. 헛열매라고도 한다.

2회 우상 복엽(bipinnate) 미모사 잎과 같이 소엽들이 더 작은 소엽들로 갈라지는 복엽.

이과(pome) 사과 또는 이와 연관된 열매의 과육이 많은 부분으로, 비대해진 꽃턱과 씨방, 씨앗들로 이루어져 있다.

이끼(moss) 꽃이 피지 않는 초록색의 작은 식물로, 진정한 뿌리가 없으며 축축한 서식지에 자란다. 포자를 흩뿌려 번식한다.

이년초(biennial) 발아 후 두 번째로 맞은 생장기 동안 꽃을 피우고 죽는 두해살이 식물.

이형엽(heterophyllous) 같은 식물에 서로 다른 모양이나 형태의 잎을 가지는 식물로, 햇빛 또는 그늘 같은 특정한 환경 조건에 살아가기 위해 적응한 것일지 모른다.

익과(winged fruit) 공기 중으로 이동할 수 있도록 날개 같은 모양을 한, 종이 같은 섬세한 구조를 가진 열매.

인편(scale) 축소된 잎의 형태로, 대개 막을 형성하며, 눈, 비늘줄기, 미상 꽃차례를 덮어 보호한다.

일년초(annual) 발아, 개화, 결실, 죽음에 이르는 생활사 전체를 한 번의 생장기 동안 완료하는 한해살이 식물.

일회 결실성(monocarpic) 죽기 전에 한 번만 꽃이 피고 열매를 맺는 식물. 이런 종류의 식물들은 꽃이 피는 크기로 자랄 때까지 수년이 걸릴 수 있다.

입술 꽃잎(lip) 꽃에서 하나 이상의 꽃잎 또는 꽃받침이 융합되어 아래쪽으로 돌출된 열편. 순판 참조.

잎(leaf) 일반적으로 줄기에서 자라 나온 얇고 편평한 잎몸을 말하며, 잎맥에 의해 지탱이 된다. 잎의 주요 기능은 광합성 작용을 하기 위해 식물이 필요로 하는 에너지를 햇빛으로부터 모으는 것이다.

잎 가장자리(margin) 잎의 바깥쪽 테두리.

잎겨드랑이(axil) 줄기와 잎 사이의 위쪽, 곁눈이 발달하는 부분.

잎끝(drip tip) 빗물이 흘러 내려가는 데 도움이 되는, 잎 또는 소엽의 끝부분.

잎맥(vein) 잎에 있는 유관속 구조로, 유관속초로 둘러싸여 있으며, 종종 잎 표면에 줄 모양으로 보인다.

잎몸(lamina) 잎의 넓고 편평한 부분.

잎사귀(blade) 잎에서 잎자루(petiole)를 제외한 모든 부분. 잎몸과 잎 가장자리 또는 주변부의 모양은 식물의 중요한 특징이다.

잎자루(petiole) 잎에 달린 자루.

잎차례(phyllotaxis) 줄기나 가지에 나는 잎들의 배열.

자

자가 불화합성(self-incompatible) 스스로 수정이 되어서는 생존 가능한 씨앗을 생산할 수 없는 식물을 말하며, 수정이 일어나기 위해서는 다른 식물체의 꽃가루가 필요하다. '자가 불임성'이라고도 한다.

자가 수분(self-pollination) 꽃가루가 같은 꽃의 꽃밥으로부터 암술머리로 전달되거나, 그렇지 않으면 같은 식물의 다른 꽃으로 전달되는 것. 타가 수분 참조.

자가 불임성(self-sterile) 자가 불화합성 참조.

자구(offset) 모체 식물의 곁눈에서 자라난 싹으로부터 발달하는 작은 식물.

장과(berry) 하나의 씨방으로부터 발달한 1개 이상의 씨앗들이 부드럽고 즙이 많은 과육으로 둘러싸여 있는 열매.

장상 복엽(palmate) 하나의 지점으로부터 여러 갈래의 소엽들이 생겨나는 잎차례로, 손꼴 겹잎이라고도 한다.

장주화(長柱花, pin flower) 긴 암술대와 상대적으로 짧은 수술을 가진 꽃. 반대말은 단주화(短柱花).

재배 품종(cultivar, cv.) 보통 인간의 재배 하에서만 살아가는 식물을 말한다. ‘cultivar’는 ‘cultivated variety’의 줄임말이다.

전(全)**기생 식물**(holoparasite) 잎이 하나도 없는 기생 식물로, 양분과 수분을 얻기 위해 숙주 식물에 완전히 의존적이다.

절간(internode) 2개의 마디 사이에 있는 줄기 부분.

점액(mucilage) 식물의 다양한 부분, 특히 잎에 생기는 끈끈한 분비물.

정단(頂端, apex) 잎, 줄기, 또는 뿌리의 끝부분 또는 생장점.

조류(藻類, algae) 단순하며, 꽃이 피지 않으며, 주로 물속에 사는 식물 같은 유기체로, 초록색 색소인 엽록소를 지니고 있지만, 진정한 줄기, 뿌리, 잎, 관다발 조직을 가지고 있지 않다. 예를 들어 해조류가 있다.

종(species, sp.) 식물 분류에서, 주된 특징들이 같고 서로 유성 생식이 가능한 식물들의 무리.

종피(testa) 수정된 씨앗 주변에 형성되는 단단한 보호용 껍질로, 씨앗이 발아할 준비가 될 때까지 물이 침투하는 것을 막는다.

좌우 대칭의(zygomorphic) 한 평면으로 잘랐을 때만 서로 거울 대칭을 이루는 2개의 절반을 만들어 내는 꽃.

주맥(midrib) 잎의 중심이 되는 맥으로, 보통 중심부에 있다.

주병(funicle) 꼬투리 안쪽에 씨앗이 매달리는 아주 작은 자루.

주아(珠芽, bulblet) 작은 비늘줄기 같은 기관으로, 보통 잎겨드랑이에서 발생하며, 간혹 줄기나 꽃 뭉치에 생기기도 한다.

줄기(stem) 식물의 중심축으로, 대개 땅 위에 있으며, 가지, 잎, 꽃, 열매 등을 지지하는 구조이다.

줄무늬의(striate) 줄로 이루어진 무늬가 있는.

중과피(mesocarp) 과피의 중간층. 많은 열매들의 경우 중과피는 과육이 많은 부분이다. 일부 과피는 중과피를 가지고 있지 않다.

중축(rachis) 복엽(겹잎) 또는 꽃차례의 중심축을 말하는데, 각각 엽축, 화축이라고 한다.

증산(transpiration) 식물의 잎과 줄기로부터 증발로 인해 수분 손실이 일어나는 작용.

진정쌍떡잎식물(eudicot, eudicotyledon) 2개의 떡잎을 가진 꽃식물로, 과거 ‘쌍떡잎식물’로 기술되었던 많은 식물들을 포함한다. 대부분의 진정쌍떡잎식물들은 분지하는 잎맥을 가진 큰 잎, 그리고 넷 또는 다섯의 배수로 무리 지어 배열된 꽃잎, 꽃받침과 같은 꽃 부분을 가지고 있다. 외떡잎식물 참조.

집합과(multiple fruit) 밀집된 여러 개의 꽃들로부터 발달한 열매로, 파인애플과 같이 함께 융합되어 하나의 열매를 형성한다.

착생 식물(epiphyte) 다른 식물의 표면에 자라는 식물로, 숙주 식물에 기생하거나 양분을 빼앗지 않는다. 땅에 뿌리를 내리지 않고 공기 중으로부터 수분과 양분을 얻는다.

체관부(phloem) 식물의 관다발 조직으로, (광합성에 의해 만들어진) 영양소를 함유하고 있는 수액을 잎에서 다른 부분으로 전달한다.

초본의(herbaceous) 목본류가 아닌 식물로, 생장기 말에 지상부가 죽고 뿌리 부분만 남는다. 식물학적으로는 일년초와 이년초에도 적용이 되지만, 주로 다년생 식물을 나타내는 말로 쓰인다.

초엽(鞘葉, coleoptile) 외떡잎식물의 씨앗으로부터 발아하는 눈이 토양을 뚫고 자랄 때 그것을 보호하는 잎집.

총상 꽃차례(raceme) 중심 줄기를 따라 짧은 꽃자루에 몇몇 또는 많은 수의 독립된 꽃들의 무리가 하나씩 달리는 꽃차례. 가장 어린 꽃들이 맨 끝에 달린다.

총포(involucre) 꽃 아래 잎처럼 생긴 포엽들이 고리 모양을 이룬 것.

취산 꽃차례(cyme) 가지를 치는 꽃차례로, 편평하거나 둥근 모양이며, 각각의 꽃대 끝에 꽃이 핀다. 가장 오래된 꽃이 중심부에 피고, 가장 어린 꽃은 작은 포(2차 포엽)의 잎겨드랑이로부터 잇달아 피어난다.

취과(聚果, aggregate fruit) 여러 개의 씨방들로부터 발달한 하나의 복합적인 열매. 씨방들은 각각 하나의 꽃 심피로부터 발달하고, 독립된 열매들이 한데 결합된다. 라즈베리와 블랙베리 등이 있다.

측생(lateral) 줄기나 뿌리에서 옆으로 성장해 자라나는 것.

침수 식물(submergent) 완전히 물속에 잠겨 살아가는 식물.

침엽수(conifers) 대부분 상록 교목 또는 관목으로, 보통 바늘 같은 잎과, 구과 안쪽 실편에 발달하는 노출된 씨앗을 가지고 있다.

카로티노이드(carotenoids) 노란색과 주황색을 담당하는 식물 색소 분자.

큐티클(cuticle) 일부 식물들의 표피 바깥쪽 세포들을 보호하는 왁스 같은 발수성 코팅.

타가 수분(cross-pollination) 한 식물의 꽃에 있는 꽃밥으로부터 꽃가루가 다른 식물의 꽃에 있는 암술머리로 전달되는 것. 자가 수분 참조.

타가 수정(cross-fertilization) 타가 수분의 결과로 꽃의 밑씨 수정이 일어나는 것.

태생의(viviparous) 1. 잎, 꽃, 또는 줄기에 소식물체를 만드는 식물을 일컫는다. 2. 또한 비늘줄기에 소인경을 생산하는 식물에 대략적으로 적용되는 말이다.

턱잎(stipule) 종종 하나의 쌍을 이루며 잎처럼 자라난다.

파이토텔마(phytotelma, pl. phytotelmata) 식물체에 생긴 구멍에 물이 차 있는 것을 말하며, 서식처 기능을 한다.

폐과의(indehiscent) 헤이즐넛과 같이 익어도 씨앗을 방출하기 위해 갈라져 열리지 않는 열매를 말한다.

폐화 수정의(cleistogamous) 꽃이 열리지 않고 스스로 수분이 이루어지는 꽃. 반대말은 개화 수정의(chasmogamous).

포막(indusium) 양치류의 포자낭군을 덮는 얇은 덮개 조직.

포복경(runner) 수평으로 뻗어 나가는, 대개의 경우 가느다란 줄기로, 땅위를 기면서 마디에서 뿌리를 내려 새로운 식물체들을 형성한다.

포복지(stolon) 수평으로 뻗어 나가거나

아치를 이루는 줄기로, 대개 땅위에 있
으며, 줄기 끝에서 새로운 식물체를 만
들어 낸다. 종종 포복경(runner)과 혼동
된다.

포엽(bract)　꽃 또는 무리 꽃송이 아래
부분에 눈길을 끌거나 대개 꽃눈을 보
호하기 위한 구조로 변형된 잎. 어떤 포
엽들은 크고, 화려한 색을 띠며, 유익
한 곤충들을 끌어들이기 위해 꽃잎과
비슷하게 생겼다. 다른 포엽들은 잎처
럼 생겼지만, 그 식물체의 다른 잎들보
다 더 작고 모양이 다를 수 있다.

포영(glume)　벼과 또는 사초과 식물의 작
은 수상화 밑부분에 있는, 비늘 같은
보호용 포엽 한 쌍 중의 하나

포자(spore)　양치류, 균류, 이끼류와 같
이 꽃이 피지 않는 식물들의 극히 미세
한 생식 구조.

포자낭(sporangium, pl. sporangia)　양치식물
에서 포자를 생산하는 부분.

포자낭군(sorus, pl. sori)　1. 양치잎 밑면에
있는 포자낭의 무리. 2. 일부 지의류와
균류에서 포자를 생산하는 구조.

표피(epidermis)　식물 세포의 바깥쪽 보
호층.

품종(cultivar, cv.)　'재배 품종(cultivated
variety)'의 줄임말로, 보통 인간의 재배
하에서만 살아가는 식물을 일컫는다.

피들헤드(fiddlehead)　어린 양치류의 돌돌
말린 잎.

피층(cortex)　표피 또는 나무껍질과 원통
형 관다발 사이에 있는 조직 부분.

피침(prickle)　식물의 표피나 피층으로부
터 뾰족하게 자라 나온 것으로, 그것이
자라고 있는 식물 부위가 찢기지 않고
분리될 수 있다.

하

하수(下垂, pendent)　아래쪽으로 매달린
모습.

하향반곡(下向反曲, reflexed)　뒤로 완전히
젖혀진.

핵과(drupe)　과육이 많은 열매로, 단단
한 껍질(내과피)을 가진 씨앗이 들어 있
다.

헛비늘줄기(pseudobulb)　(때때로 매우 짧은)
뿌리줄기로부터 발생하는, 비늘줄기처
럼 생긴 비대해진 줄기.

헛수술(staminoid)　수술을 닮은 불임성
구조.

헛열매(false fruit)　위과 참조.

협과(legume)　성숙한 씨앗을 퍼뜨리기 위
해 두 쪽으로 갈라지는 열개성 꼬투리.

형성층(cambium)　줄기와 뿌리 둘레를 증
가시키는 새로운 세포들을 만들어 낼
수 있는 조직 층.

호과(瓠果, pepo)　호박, 수박, 오이 같은 박
류의 열매로, 껍질이 단단하고 씨앗이
많은 장과이다.

호흡뿌리(pneumatophore)　질퍽질퍽한 토
양을 뚫고 위로 솟아 똑바로 서 있는
공기뿌리로, 기체 교환 또는 '호흡'을
할 수 있다. 종종 맹그로브 종류에서
발견된다.

혹(nodule)　1. 뿌리에서 질소 고정 세균을
포함하고 있는 작은 뿌리혹. 2. 잎(잎자
루, 주맥, 잎몸, 잎 가장자리)에 작게 부풀
어오른 부분으로, 세균이 들어 있다.

화피(perianth)　꽃받침과 꽃부리를 통칭
하는 말로, 특히 많은 알뿌리 종류 꽃
에서 볼 수 있듯 매우 유사한 형태를
갖는 경우 사용된다.

화피편(tepal)　크로커스나 백합 종류에
서 볼 수 있듯, 꽃받침조각과 꽃잎을 구
별할 수 없는 경우, 화피 조각 하나를
이르는 말.

환대(環帶, annulus, pl. annuli)　양치류의 포
자낭이 열려 포자들이 방출되는 데 관
여하는 두꺼운 세포벽을 가진 고리.

활엽수의(broad-leaved)　보통 낙엽이 지
는, 넓고 편평한 잎들을 가진 교목과
관목을 일컬으며, 좁고, 바늘처럼 생긴
침엽수의 잎들과 대조적이다.

후막 세포(sclereid)　목질화되어 작은 구
멍들이 나 있는 식물 세포.

흡기(haustoria)　숙주 식물의 조직 속으로
파고드는 기생 식물의 특화된 뿌리.

흡지(sucker)　뿌리 또는 식물의 기부로부
터 발달하는 새로운 줄기로, 지면 아래
로부터 올라온다.

찾아보기

미술품 목록

16 *Sexual parts of flowers* Illustration by G.D. Ehret, from C. Linnaeus' *Genera Plantarum*, 1736.

23 *Leontodon taraxacum* (syn. *Taraxacum officinale*) Copper engraving by W. Kilburn from W. Curtis's *Flora Londinensis*, London, 1777–98.

30–31 *Tree Roots* Oil on canvas painting by V. van Gogh, 1890.

31 *Cypress Trees* Polychrome and gold leaf screen by Kanō Eitoku, *c.*1890.

33 *Trifolium subterraneum* Engraving by J. Sowerby from *English botany, or coloured figures of British plants*, 1864.

43 *Tillandsia ionantha* Engraving from L. van Houtte, *Flore des serres et des jardin de l'Europe*, 1855.

45 *Lathraea clandestina* Chromolithograph from *Revue horticole*, 1893.

62 *Das große Rasenstück* (*Great Piece of Turf*) Watercolour by A. Dürer, 1503.

63 *Two Trees on the Bank of a Stream* Drawing by L. da Vinci, *c.*1511–13.

63 *Star of Bethlehem and other plants* Drawing by L. da Vinci, *c.*1505–10.

74 *Forsythia viridissima* Drawing by W.H. Fitch from *Curtis's Botanical Magazine*, 1851.

76 *Caracas theobroma* (syn. *Theobroma cacao*) Engraving from E. Denisse, *Flore d'Amérique*, 1843–46.

89 *Myrmecodia beccari* Drawing by M. Smith from *Curtis's Botanical Magazine*, 1886.

92 *Caesalpinia sappan* Hand painted copy of an illustration commissioned by W. Roxburgh.

92 *Borassus flabellifer* Drawing from W. Roxburgh's *Plants of the Coast of Coromandel*, 1795.

93 *Livistona mauritiana* Watercolour by an unknown artist, part of Kew Collection.

103 *Various Cactaceae* Engraving from Brockhaus' *Konversations-Lexikon*, 1796–1808.

104–105 *Duchesnea indica* (syn. *Fragaria indica*) Drawing by Rungia from R. Wight, *Spicilegium Neilgherrense*, 1846.

116–117 *Acanthus* wallpaper by W. Morris, 1875.

117 Decorative stained-glass window by G. Beltrami, 1906.

117 *Horse Chestnut leaves and blossom* Decorative study by J. Foord, 1901.

120 *Aspidium filix-mas* (syn. *Dryopteris filix-mas*) Drawing by W. Müller from F.E. Köhler, *Medizinal-Pflanzen*, 1887.

124 *Indian Onion painted in Benares 1971* Watercolour on vellum by R. McEwen, 1971.

124 *Laelia tenebrosa, Philodendron hybrid, Calathea ornata, Philodendron leichtlinii, Polypodiaeceae* Watercolour by P. Sellars, 1989.

125 *Brittany 1979* Watercolour on vellum by R. McEwen, 1979.

138 *Mentha spicata* (syn. *Mentha viridis*) Engraving from G.C. Oeder *et al.*, *Flora Danica*, 1876.

140 *Rubus sÿlvestris* Drawing from *Dioscorides Codex Vindobonensis Medicus Graecus*, 1460.

141 *Chrysanthemum segetum* (left), *Leucanthemum vulgare* (right) Engraving by an unknown artist from Culpeper's *The English Physitian*, 1652.

141 *Campanula* Engraving by an unknown artist from Culpeper's *The English Physitian*, 1652.

176 *Passiflora foetida* (syn. *Passiflora gossypiifolia*) Drawing by S.A. Drake from *Edwards's Botanical Register*, 1835.

186 *Illicium* Engraving from *Lehrbuch der praktischen Pflanzenkunde in Wort und Bild*, 1886.

190 *Paeonia peregrina* Drawing by M. Smith from *Curtis's Botanical Magazine*, 1918.

194–195 *Magnolia blossoms* Painting by C. Hongshou, from *Album of Fruit and Flowers*, 1540.

195 *Blossoms* Painting by C. Chun.

195 *Bird and flower painting* Painting by J. Jing, 1857.

204 *Papaver* Colour woodblock print by I. Tsunemasa from *Honzo Zufu*, 1828.

205 *Chrysanthemums* Colour woodblock print by K. Hokusai, 1831–33.

205 *Mount Fuji with Cherry Trees in Bloom* Colour woodblock print by K. Hokusai, 1805.

208 *Dieffenbachia seguine* Engraving from B. Maund, J.S. Henslow, *The botanist*, 1839.

236 *Flowers* Print by A. Warhol, 1967.

236–237 *Jimson weed* Painting by G. O'Keeffe, 1936.

238 *Galanthus elwesii* Drawing by W.H. Fitch from *Curtis's Botanical Magazine*, 1875.

242 *Red ruffed lemur* (*Varecia rubra*), *and ring-tailed lemur* (*Lemur catta*) Drawing by E. Travies from Charles d'Orbigny's *Dictionnaire Universel d'Histoire Naturelle*, 1849.

257 *Sarracenia drummondii* Drawing from W. Robinson, *The garden. An illustrated weekly journal of horticulture in all its branches*, 1886.

270 *Rosa centifolia* Stipple engraving, hand-finished in watercolour by P.J. Redouté from *Les Roses*, *c.*1824.

271 *Narcissus × odorus* Watercolour by F. Bauer, *c.*1800.

271 *Jacinthe Double* Painting by G. van Spaendonck, *c.*1800.

280 *Dutchman's Pipe* Watercolour by M. Vaux Walcott from *North American Pitcher Plants*, 1935.

281 *Roses on a Wall* Painting by G.D. Lambdin, 1877.

296 Mosaic of a pomegranate tree from the Great Palace of Constantinople, (*c.*575–641).

296–297 Fresco from Villa of Livia.

310 *Malus* Mezzotint engraving, coloured by hand, G.D. Ehret from *Phytanthoza Iconographia*, 1737–45.

311 *Ananas sativus* Drawing by G.D. Ehret.

312 *Ibicella lutea* Drawing and engraving by F. Burmeister from *Flora Argentina*, 1898.

334 *Carica papaya* Chromolithograph from B. Hoola van Nooten's *Fleurs, Fruits et Feuillages*, 1863–64.

334 *Myristica fragrans* Oil on canvas painting by M. North, 1871–72.

335 *Blighia sapida* Oil on canvas painting by M. North.

347 *Arum palaestinum* Drawing by W.H. Fitch, *Curtis's Botanical Magazine*, 1865.

348 *Sanicula europaea, Apium graveolens* Drawing by F. Losch, Kräuterbuch, *unsere Heilpflanzen in Wort und Bild*, 1905.

349 *Ilex latifolia* Drawing by W.H. Fitch, *Curtis's Botanical Magazine*, 1866.

350 *Areca catechu* Drawing from *Köhler's Medizinal-Pflanzen*, 1890.

351 *Hippeastrum pardinum* (syn. *Amaryllis pardina*) Drawing by W.H. Fitch, *Curtis's Botanical Magazine*, 1867.

352 *Asparagus officinalis* Drawing by O.W. Thomé, *Flora von Deutschland, Österreich und der Schweiz*, 1885.

353 *Xanthorrhoea resinosa* (syn. *X. hastilis*) Engraving by L. van Houtte, *Flore des serres et des jardins de l'Europe*, 1853.

354 *Iris bismarckiana* Drawing by M. Smith, *Curtis's Botanical Magazine*, 1904.

355 *Orchis mascula* Engraving from J. Kops *et al.*, *Flora Batava*, 1885.

356 *Dieteria canescens* (syn. *Diplopappus incanus*) Drawing by S.A. Drake, *Edwards's Botanical Register*, 1835.

357 *Campanula pallida* (syn. *C. colorata*) Drawing by W.H. Fitch, *Curtis's Botanical Magazine*, 1851.

358 *Borago officinalis* Drawing by A. Masclef, *Atlas des plantes de France*, 1893.

359 *Brassica alba* Engraving by J.J. Haid from J.W. Weinmann, *Phytanthoza Iconographia*, 1735–1745.

360 *Amaranthus blitum* Engraving from J. Kops *et al.*, *Flora Batava*, 1846.

361 *Disocactus flagelliformis* (syn. *Cactus flagelliformis*) Drawing by G.D. Ehret, *Plantae selectae*, 1752.

362 *Dianthus juniperinus* (syn. *Dianthus arboreus*) Drawing by F. Bauer, *from J. Sibthorp and J.E. Smith*, Flora Graeca, 1825.

363 *Ceratostigma plumbaginoides* Drawing from, 1920.

364 *Polygonum vacciniifolium* Engraving by L. van Houtte, *Flore des serres et des jardins de l'Europe*, 1853.

365 *Cornus capitata* (syn. *Benthamia fragifera*) Drawing by W.H. Fitch, *Curtis's Botanical Magazine*, 1852.

366 *Begonia beddomei* Drawing by M. Smith, *Curtis's Botanical Magazine*, 1884.

367 *Cucurbita digitata* Drawing from Revue horticole, 1863.

368 *Adoxa moschatellina* Engraving from G.C. Oeder *et al.*, *Flora Danica*, 1761–1883.

369 *Erica chamissonis* Drawing by W.H. Fitch, *Curtis's Botanical Magazine*, 1874.

370 *Polemonium caeruleum* Engraving by C.A.M. Lindman, *Bilder ur Nordens Flora*, 1922–1926.

371 *Primula capitata* Drawing by M. Smith, *Curtis's Botanical Magazine*, 1887.

372 *Camellia sinensis* Drawing by J. Miller, *The Natural History of the Tea-Tree*, 1799.

373 *Pisum sativum* Drawing by O.W. Thomé, *Flora von Deutschland, Österreich und der Schweiz*, 1885.

374 *Betula lenta* Drawing from *Köhler's Medizinal-Pflanzen*, 1890.

375 *Fagus sylvatica* Drawing by A. Masclef, *Atlas des plantes de France*, 1893.

376 *Juglans regia* Drawing from *La Belgique horticole, journal des jardins et des vergers*, 1853.

377 *Apocynum virginianum erectum* Drawing from G.B. Morandi, *Hortulus Botanicus Pictus Sive Collectio Plantarum*, 1748.

378 *Rubia tinctorum* Drawing from *Köhler's Medizinal-Pflanzen*, 1890.

379 *Geranium lucidum* (left) and *G. robertianum* (right*)* Engraving by C.A.M. Lindman, *Bilder ur Nordens Flora*, 1922–1926.

380 *Acanthus mollis* Painting by H.S. Holtzbecker, *Gottorfer Codex*, 1649–1659.

381 *Bignonia callistegioides* (syn. *Clytostoma callistegioides*) Drawing by M.E. Eaton, *Addisonia*, 1932.

382 *Smithiantha zebrina* Drawing by W.H. Fitch, *Curtis's Botanical Magazine*, 1842.

383 *Lamium galeobdolon* (syn. *Galeobdolon luteum*) Drawing from W. Baxter, *British phaenogamous botany*, 1834–1843.

384 *Olea europaea* Drawing by P.J. Redouté, *Traité des arbres et arbustes*, 1812.

385 *Plantago neumannii* Engraving from J. and J.W. Sturm, *Deutschlands flora*, 1841–43.

386 *Scrophularia chrysantha* Drawing by M. Smith, *Curtis's Botanical Magazine*, 1882.

387 *Laurus nobilis* Drawing by W. Müller, *Köhler's Medizinal-Pflanzen*, 1887.

388 *Lilium auratum* Drawing by W.H. Fitch, *Curtis's Botanical Magazine*, 1862.

389 *Magnolia hodgsonii* (syn. *Talauma hodgsonii*) Drawing by W.H. Fitch,

Illustrations of Himalayan plants, 1855.

390 *Euphorbia peplus* Engraving from J. Sowerby *et al.*, *English botany, or, Coloured figures of British plants*, 1868.

391 *Salix viminalis* Drawing by A. Masclef, *Atlas des plantes de France*, 1893.

392 *Viola odorata* Drawing by A. Masclef, *Atlas des plantes de France*, 1890.

393 *Malva alcea* Engraving by G.C. Oeder *et al.*, *Flora Danica*, 1882.

394 *Myrtus communis* Drawing by O.W. Thomé, *Flora von Deutschland, Österreich und der Schweiz*, 1885.

395 *Fuchsia magellanica* (syn. *Fuchsia gracilis*) Drawing by E.E. Gleadall, *The beauties of flora*, 1839.

396 *Nymphaea elegans* Drawing by W.H. Fitch, *Curtis's Botanical Magazine*, 1851.

397 *Oxalis acetosella* Engraving from G.C. Oeder *et al.*, *Flora Danica*, 1761–1883.

398 *Ananas comosus* (syn. *Bromelia ananas*) Engraving by J.J. Plenck, *Icones Plantarum*, 1807.

399 *Cyperus rotundus* (syn. *Cyperus comosus*) Drawing by F. Bauer, from J. Sibthorp and J.E. Smith, *Flora Graeca*, 1806.

400 *Poa abbreviata* Engraving from G.C. Oeder *et al.*, *Flora Danica*, 1761–1883.

401 *Papaver pilosum* Drawing by W.H. Fitch, *Curtis's Botanical Magazine*, 1853.

402 *Ranunculus repens* Engraving by C.A.M. Lindman, *Bilder ur Nordens Flora*, 1922–1926.

403 *Morus nigra* Drawing by O.W. Thomé, *Flora von Deutschland, Österreich und der Schweiz*, 1885.

404 *Rosa pendulina* (syn. *Rosa alpina*) Drawing by H. Thiselton-Dyer, *Curtis's Botanical Magazine*, 1883.

405 *Urtica dioica* Drawing by O.W. Thomé, *Flora von Deutschland, Österreich und der Schweiz*, 1885.

406 *Anacardium occidentale* Drawing by N. J. Jacquin, *Selectarum stirpium Americanarum historia*, 1780–1781.

407 *Ruta graveolens* Drawing by W. Müller, *Köhler's Medizinal-Pflanzen*, 1887.

408 *Sapindus rarak* Engraving from C.L. Blume, *Rumphia*, 1847.

409 *Bergenia ciliata* (syn. *Saxifraga ciliata*) Drawing by W.H. Fitch, *Curtis's Botanical Magazine*, 1856.

410 *Convolvulus arvensis var. parviflora* Engraving from G.C. Oeder *et al.*, *Flora Danica*, 1761–1883.

411 *Solanum diploconos* (syn. *Pionandra fragrans*) with *Mutisia clematis* (Compositae*)* above it Drawing from *La Belgique horticole, journal des jardins et des vergers*, 1864.

412 *Vitis vinifera* Drawing by W. Müller, *Köhler's Medizinal-Pflanzen*, 1887.

413 *Zingiber spectabile* Drawing by M. Smith, *Curtis's Botanical Magazine*, 1904.

414 *Cupressus lusitanica* (syn. *Cupressus pendula*) Drawing by P. J. Redouté, *Traité des arbres et arbustes*, 1806.

415 *Pinus bungeana* Drawing by M. Smith, *Curtis's Botanical Magazine*, 1909.

416 *Cyathea smithii* Drawing by W.H. Fitch, *The botany of the Antarctic voyage of H.M. discovery ships Erebus and Terror in the years 1839–1843, under the command of Captain Sir James Clark Ross*, 1855.

417 *Equisetum arvense* Engraving from G.C. Oeder *et al.*, *Flora Danica*, 1761–1883.

418 *Polypodium vulgare* Drawing by T. Meehan, *The native flowers and ferns of the United States in their botanical, horticultural, and popular aspects*, 1878–1879.

419 *Lycopodium clavatum* Drawing by O.W. Thomé, *Flora von Deutschland, Österreich und der Schweiz*, 1885.

도판 저작권

The Publisher would like to thank the directors and staff at the Royal Botanic Gardens, Kew for their enthusiastic help and support throughout the preparation of this book, in particular Richard Barley, Director of Horticulture; Tony Sweeney, Director of Wakehurst; and Kathy Willis, Director of Science. Special thanks to all at Kew Publishing, especially Gina Fullerlove, Lydia White, and Pei Chu, and to Martyn Rix for his detailed comments on the text. Thanks to the Kew Library, Art, and Archives team, particularly Craig Brough, Julia Buckley, and Lynn Parker, and also to Sam McEwen and Shirley Sherwood.

DK would also like to thank the many people who provided help and support with photoshoots in the tropical nursery and gardens at Kew and Wakehurst, and all who provided expert advice on specific details, notably Bill Baker, Sarah Bell, Mark Chase, Maarten Christenhusz, Chris Clennett, Mike Fay, Tony Hall, Ed Ikin, Lara Jewett, Nick Johnson, Tony Kirkham, Bala Kompalli, Carlos Magdalena, Keith Manger, Hugh McAllister, Kevin McGinn, Greg Redwood, Marcelo Sellaro, David Simpson, Raymond Townsend, Richard Wilford, and Martin Xanthos.

The Publisher would also like to thank Sylvia Myers and her team of volunteers at the London Wildlife Trust's Centre for Wildlife Gardening (www. wildlondon.org), and Rachel Siegfried at Green and Georgeous flower farm in Oxfordshire for hosting photagraphic shoots. DK is also grateful to Joannah Shaw of Pink Pansy and Mark Welford of Bloomsbury Flowers for their help in sourcing plants for photoshoots, and to Dr Ken Thompson for his help in the early stages of this book.

DK would also like to thank the following:

Additional picture research: Deepak Negi

Image retoucher: Steve Crozier

Creative Technical Support: Sonia Charbonnier, Tom Morse

Proofreader: Joanna Weeks

Indexer: Elizabeth Wise

Natural History Museum, London, UK.
141 Getty Images: *Florilegius* / SSPL (tl, cr).
143 Getty Images: Nigel Cattlin / Visuals Unlimited, Inc. (tl).
144 123RF.com: Sangsak Aeiddam.
145 Science Photo Library: Eye of Science (cra).
146 Alamy Stock Photo: Daniel Meissner (bl).
146–147 © Anette Mossbacher Landscape & Wildlife Photographer.
148 Science Photo Library: Eye Of Science (clb).
148–149 © Mary Jo Hoffman.
150 123RF.com: Nadezhda Andriiakhina (bc). **Alamy Stock Photo:** allotment boy 1 (cl); Anjo Kan (cr). **iStockphoto.com:** NNehring (br). **Jenny Wilson / flickr. com/photos/jenthelibrarian/:** (c).
151 Dreamstime.com: Sirichai Seelanan (bl).
152–153 © Aaron Reed Photography, LLC.
153 iStockphoto.com: xie2001 (tr).
154 Science Photo Library: John Durham (bl).
154–155 © Mary Jo Hoffman.
156 Science Photo Library: Power and Syred (tc).
158 123RF.com: Grobler du Preez (bl).
158–159 Dallas Reed.
162–163 iStockphoto.com: DNY59.
164–165 © Josef Hoflehner.
165 Benoît Henry: (br).
172–173 Getty Images: Ralph DeseniÃŸ.
175 Dreamstime.com: Arkadyr (cr).
176 © Board of Trustees of the Royal Botanic Gardens, Kew: (cla).
178 123RF.com: ncristian (bc); Nico Smit (c). **Alamy Stock Photo:** Zoonar GmbH (cl). **Dreamstime.com:** Indigolotos (br).
179 Getty Images: Alex Bramwell / Moment.
182–183 iStockphoto.com: Ilbusca.
186 Getty Images: bauhaus1000 / DigitalVision Vectors (bc).
188 123RF.com: godrick (cl); westhimal (tc); studio306 (bl). **Alamy Stock Photo:** Lynda Schemansky / age fotostock (br); Zoonar GmbH (cr). **Dorling Kindersley:** Gary Ombler: Centre for Wildlife Gardening / London Wildlife Trust (c).
189 123RF.com: Anton Burakov (tl); Stephen Goodwin (tc, br); Boonchuay Iamsumang (tr); Oleksandr Kostiuchenko (cl); Pauliene Wessel (c); shihina (bl). **Getty Images:** joSon / Iconica (bl).
190 Alamy Stock Photo: Paul Fearn (cla).
193 Dorling Kindersley: Gary Ombler: Centre for Wildlife Gardening / London Wildlife Trust (bl).
194–195 Bridgeman Images: Blossoms, one of twelve leaves inscribed with a poem from an Album of Fruit and Flowers (ink and colour on paper), Chen Hongshou (1768–1821) / Private Collection / Photo © Christie's Images.
195 Alamy Stock Photo: Artokoloro Quint Lox Limited (cb). **Mary Evans Picture Library:** © Ashmolean Museum (tr).
198 Science Photo Library: AMI Images (tl); Power and Syred (tc, tr); Steve Gschmeissner (cla, ca, cra, cl, c); Eye of Science (cr).

198–199 Alamy Stock Photo: Susan E. Degginger.
202–203 Dorling Kindersley: Centre for Wildlife Gardening / London Wildlife Trust.
204 © Board of Trustees of the Royal Botanic Gardens, Kew.
205 Getty Images: Katsushika Hokusai (cl). **Rijksmuseum Foundation, Amsterdam:** Gift of the Rijksmuseum Foundation (tr).
206 Alamy Stock Photo: Wolstenholme Images.
207 Alamy Stock Photo: Rex May (cla). **Getty Images:** Ron Evans / Photolibrary (cl).
208 © Board of Trustees of the Royal Botanic Gardens, Kew: (br).
210–211 © Douglas Goldman, 2010.
211 Getty Images: Karen Bleier / AFP (br).
212 Alamy Stock Photo: Nature Picture Library (tl).
213 SuperStock: Minden Pictures / Jan Vermeer.
214–215 Dorling Kindersley: Gary Ombler: Centre for Wildlife Gardening / London Wildlife Trust.
216 123RF.com: Aleksandr Volkov (bl). **Getty Images:** Margaret Rowe / Photolibrary (tr). **iStockphoto.com:** narcisa (cr); winarm (c); Zeffss1 (cl).
217 Alamy Stock Photo: Tamara Kulikova (tl); Timo Viitanen (c). **Dreamstime.com:** Kazakovmaksim (br). **Getty Images:** Frank Krahmer / Photographer's Choice RF (tc). **iStockphoto.com:** AntiMartina (bc); cjaphoto (cr).
220–221 Dreamstime.com: Es75.
221 Getty Images: Sonia Hunt / Photolibrary (br).
223 FLPA: Minden Pictures / Ingo Arndt (crb).
227 FLPA: Minden Pictures / Mark Moffett (tl).
228 Getty Images: Jacky Parker Photography / Moment Open (tl).
230–231 Getty Images: Chris Hellier / Corbis Documentary.
233 Alamy Stock Photo: ST-images (tc).
234–235 Dorling Kindersley: Gary Ombler: Centre for Wildlife Gardening / London Wildlife Trust.
235 Alamy Stock Photo: dpa picture alliance (tr).
236 Bridgeman Images: Jimson Weed, 1936–37 (oil on linen), O'Keeffe, Georgia (1887–1986) / Indianapolis Museum of Art at Newfields, USA / Gift of Eli Lilly and Company / © Georgia O'Keeffe Museum / © DACS 2018.
237 Alamy Stock Photo: Fine Art Images / Heritage Image Partnership Ltd / © 2018 The Andy Warhol Foundation for the Visual Arts, Inc. / Licensed by DACS, London. / © DACS 2018 (cb).
238 Alamy Stock Photo: Neil Hardwick (cl). **© Board of Trustees of the Royal Botanic Gardens, Kew:** (bc).
242 Getty Images: Florilegius / SSPL (cla).
243 Alamy Stock Photo: Dave Watts (cra).
244 FLPA: Photo Researchers (bl).
244–245 Image courtesy Ronnie Yeo.
246–247 Getty Images: I love Photo and

Apple. / Moment.
247 Alamy Stock Photo: Fir Mamat (tr).
250 Science Photo Library: Cordelia Molloy (bc).
252 123RF.com: Jean-Paul Chassenet (bc).
252–253 Craig P. Burrows.
254 Alamy Stock Photo: WILDLIFE GmbH (tc).
257 © Board of Trustees of the Royal Botanic Gardens, Kew: (br).
260–261 iStockphoto.com: mazzzur (l).
261 Getty Images: Paul Kennedy / Lonely Planet Images (tr).
263 Johanneke Kroesbergen-Kamps: (tr).
265 Dreamstime.com: Junko Barker (crb).
268–269 Alamy Stock Photo: Alan Morgan Photography.
269 Alamy Stock Photo: REDA &CO srl (br).
270 Bridgeman Images: Rosa centifolia, Redouté, Pierre-Joseph (1759–1840) / Lindley Library, RHS, London, UK.
271 Alamy Stock Photo: ART Collection (clb); The Natural History Museum (tr).
274–275 Dorling Kindersley: Centre for Wildlife Gardening / London Wildlife Trust.
275 Dorling Kindersley: Centre for Wildlife Gardening / London Wildlife Trust (tr).
280 Smithsonian American Art Museum: Mary Vaux Walcott, White Dawnrose (Pachyloplus marginatus), n.d., watercolor on paper, Gift of the artist, 1970.355.724.
281 Bridgeman Images: Roses on a Wall, 1877 (oil on canvas), Lambdin, George Cochran (1830–96) / Detroit Institute of Arts, USA / Founders Society purchase, Beatrice W. Rogers fund (cr).
284–285 iStockphoto.com: Ilbusca.
289 123RF.com: Valentina Razumova (br).
290–291 Dreamstime.com: Tomas Pavlasek.
291 Dreamstime.com: Reza Ebrahimi (crb).
292–293 Getty Images: Mandy Disher Photography / Moment.
294 Gerald D. Carr: (bl).
296 Alamy Stock Photo: Picade LLC (tl).
296–297 Alamy Stock Photo: Hercules Milas.
298–299 Dorling Kindersley: Centre for Wildlife Gardening / London Wildlife Trust.
300 123RF.com: Vadym Kurgak (cl). **Alamy Stock Photo:** Picture Partners (tl); WILDLIFE GmbH (c/Wych Elm). **iStockphoto.com:** anna1311 (c/Achene); photomaru (tc/Hesperidium); csundahl (tc/Pepo).
301 123RF.com: Dia Karanouh (c). **Alamy Stock Photo:** deefish (c/Legume); John Kellerman (tl); Jurij Kachkovskij (tc/Peach); Shullye Serhiy / Zoonar (tr). **Dorling Kindersley:** Centre for Wildlife Gardening / London Wildlife Trust (bc). **iStockphoto.com:** anna1311 (tc/Aggregate); ziprashantzi (br).
302 123RF.com: Saiyood Srikamon (bl).
302–303 Julie Scott Photography.
304 Getty Images: Ed Reschke / Photolibrary (cl).
310 Bridgeman Images: Various apples

(with blossom), 1737–45 (engraved and mezzotint plate, printed in colours and finished by), Ehret, Georg Dionysius (1710–70) (after) / Private Collection / Photo © Christie's Images.
311 Alamy Stock Photo: The Natural History Museum.
312 © Board of Trustees of the Royal Botanic Gardens, Kew: (cla).
313 Dreamstime.com: Artem Podobedov / Kiorio (tl).
316–317 Jeonsango / Jeon Sang O.
319 Science Photo Library: Steve Gschmeissner (br).
322–323 Getty Images: Don Johnston / All Canada Photos.
322 © Mary Jo Hoffman: (bc).
326–327 Alamy Stock Photo: Blickwinkel.
327 Alamy Stock Photo: Krystyna Szulecka (cr); Duncan Usher (tr).
328–329 © Michael Huber.
333 iStockphoto.com: heibaihui (br).
334 Bridgeman Images: Papaya: *Carica papaya*, from Berthe Hoola van Nooten's *Fleurs, Fruits et Feuillages* / Royal Botanical Gardens, Kew, London, UK (tr). **© Board of Trustees of the Royal Botanic Gardens, Kew:** (cl).
335 Science & Society Picture Library: The Board of Trustees of the Royal Botanic Gardens, Kew.
339 Getty Images: André De Kesel / Moment Open (tc).
340 Getty Images: Ed Reschke / The Image Bank (tl).
342–343 Getty Images: Peter Lilja / The Image Bank.
343 Alamy Stock Photo: Zoonar GmbH (cb).
344–345 iStockphoto.com: Nastasic.
347 Alamy Stock Photo: John Swithinbank / Garden World Images Ltd (bl). **© Board of Trustees of the Royal Botanic Gardens, Kew:** (tr).
348 123RF.com: Eyewave (bl); Валентин Косилов (bc/*Anthriscus sylvestris*); Olga Ionina (bc). **© Board of Trustees of the Royal Botanic Gardens, Kew:** (tr).
349 Alamy Stock Photo: Bluered / REDA &CO srl (bl); Manfred Ruckszio (bc). **© Board of Trustees of the Royal Botanic Gardens, Kew:** (tr).
350 123RF.com: Skdesign (bl); Hans Wrang (br). **© Board of Trustees of the Royal Botanic Gardens, Kew:** (tl).
351 123RF.com: Danciaba (bc/Clivia Miniata); Hancess (bl). **Alamy Stock Photo:** Rex May (bc). **© Board of Trustees of the Royal Botanic Gardens, Kew:** (tr).
352 Alamy Stock Photo: Anna Yu (bl). **© Board of Trustees of the Royal Botanic Gardens, Kew:** (tr).
353 Dorling Kindersley: RHS Wisley (br). **© Board of Trustees of the Royal Botanic Gardens, Kew:** (tl).
354 Dreamstime.com: Iva Vagnerova (bl). **© Board of Trustees of the Royal Botanic Gardens, Kew:** (tr).
355 123RF.com: Armando Frazão (bl); Erich Teister (bc/*Aranthera* 'Anne Black'). **Alamy Stock Photo:** UtCon Collection (tr). **Dreamstime.com:** Anatolii Lyzun (bc).
356 123RF.com: Natasha Walton (bl). ©